污水处理工艺与设备丛书

污水物理处理技术与设备

WUSHUI WULI CHULI
JISHU YU SHEBEI

廖传华 程文洁 王常青 著

化学工业出版社

·北京·

内容简介

本书是"污水处理工艺与设备丛书"中的一个分册，主要介绍了污水来源与分类、污水处理政策解读、除杂技术与设备、重力分离技术与设备、离心力分离技术与设备、压力差分离技术与设备、挥发度分离技术与设备、溶解度分离技术与设备等内容，并分别针对各处理方法的技术原理、工艺过程及相关设备等进行了详细介绍，同时也分享了多个典型的物理法水处理工艺的工程案例。

本书可作为污水处理厂、污水处理站的管理人员与技术人员、环保公司的工程设计、调试人员、工业废水处理技术人员和科研人员等的参考用书，也可作为高等学校环境科学与工程、市政工程等相关专业师生的教材。

图书在版编目（CIP）数据

污水物理处理技术与设备/廖传华，程文洁，王常青著 .—北京：化学工业出版社，2023.8
（污水处理工艺与设备丛书）
ISBN 978-7-122-43220-9

Ⅰ.①污… Ⅱ.①廖…②程…③王… Ⅲ.①污水处理-技术 Ⅳ.①X703.1

中国国家版本馆 CIP 数据核字（2023）第 057706 号

责任编辑：卢萌萌 仇志刚　　　　　装帧设计：史利平
责任校对：李露洁

出版发行：化学工业出版社（北京市东城区青年湖南街 13 号　邮政编码 100011）
印　　装：北京天宇星印刷厂
787mm×1092mm　1/16　印张 17¾　字数 429 千字　2024 年 2 月北京第 1 版第 1 次印刷

购书咨询：010-64518888　　　　　　售后服务：010-64518899
网　　址：http://www.cip.com.cn
凡购买本书，如有缺损质量问题，本社销售中心负责调换。

定　　价：128.00 元

前　言

水是生命之源，人类的生存和发展一刻也离不开水。水是生态之基，是所有生态系统维系、发展和演进的基础性、关键性因子。水是生产之要，关系产业类型、布局、发展。水是生活之素，人类的生活时刻都离不开水，水事关系是重要的社会关系甚至是重要国际关系之一，因此水安全是国家安全体系的重要组成部分。然而，随着社会经济的快速发展、城市化进程的加快，由水污染加剧而导致的水资源供需矛盾更加突出。在我国，水资源已成为制约社会经济可持续发展的重要因素，水危机比能源危机更为严峻，因此，结合我国的现状，加强对污水的处理与回用，实现按质分级用水、减少污染物的排放，提高水环境的治理能力和水资源的保障能力，进而促进低碳社会的建设，已成为实现经济社会高质量发展的重要举措之一。

污水物理处理技术是采用物理或机械的方法对污水进行处理，除去污水中不溶解的悬浮固体（包括油膜、油品）和漂浮物及部分溶解性污染物，为后续的处理与资源化利用做准备。污水的来源不同，其水质特性各异，适用的物理处理技术也不同。为此，本书根据各技术在污水处理过程中的作用与本质特征（推动力），将污水物理处理技术分为预处理技术、重力分离技术、离心力分离技术、压力差分离技术、挥发度分离技术和溶解度分离技术，并从技术原理、工艺过程、过程设备三个方面对各种物理处理技术进行了系统介绍，以期为相关领域的技术与工程管理人员提供指导。

全书共分7章。第1章是绪论，概述性地介绍了污水的来源、水质特性、对环境与人类健康的危害，并对物理处理技术进行了分类；第2章是除杂技术与设备，分别介绍了格栅、筛网、调节三种预处理技术与相关设备；第3章是重力分离技术与设备，分别介绍了沉砂、沉淀、澄清、隔油、气浮以重力为推动力的物理处理技术与相关设备；第4章是离心力分离技术与设备，对以离心力为推动力的分离技术与相关设备进行了介绍；第5章是压力差分离技术与设备，分别介绍了滤池过滤、机械过滤、膜式过滤以压力差为推动力的物理处理技术与相关设备；第6章是挥发度分离技术与设备，分别介绍了精馏、汽提以挥发度差异为推动力的物理分离技术与相关设备；第7章是溶解度分离技术与设备，分别介绍了液液萃取、超临界萃取、吸附、蒸发、结晶以溶解度差异为推动力的物理分离技术与相关设备。

全书由南京工业大学廖传华、程文洁和南京三方化工设备监理有限公司王常青著写，其中第1章、第6章、第7章由廖传华著写；第2章、第3章由程文洁著写，第4章、第5章由王常青著写。全书最后由廖传华统稿并定稿。

本书的著写历时四年，虽经多次审稿、修改，但污水处理过程涉及的知识面广，由于作者水平有限，不妥及疏漏之处在所难免，恳请广大读者不吝赐教，作者将不胜感激。

目 录

275　| **参考文献**

1.1 污水的来源与分类

水是人类社会生存和发展的重要物质保证。首先，水中含有各种生物所需的各种微量元素，是一切生命体维持生命本征和正常代谢所必需的物质，人类的日常生活（如做饭、洗漱等）、农作物的生长、动物的存活都离不开水。其次，水是一种重要的溶剂和能源载体，工农业生产、能源产业等皆需使用水资源。经过各种使用途径后，水或者被外界物质污染，或者温度发生变化，从而丧失了原有的功能，这种水称为污水或废水。从实质上讲，污水意指被外界物质或能量所污染的水，而废水的意思更接近于没有利用价值的水，从循环经济的角度看，完全没有利用价值的水基本不存在，因此，本书将各行各业中经各种使用途径后排出的被外界物质或能量污染后的水统称为污水，其实质是一种物质或能量的载体。

1.1.1 污水的来源

污水是人类日常生活和社会活动过程中废弃排出的水及径流雨水的总称，包括生活污水、工业污水、农业污水和流入排水管渠的径流雨水等。在实际应用过程往往将人们生活过程中产生和排出的污水称为生活污水，如城市污水、农村污水，主要包括粪便水、洗涤水、冲洗水；将工农业生产等各种社会活动过程中产生的污水称为生产污水。

目前我国每年的污水排放总量已达 500 多亿吨，并呈逐年上升的趋势，相当于人均排放 40 吨，其中相当部分未经处理直接排入江河湖库。在全国七大水系中劣五类水体占三成左右，水体已经失去使用功能，成为有害的脏水。七大水体已普遍受到污染，其中辽河水系属严重污染，海河水系、淮河干流、黄河干流属重度污染，松花江水系属中度污染，长江水系、珠江水系次之。河流污染情况严峻，其发展趋势也令人担忧。从全国情况看，污染正从支流向干流延伸，从城市向农村蔓延，从地表向地下渗透，从区域向流域扩展。据检测，目前全国多数城市的地下水都受到了不同程度的点状和面状污染，且有逐年加重的趋势。在全国 118 个城市中，64％的城市地下水受到严重污染，33％的城市地下水受到轻度污染。从地区分布来看，北方地区比南方地区更为严重。日益严重的水污染不仅降低了水体的使用功能，而且进一步加剧了水资源短缺的矛盾，很多地区由资源性缺水转变为水质性缺水，对我国正在实施的可持续发展战略带来了严重影响，而且还严重威胁到城市居民的饮水安全和人民群众的健康。

1.1.2　污水的分类

污水的分类方法很多。根据污染物的化学类别可分为有机污水和无机污水，前者主要含有机污染物，大多数具有生物降解性；后者主要含无机污染物，一般不具有生物降解性。本书根据污水的来源将其分为工业污水、城市污水和农村污水。

(1) 工业污水

工业污水是指工业企业生产过程中排出的污水，包括生产工艺污水、循环冷却水、冲洗污水以及综合污水。在一般情况下，"工业污水"和"工业废水"这两个术语经常混用，本书采用"工业污水"这一术语。设有露天设备的厂区初期雨水中往往含有较多的工业污染物，也应纳入工业污水的范畴。

由于各种工业生产的工艺、原材料、使用设备的用水条件等的不同，工业污水的性质千差万别。相比于生活污水，工业污水的水质水量差异大，具有浓度高、毒性大等特征，不易通过一种通用技术或工艺来治理，往往要求其在排出前在厂区内处理到一定程度。

(2) 城市污水

城市污水是通过下水管道收集到的所有排水，是排入下水管道系统的各种生活污水、工业污水和城市降雨径流的混合水。生活污水是人们日常生活中排出的水，是从家庭、公共设施（饭店、宾馆、影剧院、体育场馆、机关、学校和商店等）和工厂的厨房、卫生间、浴室和洗衣房等生活设施中排放的水。降雨径流是由降水或冰雪融化形成的。对于分别敷设污水管道和雨水管道的城市，降雨径流汇入雨水管道；对于采用雨污合流排水管道的城市，可使降雨径流与城市污水一同加以处理，但雨水量较大时由于超过截留干管的输送能力或污水处理厂的处理能力，大量的雨污水混合液出现溢流，将对水体造成更严重的污染。

因城市功能、工业规模与类型的差异，在不同城市的城市污水中，工业污水所占的比例会有所不同，对于一般性质的城市，工业污水在城市污水中的比例大约为 $10\% \sim 50\%$。

(3) 农村污水

农村污水是指农村居民生活和生产过程产生的污水的总称，根据来源可分为农民生活过程产生的农村生活污水和农业生产过程产生的农业污水。

1）农村生活污水

农村生活污水主要来源于农村居民的日常生活，包括生活洗涤污水、厨房清洗污水、冲厕污水等。农村生活污水水质比较简单，具有水量排放不规律、间歇性较强、生化性较好等特点。但由于农村居民居住比较分散、人口数量较大、密度较低、排放面源较大、收集较为困难，因此常规的城市生活污水处理模式就不能应用于农村。

① 生活洗涤污水：是农村居民日常洗漱和衣物浆洗的排放水。有调查显示，92% 的农村家庭一直使用洗衣粉，6% 的家庭同时使用洗衣粉和肥皂，只有 2% 的家庭长期使用肥皂。洗涤用品的使用使洗涤污水含有大量化学成分，如洗衣粉的大量使用加重了磷负荷问题。

② 厨房清洗污水：是厨房操作后的排放水，多以洗碗水、涮锅水、淘米和洗菜水组

成。淘米洗菜水中含有米糠、菜屑等有机物，其他污水中含有大量的动植物脂肪和钠、醋酸、氯等多种元素。由于生活水平的提高，农村肉类食品及油类使用的增加，使生活污水的油类成分增加。

③ 冲厕污水：随着农村经济水平的提高和社会主义新农村建设的推进，部分农村改水改厕后，使用了抽水马桶，产生了大量的冲厕污水。

2）农业污水

农业污水是指农作物栽培、牲畜饲养、农产品加工等过程中排出的、影响人体健康和环境质量的污水。其来源主要有农田径流、饲养场污水、农产品加工污水。污水中含有各种病原体、悬浮物、化肥、农药、不溶解固体物和盐分等。农业污水数量大、影响面广。

① 农田径流：指雨水或灌溉水流过农田表面后排出的水流，是农业污水的主要来源。农田径流中主要含有氮、磷、农药等污染物。

a. 氮：施用于农田而未被植物吸收利用或未被微生物和土壤固定的氮肥，是农田径流中氮素的主要来源。化肥以硝态氮和亚硝态氮形态存在时，尤其容易被径流带走。农田径流中的氮素还来自土壤的有机物、植物残体和施用于农田的厩肥等。一般土壤中全氮含量为 $0.075\%\sim0.3\%$，以表土层厚 15cm 计，全氮含量为 $1500\sim6000kg/hm^2$，每年矿化的氮约 $30\sim60kg/hm^2$。不同地区和不同土壤上农田径流的含氮量有较大的差别，如英国田间排水中含铵态氮 0.5mg/L，硝态氮 17mg/L，每年径流量以 100mm 计，铵态氮为 $0.5kg/hm^2$，硝态氮为 $17kg/hm^2$。瑞典农田径流中含铵态氮 0.09mg/L，硝态氮 4.1mg/L。有些地区的硝态氮为 $20\sim40mg/L$，甚至达 81.6mg/L。

b. 磷：土壤中全磷含量为 $0.01\%\sim0.13\%$，水溶性磷为 $(0.01\sim0.1)\times10^{-6}$。土壤中的有机磷是不活动的，无机磷也容易被土壤固定。荷兰海相沉积黏土农田径流中含磷量约 0.06mg/L，河流沉积黏土农田径流中含磷量约 0.04mg/L，从挖掘过泥炭的有机质含量丰富的土壤流出的径流中含磷量约 0.7mg/L，水稻田因渍水可使土壤中可溶性磷含量增加，每年失磷较多，约为 $0.53kg/hm^2$。

土壤中的氮、磷等营养元素，可随水和径流中的土壤颗粒流失。大部分耕地含磷 0.1%、氮 $0.1\%\sim0.2\%$、碳 $1\%\sim2\%$，因此，农田土壤侵蚀 1mm，径流中有磷 $10kg/hm^2$、氮 $10\sim20kg/hm^2$ 和碳 $100\sim200kg/hm^2$。

c. 农药：农田径流中农药的含量一般不高，流失量约为施药量的 5%。如施药后短期内出现大雨或暴雨，第一次径流中农药含量较高。水溶性强的农药主要在径流的水相部分；吸附能力强的农药（如 2,4-D-三嗪等）可吸附在土壤颗粒上，随径流中的土壤颗粒悬浮在水中。

② 饲养场污水：农户饲养家畜家禽，就会产生冲圈水，这是饲养场污水的主要组成部分。另外，畜禽日常生活中产生的粪尿也是饲养场污水的重要组成部分。畜禽粪尿所含的 N、P 及 BOD 等浓度很高，冲圈水中的 COD、BOD_5 和 SS 浓度也很高。牲畜粪尿的排泄量大，有资料显示，一头猪产生的污水是一个人的 7 倍，而一头牛产生的污水则是一个人的 22 倍。

饲养场污水是农业污水的第二个来源，因含有大量的 N、P 等养分物质，可作为厩肥，大都采用面施的方法，但如果厩肥中所含的大量可溶性碳、氮、磷化合物在与土壤充分发生作用前就出现径流，就会造成比化肥更严重的污染。对于厩肥还没有完善的检测方法确定其营养元素的释放速率以推算合理的用量和时间，因此这类的径流污染是难以避免

3

的。用未充分消毒灭菌的牲畜粪尿浇灌菜地和农田，会造成土壤污染；粪尿被雨水流冲到河溪塘沟，会造成饮用水源污染。在饲养场临近河岸和冬季土地冻结的情况下，这种污水对周围水生、陆生生态系统的影响更大。

③ 农产品加工污水：指水果、肉类、谷物和乳制品等农产品的加工过程中排出的污水，是农业污水的第三个来源。发达国家的农产品加工污水量相当大，如美国食品工业每年排放污水约 25 亿吨，在各类污水中居第五位。

1.2 污水的水质及危害

污水的来源不同，水质不同，其物理、化学和生化性质也各异，了解污水的各种性质是选择合适的处理处置方法的基础。

1.2.1 污水的水质

水质是指水与水中杂质或污染物共同表现的综合特性。水质指标表示水中特定杂质或污染物的种类和数量，是判断水质好坏、污染程度的具体衡量尺度。

(1) 工业污水的水质

由于各种工业生产的工艺、原材料、使用设备的用水条件等的不同，工业污水的性质千差万别。即使对于生产相同产品的同类工厂，由于所用原料、生产工艺、设备条件、管理水平等的差别，污水的水质也可能有所差异。几种工业行业污水的主要污染物和水质特点见表 1-1。

表 1-1　几种工业行业污水的主要污染物和水质特点

行业	工厂性质	主要污染物	水质特点
冶金	选矿、采矿、烧结、炼焦、金属冶炼、电解、精炼	酚、氰、硫化物、氟化物、多环芳烃、吡啶、焦油、煤粉、As、Pb、Cd、Mn、Cu、Zn、Cr、酸性洗涤水	COD 较高，含重金属，毒性大
化工	化肥、纤维、橡胶、染料、塑料、农药、油漆、涂料、洗涤剂、树脂	酸、碱、盐类、氰化物、酚、苯、醇、醛、酮、三氯甲烷、农药、洗涤剂、多氯联苯、硝基化合物、胺类化合物、Hg、Cd、Cr、As、Pb	BOD 高，COD 高，pH 变化大，含盐高，毒性强，成分复杂，难降解
石油化工	炼油、蒸馏、裂解、催化、合成	油、酚、硫、砷、芳烃、酮	COD 高，含油量大，成分复杂
纺织	棉毛加工、纺织印染、漂洗	染料、酸碱、纤维物、洗涤剂、硫化物、硝基化合物	带色，毒性强，pH 变化大，难降解
造纸	制浆、造纸	黑液、碱、木质素、悬浮物、硫化物、As	污染物含量高，碱性大，恶臭
食品、酿造	屠宰、肉类加工、油品加工、乳制品加工、蔬菜水果加工、酿酒、饮料生产	有机物、油脂、悬浮物、病原微生物	BOD 高，易生物处理，恶臭
机械制造	机械加工、热处理、电镀、喷漆	酸、油类、氰化物、Cr、Cd、Ni、Cu、Zn、Pb	重金属含量高，酸性强
电子仪表	电子器件原料、电信器材、仪器仪表	酸、氰化物、Hg、Cd、Cr、Ni、Cu	重金属含量高，酸性强，水量小
动力	火力发电、核电站	冷却水热污染、火电厂冲灰、水中粉煤灰、酸性污水、放射性污染物	水温高，悬浮物高，酸性，放射性

对工业污水也可以按其中所含主要污染物或主要性质分类，如酸性污水、碱性污水、含酚污水、含油污水等。对于不同特性的污水，可以有针对性地选择处理方法和处理工艺。

工业污水的总体特点是：

① 水量大，特别是一些耗水量大的行业，如造纸、纺织、酿造、化工等。

② 污染物浓度高，许多工业污水所含污染物的浓度都超过了生活污水，有些污水，如造纸黑液、酿造废液等，有机物的浓度达到了几万、甚至几十万 mg/L。

③ 成分复杂，有的污水含有重金属、酸碱、对生物有毒性的物质、难生物降解有机物等。

④ 带有颜色和异味。

⑤ 水温偏高。

（2）城市污水的水质

生活污水的水质特点是含有较高的有机物（如淀粉、蛋白质、油脂等）以及氮、磷等无机物，此外，还含有病原微生物和较多的悬浮物。相比于工业污水，生活污水的水质一般比较稳定，浓度较低。

由于城市污水中工业污水只占一定的比例，并且工业污水需要达到《污水排入城镇下水道水质标准》（GB/T 31962—2015）后才能排入城市下水道（超过标准的工业污水需要在工厂内经过适当的预处理，除去对城市污水处理厂运行有害或城市污水处理厂处理工艺难以去除的污染物，如酸、碱、高浓度悬浮物、高浓度有机物、重金属等），因此，城市污水的主要水质指标有着和生活污水相似的特性。

城市污水水质浑浊，新鲜污水的颜色呈黄色，随着在下水道中发生厌氧分解，颜色逐渐加深，最终呈黑褐色，污水中夹带的部分固体杂质，如卫生纸、粪便等，也分解或液化成细小的悬浮物或溶解物。

城市污水中含有一定量的悬浮物，悬浮物浓度一般在 $100\sim350$mg/L 范围内，常见浓度为 $200\sim250$ml/L。悬浮物成分包括漂浮杂物、无机泥沙和有机污泥等。悬浮物中所含有机物大约占城市污水中有机物总量的 $30\%\sim50\%$，主要来源是人类的食物消化分解产物和日用化学品，包括纤维素、油脂、蛋白质及其分解产物、氨氮、洗涤剂成分（表面活性剂、磷）等，居民生活与城市活动中所使用的各种物质几乎都可以在污水中找到其相关成分。其含量为：一般浓度范围为 $BOD_5=100\sim300$mg/L，$COD=250\sim600$mg/L；常见浓度为 $BOD_5=180\sim250$mg/L，$COD=300\sim500$mg/L。这些有机污染物的生物降解性较好，适于生物处理。由于工业污水中污染物的含量一般都高于生活污水，工业污水在城市污水中所占比例越大，有机物的浓度，特别是 COD 的浓度也越高。

城市污水中含有氮、磷等植物生长的营养元素。氮的主要存在形式是氨氮和有机氮，以氨氮为主，主要来自食物消化分解产物，浓度（以 N 计）一般范围是 $15\sim50$mg/L，常见浓度是 $30\sim40$mg/L。磷主要来自合成洗涤剂（合成洗涤剂中所含的聚合磷酸盐助剂）和食物消化分解产物，主要以无机磷酸盐形式存在，总磷浓度（以 P 计）一般范围是 $4\sim10$mg/L，常见浓度是 $5\sim8$mg/L。

城市污水中还含有多种微生物，包括病原微生物和寄生虫卵等。表 1-2 所示是典型的城市污水的水质。

表 1-2　典型的城市污水的水质

指标	一般浓度范围/(mg/L)	常见浓度范围/(mg/L)
悬浮物	100～350	200～250
COD	250～600	300～500
BOD_5	100～300	180～250
氨氮(以 N 计)	15～50	30～40
总磷(以 P 计)	4～10	5～8

（3）农村污水的水质

农村污水的水质具有以下特点：

① 分布散乱，农村村镇人口较少，分布广泛且分散，大部分没有污水排放管网。

② 农村生活污水浓度低，变化大。

③ 大部分农村生活污水的性质相差不大，水中基本不含重金属和有毒有害物质（但随着人们生活水平的提高，部分农村生活污水中可能含有重金属和有毒有害物质），含一定量的氮、磷，可生化性强。

④ 水质波动大，不同时段的水质不同。

⑤ 冲厕排放的污水水质较差，但可进入化粪池用作肥料。

1.2.2　污水的危害

无论是工业污水，还是城市污水和农村污水，其中都含有一定的污染组分，有的甚至含有有毒有害成分，因此，已部分或全部失去了水原有的功能，而且会对周边环境和人体健康产生危害。

污水中有机物含量高，易腐烂，有强烈的臭味，并且含有寄生虫卵、致病微生物和铜、锌、铬、汞等重金属以及盐类、多氯联苯、二噁英、放射性核素等难降解的有毒有害物质，如不加以妥善处理，任意排放，将会造成二次污染。

（1）对水体环境的影响

污水未经处理或处理不达标而直接排放，会对受纳水体造成严重的破坏。污水中含有的有机组分和氮、磷等营养元素可导致受纳水体富营养化。富含有机组分的污水如长时间静置于水塘、坑洼，不仅将严重影响放置地附近的环境卫生状况（臭气、有害昆虫、含致病生物密度大的空气等），也可能使污染物由表面径流向地下径流渗透，引起更大范围的水体污染问题。污水中所含的有毒有害物质进入水体，能导致饮用水源被污染，在水生动植物体内富集，并随着食物链的迁移而最终对人体健康造成影响。

（2）对土壤环境的影响

城市污水、农村生活污水和养殖污水中含有大量的 N、P、K、Ca 及有机质，可以明显改变土壤的理化性质，增加氮、磷、钾的含量，同时可以缓慢释放许多植物所必需的微量元素，具有长效性。因此，富含有机组分的城市污水、农村生活污水和养殖污水是有用的生物资源，是很好的土壤改良剂和肥料。

工业污水中除含有对植物有益的成分外，还可能含有盐类、酚、氰、3,4-苯并芘、镉、铬、汞、镍、砷、硫化物等多种有害物质。如果不经处理而直接排放，就会由于渗滤作用而进入土壤，从而对土壤的理化性质、持水性能、生长能力等造成相当严重的影响，还可造成大范围的土壤污染，破坏自然生态系统，使生态系统内的物种失去平衡。如受重金属元素污染后，表现为土壤板结、含毒量过高、作物生长不良，严重的甚至没有收成。

（3）对大气环境的影响

城市污水、农村生活污水和养殖污水中含有的病原微生物可通过多种途径进入大气，然后通过呼吸作用直接进入人体内，或通过吸附在皮肤或果蔬表面间接进入人体内，危害人类健康。

养殖污水中往往含有部分带臭味的物质，如硫化氢、氨、腐胺类等，任意排放会向周围散发臭气，对大气环境造成污染，不仅影响放置区周边居民的生活质量，也会给工作人员的健康带来危害。同时，臭气中的硫化氢等腐蚀性气体会严重腐蚀设备，缩短其使用寿命。另外，污水中的有机组分在缺氧条件下，在微生物作用下会发生降解生成有机酸、甲烷等。甲烷是温室气体，其产生和排放会加剧气候变暖。

为了减轻或降低污水的危害，必须对产生的各类污水有针对地进行合适的处理处置。

1.3　污水处理政策解读

污水处理是指采用物理、化学、生物等手段，将污水中所含的对生产、生活不利的有害物质进行消除或转化，为适用特定用途而对水质进行一系列调理的过程。

随着国民经济的发展和对环境保护认知的提升，我国污水处理的发展经历了三个时期，按处理目标可分为：a. 以环境保护和水污染防治为目标的排放达标期；b. 以节水及水循环利用为目标的水回用期；c. 以污水资源化利用为目标的全组分利用期。

1.3.1　排放达标期

在 2016 年以前的相当长的一段时间内，由于认识的错位，认为污水是一种废弃物，水体受污水污染后会造成严重的环境问题。为保护水体环境，必须对水体的污染严加控制。在此指导思想下，我国的污水处理是以环境保护和水污染防治为目标，主要方式是控制排放水质标准，以消除污染物及由污染物带来的危害。为了防止各类污水任意向水体排放，污染水环境，制订颁布的法律法规和政策性文件均以水质污染控制为目的，如《污水综合排放标准》（GB 8978—1996）、住房和城乡建设部发布的《污水排入城镇下水道水质标准》（GB/T 31962—2015）、国家环境保护总局和国家质量监督检验检疫总局发布的《城镇污水处理厂污染物排放标准》（GB 18912—2002）及相关的行业标准。这些标准都是针对污水处理排放的。

为了贯彻水污染防治和水资源开发利用的方针，提高城市污水利用率，做好城市节约用水工作，合理利用水资源，实现城市污水资源化，促进城市建设和经济建设的可持续发展，建设部于 2002 年 12 月 20 日发布了《城市污水再生利用》系列标准，包括：《城市污水再生利用　分类》（GB/T 18919—2002）、《城市污水再生利用　城市杂用水水质》（GB/T 18920—2002）、《城市污水再生利用　景观环境用水》（GB/T 18921—2002），自 2003 年 5 月 1 日起实施，其中 GB/T 18920—2002 已更新为 GB/T 18920—2020，GB/T 18921—2002，已更新为 GB/T 18921—2019。

此后，根据形势的发展，又陆续制订了《城市污水再生利用》系列的其他应用领域的标准，包括：《城市污水再生利用　工业用水水质》（GB/T 19923—2005）、《城市污水再生利用　地下水回灌水质》（GB/T 19772—2005）、《城市污水再生利用　农田灌溉用水水质》（GB 20922—2007）、《城市污水再生利用　绿地灌溉水质》（GB/T 25499—2010）。所有这些标准，都是以水质控制为目标。

1.3.2　水回用期

随着国民经济的发展和人民生活水平的提高，对清洁环境的要求越来越高，因此环境保护和水污染防治工作也更加严格。同时，我国是一个严重缺水的国家，如何加强节水并实现水资源循环利用，是实现可持续发展战略的重要手段。针对这种情况，从 2016 年开始，我国陆续颁布了一系列的法律法规及污水处理政策（包括对已有法律标准的修订），对污水处理进行了规范，同时对环境保护及水污染防治提出了更加严格的标准，并且对节水及水循环利用提出了更高要求。表 1-3 为 2016—2020 年中国水处理行业相关政策一览表。

表 1-3　2016—2020 年中国水处理行业相关政策一览表

日期	发布单位	政策名称	内容
2019.4	国家发改委、水利部	《国家节水行动方案》	目标：到 2020 年，万元国内生产总值用水量、万元工业增加值用水量较 2015 年分别降低 23% 和 20%，规模以上工业用水重复利用率达到 91% 以上，农田灌溉水有效利用系数提高到 0.55 以上，全国公共供水管网漏损率控制在 10% 以下；到 2022 年，万元国内生产总值用水量、万元工业增加值用水量较 2015 年分别降低 30% 和 28%，农田灌溉水有效利用系数提高到 0.56 以上，全国用水总量控制在 6700 亿立方米以内；到 2035 年，全国用水总量控制在 7000 亿立方米以内
2018.10	全国人民代表大会常务委员会	《中华人民共和国循环经济促进法》（2018 年修订）	企业应当发展串联用水系统和循环用水系统，提高水的重复利用率。企业应当采用先进技术、工艺和设备，对生产过程中产生的废水进行再生利用
2018.6	中共中央、国务院	《关于全面加强生态环境保护坚决打好污染防治攻坚战的意见》	明确了蓝天、碧水和净土保卫战的目标；2020 年，全国地级及以上城市空气质量优良天数比例达到 80% 以上；全国地表水 Ⅰ～Ⅲ 类水体比例达到 70% 以上，劣 Ⅴ 类水体比例控制在 5% 以内；近岸海域水质优良比例达到 70% 左右；受污染耕地安全利用率达到 90% 左右
2018.1	环境保护部	《排污许可管理办法（试行）》	强化排污单位污染治理主体责任，要求纳入固定污染源排污许可分类管理名录的企业事业单位和其他生产经营者必须证持排污，无证不得排污，并通过建立企业承诺、自行监测、台账记录、执行报告、信息公开等制度，进一步落实持证排污单位污染治理主体责任
2018.1	全国人民代表大会常务委员会	《中华人民共和国水污染防治法》	强化地方责任，突出饮用水安全保障，完善排污许可及总量控制、区域流域水污染联合防治等制度，加严水污染防治措施，加大对超标、超总量排放等的处理力度
2017.10	工业和信息化部	《工业和信息化部关于加快推进环保装备制造业发展的指导意见》	针对水污染防治装备，重点推广低成本高标准、低能耗高效率污水处理装备，燃煤电厂、煤化工等行业高盐废水的零排放治理和综合利用技术，深度脱氮除磷与安全高效消毒技术装备，推进黑臭水体修复、农村污水治理、城镇及工业园区污水厂提标改造，以及工业及畜禽养殖、垃圾渗滤液处理等领域高浓度难降解污水治理应用示范
2017.8	环境保护部	《环境保护部关于推进环境污染第三方治理的实施意见》	以环境污染治理"市场化、专业化、产业化"为导向，推动建立排污者付费、第三方治理与排污许可证制度有机结合的污染防治新机制，引导社会资本积极参与，不断提升治理效率和专业化水平

日期	发布单位	政策名称	内容
2017.7	环境保护部	《工业集聚区水污染治理任务推进方案》	要求以硬措施落实"水十条"任务。对逾期未完成任务的省级及以上工业集聚区一律暂停审批和核准其增加水污染物排放的建设项目,并依规撤销园区资格
2017.4	科技部、环境保护部、住房城乡建设部、林业局、气象局	《"十三五"环境领域科技创新专项规划》	规定水环境质量改善和生态修复的重点任务:基于低耗与高值利用的工业污水处理技术、污水资源能源回收利用技术、高效地下水污染综合防控与修复技术、基于标准与效应协同控制的饮用水净化技术、流域生态水管理理论技术
2016.12	全国人民代表大会常务委员会	《中华人民共和国环境保护税法》	税务机关和环境保护机关建立涉税信息共享平台和工作配合机制,加强对环境保护税的征收管理。各级人民政府应当鼓励纳税人加大环境保护建设投入,对纳税人用于污染物自动监测设备的投资予以资金和政策支持
2016.11	国务院	《"十三五"生态环境保护规划》	实施最严格的环境保护制度;到2020年,主要污染物排放总量大幅减少;加强源头防控,夯实绿色发展基础,实施专项治理,全面推进达标排放与污染减排;全面推行"河长制";实现专项治理,实施重点行业企业达标排放限期改造;完善工业园区污水集中处理设施
2016.6	工业和信息化部	《工业绿色发展规划(2016～2020年)》	加强节水减污。围绕钢铁、化工、造纸、印染、饮料等高耗水行业,实施用水企业水效领跑者引领行动,开展水平衡测试及水效对标达标,大力推进节水技术改造,推广工业节水工艺、技术和装备。强化高耗水行业企业生产过程和工序用水管理,严格执行取水定额国家标准,围绕高耗水行业和缺水地区开展工业节水专项行动,提高工业用水效率

1.3.3　全组分利用期

为持续打好污染防治攻坚战,系统推进污水处理领域补短板强弱项,推进污水资源化利用,促进解决水资源短缺、水环境污染、水生态损害问题,推动高质量发展、可持续发展,国家于2020年后又相继出台了一系列政策,把污水资源化利用摆在更加突出的位置,鼓励污水处理和污水资源化利用行业发展。表1-4为2020年后出台的中国污水处理行业相关政策一览表。

表 1-4　2020 年后出台的中国污水处理行业相关政策一览表

发布时间	发布单位	政策名称	主要内容
2020.2	生态环境部	《关于做好新型冠状病毒感染的肺炎疫情医疗污水和城镇污水监管工作的通知》	部署医疗污水和城镇污水监管工作,规范医疗污水应急处理、杀菌消毒要求,防止新型冠状病毒通过粪便和污水扩散传播
2020.3	生态环境部	《排污许可申请与核发技术规范水处理通用工序》	加快推进固定污染源排污许可全覆盖,健全技术规范体系,指导排污单位水处理设施许可申请与核发工作
2020.4	国家发改委、财政部、住建部、生态环境部、水利部五部门	《关于完善长江经济带污水处理收费机制有关政策的指导意见》	按照"污染付费、公平负担、补偿成本、合理盈利"的原则,完善长江经济带污水处理成本分担机制、激励约束机制和收费标准动态调整机制,健全相关配套政策,建立健全覆盖所有城镇、适应水污染防治和绿色发展要求的污水处理收费长效机制
2020.7	国家发改委、住建部	《城镇生活污水处理设施补短板强弱项实施方案》	明确到2023年,县级及以上城市设施能力基本满足生活污水处理需求。生活污水收集效能明显提升,城市市政雨污管网混错接改造更新取得显著成效。城市污泥无害化处理率和资源化利用率进一步提高。缺水地区和水环境敏感区域污水资源化利用水平显著提升

发布时间	发布单位	政策名称	主要内容
2020.9	生态环境部	《关于公开征求废止、修改部分生态环境规章和规范性文件意见的函》	拟废止2件规章、修改2件规章、废止15件规范性文件。其中原环保部发布的《关于加强城镇污水处理厂污泥污染防治工作的通知》(下称《通知》)因与《城镇排水与污水处理条例》不一致,拟予以废止,其中《通知》中规定的污水处理厂以贮存(即不处理处置)为目的将污泥运出厂界的,必须将污泥脱水至含水率50%以下的强制要求也随止
2020.12	生态环境部	《关于进一步规范城镇(园区)污水处理环境管理的通知》	城镇(园区)污水处理涉及地方人民政府(含园区管理机构)、向污水处理厂排放污水的企事业单位(以下简称运营单位)等多个方面,依法明晰各方责任是规范污水处理环境管理的前提和基础
2021.1	国家发改委等十部门	《关于推进污水资源化利用的指导意见》	到2025年,全国污水收集效能显著提升,县城及城市污水处理能力基本满足当地经济社会发展需要,水环境敏感地区污水处理基本实现提标升级;全国地级及以上缺水城市再生水利用率达到25%以上,京津冀地区达到35%以上;工业用水重复利用率、畜禽粪污和渔业养殖尾水资源化利用水平显著提升;污水资源化利用政策体系和市场机制基本建立。到2035年,形成系统、安全、环保、经济的污水资源化利用格局
2021.3	两会	《中华人民共和国国民经济和社会发展第十四个五年(2021—2025年)规划和2035年远景目标纲要》	构建集污水、垃圾、固废、危废、医废处理处置设施和监测监管能力于一体的环境基础设施体系,形成由城市向建制镇和乡村延伸覆盖的环境基础设施网络。推进城镇污水管网全覆盖,开展污水处理差别化精准化提标,推广污泥集中焚烧无害化处理,城市污泥无害化处置率达到90%,地级及以上缺水城市污水资源化利用率超过25%
2021.6	国家发改委、住建部	《"十四五"城镇污水处理及资源化利用发展规划》	到2025年,基本消除城市建成区生活污水直排口和收集处理设施空白区,全国城市生活污水集中收集率力争达到70%以上;城市和县城污水处理能力基本满足经济社会发展需要,县城污水处理率达到95%以上;水环境敏感地区污水处理基本达到一级A排放标准;全国地级及以上缺水城市再生水利用率达到25%以上,京津冀地区达到35%以上,黄河流域中下游地级及以上缺水城市力争达到30%;城市和县城污泥无害化、资源化利用水平进一步提升,城市污泥无害化处置率达到90%以上;长江经济带、黄河流域、京津冀地区建制镇污水收集处理能力、污泥无害化处置水平明显提升
2022.6	工业和信息化部等六部委	《工业水效提升行动计划》	到2025年,全国万元工业增加值用水量较2020年下降16%。重点用水行业水效进一步提升,钢铁行业吨钢取水量、造纸行业主要产品单位取水量下降10%,石化化工行业主要产品单位取水量下降5%,纺织、食品、有色金属行业主要产品单位取水量下降15%。工业废水循环利用水平进一步提高,力争全国规模以上工业用水重复利用率达到94%左右。工业节水政策机制更加健全,企业节水意识普遍增强,节水型生产方式基本建立,初步形成工业用水与发展规模、产业结构和空间布局等协调发展的现代化格局

由此可以看出,污水的资源化利用将是我国污水处理的方向,今后的污水处理必须遵

循资源化利用的原则。

1.3.4　资源化利用的方式

根据污水中所含污染组分的性质及回用途径，污水资源化利用可分为三个方面：

（1）能源利用

对于含有较高浓度有机污染组分的污水（称之为高浓有机污水），其蕴含有大量的化学能，可采用焚烧、水热氧化等方式，在将污染组分转化去除的同时副产能量；也可采用水热气化、生物气化等方法回收可燃气、沼气等能源物质。

（2）物料利用

污水物料利用就是将污水中所含的有利用价值的物料通过合理的手段进行分离，进而实现物料的循环利用。对于有机组分，常用的分离手段有精馏、萃取、化学沉淀、重力沉降、过滤和膜滤等；对于无机组分，常用的分离手段有蒸发浓缩、结晶、膜分离和化学沉淀等。

（3）水资源利用

根据污水的水质特性，采用合适的方法进行处理后，基本去除了其中所含的污染物，已部分或全部恢复了水的使用功能，因此可将其有针对性的回用于农业、工业、生活、生态等，实现水资源回用，减少新鲜水的用量，缓解当地的水资源压力。

1.4　污水处理的方式与方法

污水资源化处理的范畴包括：通过适当的处理工艺减少污水中有毒有害物质的数量及浓度直至达到排放标准；处理后排放水的循环和再利用等。

1.4.1　污水处理的原则

不同来源的污水，其水质不同，适用的处理方法不同，处理后排放水的去向也各异，无法采用统一的水质标准进行衡量，此时可根据具体情况对需处理的程度进行分级处理。

（1）一级处理

污水的一级处理通常是采用较为经济的物理处理方法，包括格栅、沉砂、沉淀等，去除水中悬浮状固体颗粒污染物质。由于以上处理方法对水中溶解状和胶体状的有机物去除作用极为有限，污水的一级处理不能达到直接排入水体的水质要求。

（2）二级处理

污水的二级处理通常是在一级处理的基础上，采用生物处理方法去除水中以溶解状和胶体状存在的有机污染物质。对于城市污水和与城市污水性质相近的工业污水，经过二级处理一般可以达到排入水体的水质要求。

（3）三级处理、深度处理或再生处理

对于二级处理仍未达到排放水质要求的难于处理的污水的继续处理，一般称为三级处理。对于排入敏感水体或进行污水回用所需进行的处理，一般称为深度处理或再生处理。

1.4.2 污水处理的方式

根据污水的来源与水量规模，污水的处理方式有单独处理和合并处理两大方式。

(1) 单独处理

单独处理是针对某一来源的污水，采用合适的方法单独对其进行处理。

1) 工业污水单独处理

是在工厂内把工业污水处理到直接排入天然水体的污水排放标准，处理后的出水直接排入天然水体。这种方式需要在工厂内设置完整的工业污水处理设施，是一种分散处理方式。

2) 城市污水单独处理

是将分散排放的城市污水经收集后，在城市污水处理厂处理到直接排入天然水体的污水排放标准，出水直接排入天然水体。这种方式需建设大、中型的污水处理厂，是一种集中处理方式。

(2) 合并处理

是将工业污水在工厂内处理达到排入城市下水道的水质标准，送到城市污水处理厂中与生活污水合并处理，出水再排入天然水体。这种处理方式能够节省基建投资和运行费用，占地省，便于管理，并且可以取得比工业污水单独处理更好的处理效果，是我国水污染防治工作中积极推行的技术政策。

对于已经建有城市污水处理厂的城市，污水产生量较小的工业企业应争取获得环保和城建管理部门的批准，在交纳排放费的基础上，将工业污水排入城市下水道，与城市污水合并处理。对于不符合排入城市管网水质标准的工业污水，需在工厂内进行适当的预处理，在达到相关水质标准后，再排入城市下水道。

对于尚未设立城市污水处理厂的城市中的工业企业和排放污水量过大或远离城市的工业企业，一般需要设置完整独立的工业污水处理系统，处理后的水直接排放或进行再利用。

1.4.3 污水的处理方法

污水因其中含有污染组分，已部分或全部丧失了其原先的使用功能，并会对受纳水体、土壤和大气造成污染，进而影响人类身体健康，因此在排放前必须进行处理。

根据处理的目的，污水处理可分为两种情况：

(1) 以达标排放为目的的处理方法

这种方法是采用一定的方法和技术，将污水中的污染组分进行转化或分离，从而使处理后的排水水质达到相关的排放标准。

(2) 以资源回用为目的的处理方法

这种方法是通过技术开发将污水中所含的污染组分进行转化或分离，实现变废为宝，同时使处理后的水部分或全部恢复原有的使用功能，实现水资源回用，从而取得良好的经济效益、环境效益和社会效益。这种方式就是污水的资源化利用。

污水的来源不同，其特征组分、水质特点各不相同，因此资源化利用的途径不同。但无论何种污水，实现资源化利用前必须根据水质特性进行相应的处理。根据处理过程的原理，采用的处理技术可分为物理处理技术、化学处理技术和生物处理技术。

1.5　污水物理处理技术与设备

污水物理处理技术是采用物理或机械的方法对污水进行处理，除去污水中不溶解的悬浮固体（包括油膜、油品）和漂浮物及部分溶解性污染物，为后续的处理与资源化利用做准备。

1.5.1　物理处理技术的适用条件

物理处理技术的最大优点是在处理过程中不改变物质的化学性质、设备简单、操作方便、运行费用低、分离效果良好，因此应用极为广泛，缺点是仅能去除水中的固体悬浮物和漂浮物及部分溶解性污染物，COD 的去除率一般只有 30% 左右。因此，选用物理处理技术前必须判断污水中污染组分的赋存状态。

影响污水物理处理效果的因素主要有：①污染物的赋存状态（溶解态或悬浮态）；②理化性质（浓度或含量、粒径、密度、挥发度、溶解度等）。

1.5.2　物理处理技术的分类

根据处理过程的作用力，污水物理处理技术可分为重力分离技术、离心分离技术、压力差分离技术、挥发度分离技术、溶解度分离技术等。各种污水物理处理技术的分类及性能比较如表 1-5 所示。

表 1-5　污水物理处理技术的分类及性能比较

技术类别	技术原理	操作过程	主要特征
重力分离技术	利用重力分离污水中的悬浮颗粒	沉砂	根据自由沉降原理去除污水中密度较大的砂粒
		沉淀	根据自由沉降原理去除污水中较大的悬浮颗粒
		澄清	根据混凝沉降原理去除污水中的胶体颗粒
		隔油	利用浮力去除污水中密度比水小的油滴
		气浮	利用气泡黏附后使密度小于水的悬浮物上浮而去除
离心分离技术	利用离心力分离污水中密度较大的悬浮颗粒	离心沉降	利用离心力使密度较大的颗粒发生沉降而分离，用于含固率低的污水
		离心脱水	利用离心力使水去除，用于含固率较高的污水
压力差分离技术	利用过滤介质上下游两侧的压力差分离污水中的杂质颗粒	滤池过滤	以滤池中填充的砂粒等为过滤介质的过滤
		机械过滤	以机械表面敷设的滤布等为过滤介质的过滤
		膜过滤	以具有一定孔径和某种特性的膜作为过滤介质的过滤
挥发度分离技术	利用杂质在不同条件下挥发度的差异而实现分离	精馏	利用外加热方式将易挥发组分从污水中分离
		汽提	利用汽提介质的自热将易挥发组分从污水中分离
溶解度分离技术	利用杂质在不同条件下溶解度的差异而实现分离	萃取	利用物质在两种不同溶剂中溶解度的差别而实现分离
		吸附	利用吸附质在吸附剂表面的溶解度不同而实现分离
		蒸发	通过加热的方式减少溶剂而使溶质浓缩
		结晶	通过减少溶剂或改变温度而使溶质析出

重力分离技术是根据污水中所含杂质颗粒与水的密度差而利用重力实现悬浮物分离的，根据所去除杂质颗粒的大小与密度可分为沉砂、沉淀、澄清、气浮等操作过程。沉砂和沉淀是根据自由沉降的原理而去除较大的杂质颗粒，其中沉砂用于污水预处理工序，主要去除密度较大的砂粒，而沉淀用于污水处理工序，主要去除较大粒径的杂质颗粒。澄清是根据混凝沉降的原理，用于去除粒径较小的胶体颗粒。气浮是通过向污水中通入空气形成气泡，使密度比水小的颗粒与气泡黏附形成气浮体，利用浮力作用而上浮，从而实现去除的目的。对于密度比水小的油滴，采用重力分离的技术称为隔油，其实质也是利用浮力作用而实现去除的目的。

离心分离技术是根据污水中所含密度较大的悬浮杂质在离心过程中所受离心力远大于水而实现与水分离的污水处理技术。根据污水的含固量，离心分离技术可分为离心沉降和离心脱水两类。

压力差分离技术是采用某种物质作为过滤介质，利用过滤介质上下游两侧的压力差而使污水中的悬浮颗粒截留而去除的，操作过程称为过滤。以填充在滤池内的砂石等填料为过滤介质的，称为滤池过滤。以敷设在过滤机表面的滤布等为过滤介质的，称为机械过滤。如果过滤介质是某种具有一定孔径和特殊性能的膜，则称为膜过滤。

挥发度分离技术是根据污水中所含杂质在不同条件下挥发度的差异而实现分离的过程，操作过程可分为精馏和汽提。精馏是以外加热的方式将污水中易挥发组分进行分离，而汽提则是以汽提介质的自热对污水中易挥发组分实现分离。

溶解度分离技术是根据污水中所含杂质在不同条件下溶解度的差异而实现分离的过程，操作过程可分为萃取、吸附、蒸发、结晶。萃取是以某种对溶质具有较强溶解能力的溶剂作萃取剂将污水中的溶解性物质提取分离，根据萃取剂的类型，可将萃取分为液液萃取和超临界萃取。吸附是以某种具有较大比表面积和吸附能力的介质将污水中的溶解性物质吸附而实现分离。蒸发是采用加热的方式移除溶剂而使溶解性物质浓缩。结晶是通过加热的方式移除溶剂或冷却的方式改变溶质的溶解度而使原先溶解的溶质析出而分离。

第2章

除杂技术与设备

无论是生活污水，工业污水还是农村污水，在其产生与沟渠输送过程中会不可避免地混入各种杂物，如塑料瓶、塑料袋、破布、棉纱、树枝、树叶、水草等，如不及时除去，这些杂物（统称为渣）就会被水流挟带至后续的水泵、管道及处理设备等处，造成管道堵塞、设备破坏。因此，需针对杂物的特性采取相应的技术和设备将其去除。

污水处理过程中常用的除杂技术主要包括格栅和筛网。对于水质和水量变化较大的工业污水，在处理之前还需要进行水量和水质的均和调节。

2.1 格栅技术与设备

格栅的作用是将混入污水中的大块漂浮物，如塑料瓶、塑料袋、破布、棉纱、木棍、树枝、水草等，截留去除，从而保护后续的处理设备。

2.1.1 技术原理

格栅是由一组平行的金属栅条按一定间距（15～20mm）制成的框架，斜放在污水流经的渠道或泵站集水池的进口处，其作用是将水中尺寸大于栅距的悬浮物和漂浮物截留，避免对后续的管道、水泵及处理设备造成堵塞。

根据栅距（栅条之间的净距），格栅可分为粗格栅、中格栅、细格栅三类。

（1）粗格栅

粗格栅的栅距范围为40～150mm，常用栅距是100mm。栅条结构采用金属直栅条，垂直排列，主要用于隔除粗大的漂浮物，如树干等。一般不设清渣机械，必要时人工清渣。在此类格栅后一般需要设置栅距较小的格栅，进一步拦截杂物。

（2）中格栅

中格栅的栅距范围为10～40mm，常用栅距为16～25mm。近年来，城市污水处理厂设计中均采用较小的栅距，以尽可能多地去除漂浮杂物。除个别小型工业污水处理采用人工清渣外，一般都采用机械清渣。

（3）细格栅

栅距范围为 1.5～10mm，常用栅距为 5～8mm。采用细格栅可以明显改善处理效果，减少初沉池水面的漂浮杂物。对于后续处理采用孔口布水处理设备（如生物滤池的旋转布水器）的污水处理厂，必须采用细格栅去除细小杂物，以免堵塞布水孔。

栅条的形状有圆形、方形和矩形等，圆形栅条的水流阻力最小，矩形栅条因其刚度好而常被采用。

按照形状，格栅可分为平面格栅和曲面格栅。

平面格栅是使用最广泛的格栅形式，一般由栅条、框架和清渣机构组成。栅条部分的基本形式如图 2-1 所示，正面为进水侧，栅条材质有不锈钢、镀锌钢等。栅条断面形状为矩形或圆角矩形（以减少水流阻力），见表 2-1。表 2-2 所示为常用格栅的分类及特征。曲面格栅只用于细格栅，且应用较少。

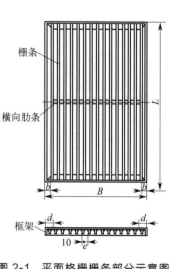

图 2-1　平面格栅栅条部分示意图

表 2-1　栅条断面形式及尺寸

栅条断面形式	一般采用尺寸/mm	栅条断面形式	一般采用尺寸/mm
正方形		迎水面为半圆形的矩形	
圆形		迎水、背水面均为半圆形的矩形	
锐边矩形			

表 2-2　常用格栅的分类及特征

构造类型	型式	栅渣去除、栅面清洗方法
立式格条型	固定手动式	人工耙取栅渣
	固定曝气式	下部曝气、剥离栅渣
	机械自动式	除渣耙自动耙取栅渣
旋转筒型	外周进水滚筒式	刮板刮取筒外栅渣
	内周进水滚筒式	栅渣自动造粒，靠自重或螺旋排出
曲面格栅	1/4 圆弧式	靠离心力和自重排出

2.1.2　工艺过程

（1）工艺布置

1）工业污水

对于普通的工业污水，泵前设置一道格栅即可，栅距可根据水质确定。对于含较多纤维物的工业污水，如纺织污水等，为了有效去除纤维，常用的格栅工艺是：第一道为格栅，第二道为筛网或捞毛机。

2）城市污水

城市污水的排水分为合流制和分流制两大系统。对于合流制排水系统的污水提升泵房，因所含杂物的尺寸较大（如树枝等），为了保证机械格栅的正常运行，常在中格栅前再设置一道粗格栅；对于分流制的城市污水系统，一般在提升泵前设置中格栅、细格栅两道格栅，例如第一道可采用栅距 25mm 的中格栅，第二道采用栅距 8mm 的细格栅。也有在泵前设置中格栅、泵后设置细格栅的布置方法。

3）农村污水

受农村环境的影响及来源的不同，农村污水中所含的杂物也各异，但大多都含有树枝、菜叶、饭粒、废纸、塑料、破布等，为保证格栅的正常运行，需采用两道格栅：第一道是粗格栅，用于截留树枝、塑料、破布等较大尺寸的杂物；第二道为细格栅，用于截留饭粒等较小尺寸的杂物。

（2）设置要求

1）布置要求

格栅安装在泵前的格栅间中，格栅间与泵房的土建结构为一个整体。

机械格栅每道不宜少于 2 台，以便维修。当来水接入管的埋深较小时，可选用较高的格栅机，把栅渣直接刮出地面以上。当接入管的埋深较大时，受格栅机械所限，格栅机需设置在地面以下的工作平台上。格栅间地面下的工作平台应高出栅前最高设计水位 0.5m 以上，并设有防止水淹（如前设速闭闸，以便在泵房断电时迅速关闭格栅间进水）、安全和冲洗措施等。

格栅间工作台两侧过道的宽度应不小于 0.7m，机械格栅工作台正面过道的宽度不应小于 1.5m，便于操作。

2）格栅设置

栅前渠道内的水流速度一般采用 0.4～0.9m/s，过栅流速一般采用 0.6～1.0m/s。过栅流速过大时有些截留物可能穿过，流速过低时可能在渠道中产生沉淀。设计中应以最大设计流量时满足流速要求的上限为准，进行格栅设备的选型和格栅间渠道的设计。

机械格栅的倾角一般为 60°～90°，多采用 75°。人工清捞的格栅倾角小时较省力，但占地面积大，一般采用 50°～60°。

2.1.3　过程设备

格栅的水头损失较小，一般在 0.08～0.15m，主要由截留物阻塞栅条所造成。但随着截留物的累积，水头损失会越来越大，严重时会影响格栅的过流量。为保证格栅的正常运行，必须进行清渣处理。

2.1.3.1　设备类型

格栅的清渣方式可分为人工清渣和机械清渣两大类。根据清渣方式，格栅可分为人工清渣格栅和机械清渣格栅。

（1）人工清渣格栅

人工清渣格栅是采用人工方式清捞除渣的，这种格栅较为简单，采用平面格栅，格栅

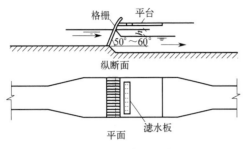

图 2-2 人工清渣的格栅

倾斜布置，倾角多为 50°～60°，格栅上部设立清捞平台，如图 2-2 所示，主要用于小型工业污水和农村污水的处理。

（2）机械清渣格栅

机械清渣格栅也称格栅除污机，采用机械清渣方式。常用的主要有：链条牵引式格栅除污机、钢丝绳牵引式格栅除污机、移动式格栅除污机等。各种常用格栅除污机及其性能比较见表 2-3。

表 2-3 常用格栅除污机的比较

类型	适用范围	优点	缺点
链条牵引式	主要用于粗、中格栅，深度不大的中小型格栅，主要清除长纤维及条状杂物	1. 构造简单，制造方便 2. 占地面积小	1. 杂物进入链条与链轮时容易卡住 2. 套筒滚子链造价高，易腐蚀
移动伸缩臂式	主要用于粗、中格栅，深度中等的宽大格栅，耙斗式适于较深格栅	1. 设备全部在水面上 2. 钢绳在水面上运行，寿命长 3. 可不停水检修	1. 移动部件构造复杂 2. 移动时耙齿与栅条间隙对位较困难
钢丝绳牵引式	主要用于中、细格栅，固定式用于中小格栅，移动式用于宽大格栅	1. 水下无固定部件者，维修方便 2. 适用范围广	1. 水下有固定部件者，维修检查需停水 2. 钢丝绳易腐蚀
自清回转式	主要用于中、细格栅，耙钩式用于较深中小格栅，背耙式用于较浅格栅	1. 用不锈钢或塑料制造，耐腐蚀 2. 封闭式传动链，不易被杂物卡住	1. 耙沟易磨损，造价高 2. 塑料件易破损
旋转式	主要用于中、细格栅，深度浅的中小格栅	1. 构造简单，制造方便 2. 运行稳定，容易检修	筒形梯形栅条格栅制造技术要求较高

1）链条牵引式格栅除污机

链条牵引式格栅除污机有多种链条设置方式，较为成功的是高链式结构，其链条与链轮等传动部件均在水位以上，不易腐蚀和被杂物卡住。图 2-3 为高链式格栅除污机结构示意图，图 2-4 为其动作示意图。

由于固定于环形链上的主滚轮在滚轮导轨内向下动作，齿耙与格栅保持较大的间距下降；主滚轮绕从动滚轮外围转动，当来到上向链的位置时，根据滚轮与主滚轮的相关位置，齿耙吃入格栅内，同时开始上升，随即耙捞栅渣；主滚轮达到最上部的驱动链轮处时，齿耙开始抬起，在该处设置小耙，齿耙上的栅渣被小耙刮掉，落在皮带输送机上，完成一个动作循环。为了防止因齿耙歪斜而卡死，在驱动减速机与主动链轮的连接部位安装了扭矩开关。当负荷增大到超过一定程度时，极限开关便切断电源，停机报警。有些机型则安装了摩擦联轴器，当负荷增大到超过一定程度时，联轴器打滑，从而保护了链条机齿耙。

2）钢丝绳牵引式格栅除污机

钢丝绳牵引式格栅除污机采用钢丝绳带动铲齿，可适应较大渠深，但在水下部分的钢丝绳易被杂物卡住，现较少采用。图 2-5 为钢丝绳牵引滑块式格栅除污机的结构示意图。

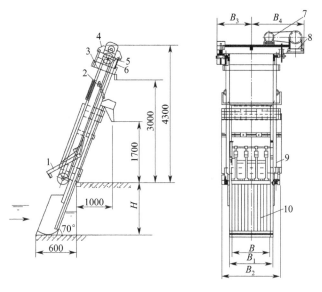

图 2-3　高链式格栅除污机结构示意图

1—齿耙；2—刮渣板；3—机架；4—驱动机构机架；5—行程开关；
6—调整螺栓；7—电动机；8—减速机；9—链条；10—格栅

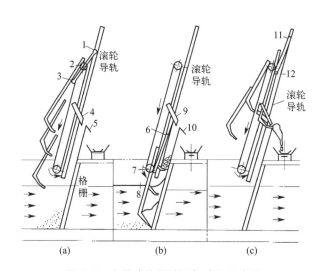

图 2-4　高链式格栅除污机动作示意图

1、6、11—滚轮；2、7、12—主滚轮；
3、8—齿耙；4、9—刮渣板；5、10—滑板

　　这种格栅除污机既有倾斜安装的，也有垂直安装的。其工作原理是：除污机的抓斗（齿耙）呈半圆形，沿侧壁轨道上下运行。三条钢丝绳中的两条用于提升和下降，一条用于抓斗的吃入与抬起。抓斗可在旋转轴的驱动下，以任意角度旋转，在自动运行中清污运动连续且重复。在限位开关、传感器和驱动装置的操纵下，开合卷筒和升降卷筒可协调运转，使抓斗上下运行，并可在任何高度上吃入与脱开，完成一次次的工作循环。由于抓斗的耙齿是靠自重吃入格栅，在运行时经常会出现耙齿吃入不深，特别是在垃圾杂物较多时耙齿插不进的现象。解决办法主要是提高开机频次，勿使格栅前积聚很多的垃圾。另一个

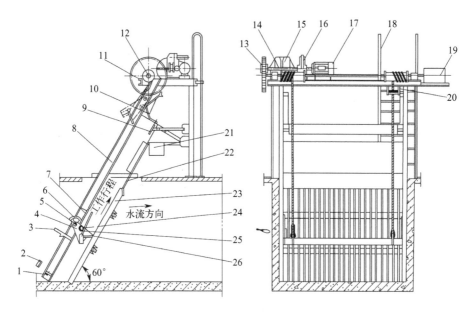

图 2-5 钢丝绳牵引滑块式格栅除污机结构示意图

1—滑块行程限位螺栓；2—除污耙自锁机械开锁撞块；3—除污耙自锁栓；4—耙臂；5—销轴；6—除污耙摆动限位板；
7—滑块；8—滑块导轨；9—刮板；10—抬耙导轨；11—底座；12—卷筒轴；13—开式齿轮；14—卷筒；15—减速机；
16—制动器；17—电动机；18—扶梯；19—限位器；20—松绳开关；21—上溜板；22—下溜板；23—格栅；
24—抬耙滚子；25—钢丝绳；26—耙齿板

问题是需要经常调整钢丝绳的长度与行程开关的工作状态，否则运行一段时间后，会因钢丝绳长度不一而造成抓斗的歪斜，增加牵引负荷，有时会因钢丝绳与开合绳的工作不协调，抓斗不能在规定的部位正确地吃入或抬起。

3）移动式格栅除污机

移动式格栅除污机一般用于粗格栅除渣，少数用于较粗的中格栅。因为拦渣量少，只需定时或根据实际情况除渣即可满足要求。数面格栅只需安装一台除渣机，当任何一面格栅需要除渣时，操作人员可将其开到这面格栅前的适当位置，然后操作除渣机将垃圾捞出卸到地面或者皮带运输机上。移动式除渣机的行走轮可以是胶轮，也可以是行走在钢轨上的钢轮。在大型污水处理厂，因粗格栅都是成平行排设置的，为使移动除渣机定位准确，一般都采用轨道式。

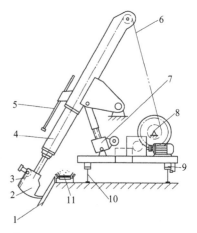

图 2-6 移动伸缩臂式格栅除污机

1—格栅；2—耙斗；3—卸污板；
4—伸缩臂；5—卸污调整杆；
6—钢丝绳；7—臂角调整机构；
8—卷扬机构；9—行走轮；
10—轨道；11—皮带运输机

图 2-6 所示为移动伸缩臂式格栅除污机。采用机械臂带动铲齿，不清渣时清渣设备全部在水面以上，维护检修方便，工作可靠性高，但清渣设备较大，且渠深不宜过大。

4）针齿条式格栅除污机

针齿条式格栅除污机主要用于中格栅及细格栅的除渣，主要结构是在格栅的前方上方的两侧各安装一根与格栅平行的针齿条，电机经过行星减速机带动与针齿条啮合的针齿轮转动，使针齿轮沿着环绕针齿条的导轨绕针齿条上下运动，并带动齿耙臂上下运动，完成入水、吃入、提升、卸污等动作。在运动中，电机、减速机与针齿轮一起绕针齿条回转，耙臂中间的铰链也随针齿轮回转，而在耙臂上端的导轮沿着一条与针齿条平行的引入导轨运动，由于两条导轨相互位置不同，使齿耙在向上提时处于吃入状态，而向下行时处于抬起状态。格栅上方的小耙用于卸污。

在针齿条式除污机的减速装置上有两个弹簧支承，传感器装在弹簧支承上，根据弹簧的形变感应荷载的变化。如发生卡死或超载，传感器便发出信号使整机停止并发出报警。针齿条式格栅除污机没有浸在水中的链轮，没有检查不到的部位，不需要链导轨，过水面积较大；不需要链条机张紧装置，因此结构简单，但由于电机随针齿轮上下运动，易发生电缆缠绕等事故。

5）铲抓式移动格栅除污机

铲抓式移动格栅除污机如图 2-7 所示。其铲斗一般尺寸较大，适用于水中大块杂物较多的场合，如大中型给排水工程、农灌站等渠宽较大的进水构筑物。

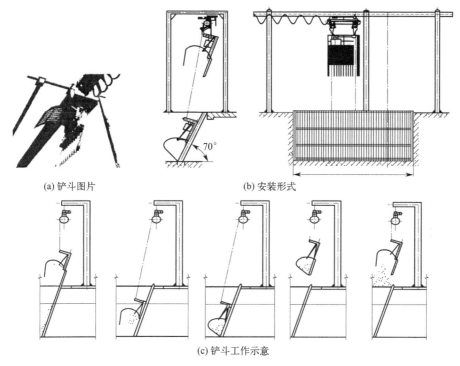

(a) 铲斗图片　　　　　　　　(b) 安装形式

(c) 铲斗工作示意

图 2-7　铲抓式移动格栅除污机

6）自清式回转格栅机

自清式回转格栅机中的众多小耙齿组装在耙齿轴上，形成封闭式耙齿链，如图 2-8 所示。耙齿材料有工程塑料、尼龙、不锈钢等。格栅传动系统带动链轮旋转，使整个耙齿链上下转动（迎水面从下向上），把截留在耙齿上的杂物从上面转至格栅顶部，由于耙齿的特殊结构形状，当耙齿链携带杂物到达上端开始反向运动时，前后耙齿产生相互错位推移，把附在栅面上的污物外推，促使杂物依靠重力脱落。格栅后面还装有清洗刷，在耙齿经过清洗刷时进一步刷净齿耙。图 2-9 为自清式回转格栅机的清渣示意图，格栅机的外形与安装见图 2-10。

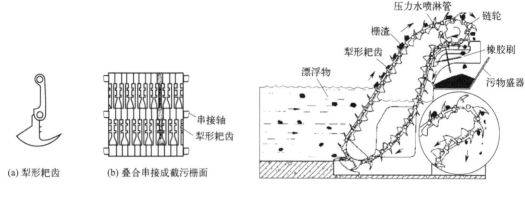

(a) 犁形耙齿　　(b) 叠合串接成截污栅面

图 2-8　自清式回转格栅机的耙齿和耙齿组装图

图 2-9　自清式回转格栅机的清渣示意图

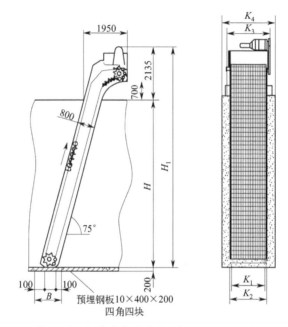

图 2-10　自清式回转式格栅机的外形与安装

回转式格栅机的栅距一般为 2~10mm，栅宽范围为 300~1800mm。回转式格栅机克服了平面格栅的许多缺点，如易于被棉丝、塑料袋等缠死；固定栅条处于水下不易清除等，因此应为较为广泛，但价格较高。

7) 曲面格栅

曲面格栅也称弧形格栅，主要用于细格栅或较细的中格栅，图 2-11 所示为一种全回转弧形格栅除污机的示意图。弧形格栅除污机齿耙臂的转动轴是固定的，耙齿以一定的速率绕定轴转动，条形格栅也依齿耙运动的轨迹制成弧形，耙齿的每一个旋转周期清除一次渣，每旋转到格栅的顶端便触动一个小耙，将栅渣刮到皮带输送机上。为了防止小耙回程时的冲击，小耙的耙臂上装有一个阻尼缓冲器。中格栅的栅条一般用普通钢板制造，细格栅有些使用不锈钢。用于中格栅的耙齿用金属制造，细格栅的耙齿在头部镶有尼龙刷。驱动装置一般使用电机加行星摆线针轮减速机，用摩擦式联轴器或三角皮带与主轴连接，发生卡死故障时，联轴器或三角皮带发生打滑，可保护整个设备的安全。

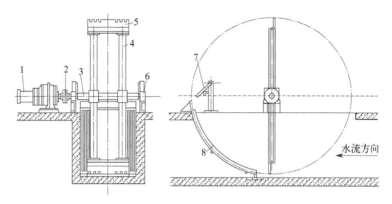

图 2-11　全回转弧形格栅除污机示意图
1—电机和减速机；2—联轴器；3—传动轴；4—旋臂；5—耙齿；6—轴承座；7—除污器；8—弧形格栅

弧形格栅除污机结构紧凑，动作简单，但过栅深度和出渣高度有限，不便在泵前使用，只能用作污水泵提升后的细格栅，不适于在较深的格栅井中使用。

8）背耙式格栅除污机

背耙式格栅除污机由于耙齿较长，且由逆水流方向插入格栅，所以能克服其他一些除污机齿耙插不进的缺点。驱动方式有链条驱动和液压驱动，条栅之间不得有固定横筋，因此对格栅的材质、强度、刚度有较为严格的要求，同时对长度也有一定的限制。这种格栅除污机多用于小型污水处理厂和农村污水处理的中格栅和细格栅。

9）台阶式（步进式）格栅除污机

格栅片做成台阶形，分成动静两组。静组与边框形成一个整体，动组与曲柄连杆机构形成一个整体，由驱动装置带动。动组做上下运动，动作幅度为一个台阶的幅度。静组与动组之间的间隙为格栅的有效间距。利用动组的运动，栅渣在静组的台阶上一级一级地向上移动，当栅渣到达静组的最上端时，上面安装的清污转刷将栅渣送入渣斗或者皮带输送机上，整个动作连续协调。这种格栅除污机是集格栅与除污机为一体的设备，多用于工业污水、城市污水和农村污水的固液分离，不适用于含砂量大的污水处理，因为砂粒会夹在动组与静组栅片之间造成较大的阻力和磨损。使用时一定要注意对水下曲柄及轴承的保养，要时刻注意调整动组栅片及静组栅片的位置，保证对杂质的提升能力。

2.1.3.2　设备设计

（1）设计参数

① 格栅的间隙和筛网的孔径。栅条间隙根据污水种类、流量、代表性杂物种类和大小等来确定。一般应符合下列要求：最大间隙 50～100mm；机械清渣时 5～25mm；人工清渣时 5～50mm；筛网孔径 0.1～2mm。

② 在大中型污水处理厂，一般应设置两道格栅和一道筛网。第一道为粗格栅（间隙 40～100mm）或中格栅（间隙 4～40mm）；第二道为中格栅或细格栅（4～10mm）；第三道为筛网（孔径小于 4mm）。

③ 过栅流速。污水在栅前渠道内的流速应控制在 0.4～0.8m/s，经过格栅的流速应

控制在 0.6～1.0m/s。过栅水力损失与过栅流速有关，一般应控制在 0.08～0.15m 之间。栅后渠底应比栅前相应降低 0.08～0.15m。

④ 过网流速。参照格栅确定，过网水力损失较大，可控制在 0.5～2m 之间。

⑤ 格栅有效过水面积。按经过格栅的流速 0.6～1.0m/s 计算，但总宽度应不小于进水管渠宽度的 1.2 倍；与筛网串联使用时取 1.8 倍。格栅的倾角为 45°～75°，筛网倾斜 45°～55°。单台格栅的工作宽度应不超过 4.0m，超过时应设置多台格栅，台数应不少于 2 台，如为 1 台，应设人工清渣格栅备用。

⑥ 格栅（筛网）间必须设置工作台，台面应高出栅前最高水位 0.5m，台上应设有安全和冲洗设施。工作台两侧过道的宽度应不小于 0.7m。台正面宽度：人工清渣的不小于 1.2m，机械清渣的不小于 1.5m。

⑦ 机械格栅（网）一般应设置于通风良好的格栅间内，以保护动力设备。大中型机械格栅间应安装吊运设备，便于设备检修和栅渣的日常清除。

（2）设计计算

格栅的设计计算包括以下内容。

1）栅前流速 v_1（m/s）

$$v_1 = \frac{Q_{max}}{B_1 h} \tag{2-1}$$

式中　Q_{max}——最大设计流量，m^3/s；

　　　B_1——栅前渠道的宽度，m；

　　　h——栅前渠道的水深，m。

2）过栅流速 v（m/s）

$$v = \frac{Q_{max}}{b(n+1)h} \tag{2-2}$$

式中　b——栅条间距，mm；

　　　n——栅条数目。

3）最大处理水量 Q_{max}（m^3/s）

$$Q_{max} = v \frac{hb}{\sin\alpha} \frac{B}{b+s} \tag{2-3}$$

式中　h——有效水深，m；

　　　B——格栅的有效宽度，m；

　　　s——栅条的宽度，mm。

4）格栅宽度 B（m）

$$B = sn + (n+1)b \tag{2-4}$$

$$n = \frac{Q_{max}\sqrt{\sin\alpha}}{bhv} \tag{2-5}$$

式中　h——栅前水深，m；

　　　α——格栅倾角，度，一般取 60°～70°。

5）过栅水力损失 h_1（m）

$$h_1 = h_0 k \tag{2-6}$$

$$h_0 = \zeta \frac{v^2}{2g} \sin\alpha \qquad (2\text{-}7)$$

式中　h_0——计算水力损失，m；

　　　g——重力加速度，m/s^2；

　　　k——系数，格栅被栅渣阻塞时，水力损失增大的倍数，可按 $k = 3.36v - 1.32$ 计算或取 $2 \sim 3$；

　　　ζ——局部阻力系数，其值与栅条断面形状有关，可按表 2-4 选取。

表 2-4　断面形状与阻力系数 ζ

栅条断面形状	一般采用尺寸	计算式	形状系数
锐边矩形	厚 10mm，宽 50mm		$\beta = 2.42$
圆形	直径 20mm		$\beta = 1.79$
带半圆的矩阵	厚 10mm，宽 50mm	$\zeta = \beta\left(\dfrac{s}{b}\right)^{4/3}$	$\beta = 1.83$
梯形	—		$\beta = 2.00$
两头半圆的矩形	厚 10mm，宽 50mm		$\beta = 1.67$
正方形	边长 30mm	$\zeta = \left(\dfrac{b+s}{\varepsilon b} - 1\right)^2$	收缩系数 ε 一般取 0.64

6）栅后渠总深 H（m）

$$H = h + h_1 + h_2 \qquad (2\text{-}8)$$

式中　h_2——栅前渠道的超高，m。

7）栅渠总长 L（m）

$$L = L_1 + L_2 + 1.0 + 0.5 + \frac{H_1}{\text{tg}\alpha} \qquad (2\text{-}9)$$

$$L_1 = \frac{B - B_1}{2\text{tg}\alpha_1} \qquad (2\text{-}10)$$

$$L_2 = L_1/2 \qquad (2\text{-}11)$$

$$H_1 = h_1 + h_2 \qquad (2\text{-}12)$$

式中　L_1——栅前部渐宽长度，m；

　　　L_2——栅后部渐细长度，m；

　　　B_1——进水渠宽度，m；

　　　H_1——栅前渠总深，m；

　　　α——栅格倾角，度，一般取 $60° \sim 70°$；

　　　α_1——栅前部渐宽段水平展开角，一般取 $20°$。

8）每日栅渣量 W（m^3/d）

$$W = \frac{86400 Q_{\max} W_1}{1000 K_2} \qquad (2\text{-}13)$$

式中　W_1——单位栅渣量，m^3 渣$/10\text{m}^3$ 污水；对于生活污水，$b = 15 \sim 25\text{mm}$ 时，$W_1 = 0.05 \sim 0.1$；$b = 25 \sim 50\text{mm}$ 时，$W_1 = 0.3 \sim 1$；

　　　K_2——进渠污水流量变化系数。

2.2　筛网技术与设备

筛网一般设置在格栅之后，作为格栅的补充，用于去除格栅无法拦截的小颗粒杂质。

2.2.1 技术原理

筛网的本质是一种孔径较大的过滤介质，在外力（一般是上下游的压力差）作用下使污水中大于筛网孔径的杂质截留下来。因此，筛网的孔径应根据杂质的颗粒大小及后续水处理设备的要求而选定。

2.2.2 工艺过程

污水中含有的大块固体悬浮物或漂浮物首先经格栅拦截除去后，再流经筛网，由筛网将大于筛网孔径的小颗粒拦截，进一步去除所含的固体颗粒，防止对后续设备和管道的堵塞，并减少后续处理的负荷。

2.2.3 过程设备

污水处理所用的筛网可分为四大类：①固定筛，常用的设备为水力筛网；②板框型旋转筛，常用的设备为旋转筛网；③连续传送带型旋转筛，常用的设备为带式旋转筛；④转筒型筛网，常用的设备为转鼓筛和微滤机。常用筛网的分类及其特征见表 2-5 所示，各设备的优缺点比较见表 2-6。

表 2-5　常用筛网的分类及特征

构造类型	型式	栅渣去除、栅面清洗方法
转筒型	水力转筒式	喷嘴或毛刷清洗筛网
	机械转筒式	渣自动造粒，转筒外顶部喷嘴喷射高压水和自重或螺旋排出
固定倾斜式	平面振动式	振动力促进筛渣造粒，靠自重排出
	曲面振动式	振动力促进筛渣造粒，靠自重排出
提升斗式	连续旋转提升斗	循环链上安装网斗网取栅渣，压缩空气剥离栅渣

表 2-6　常用筛网设备的比较

类型	适用范围	优点	缺点
固定式	从污水中去除低浓度固体杂质及毛和纤维类，安装在水面以上时，需要水头落差或水泵提升	1. 平面筛网构造简单，造价低 2. 梯形筛丝筛面，不易堵塞，不易磨损	1. 平面筛网易磨损易堵塞，不易清洗 2. 梯形筛丝曲面筛构造复杂
圆筒式	从污水中去除低浓度杂质及毛和纤维类，进水深度一般<1.5m	1. 水力驱动式构造简单，造价低 2. 电动梯形筛丝转筒筛，不易堵塞	1. 水力驱动式易堵塞 2. 电动梯形筛构造较复杂，造价高
板框式	常用深度 1~4m 可用深度 10~30m	驱动部分在水上，维护管理方便	1. 造价高，板框网更换较麻烦 2. 构造较复杂，易堵塞

（1）水力筛网

也称固定筛网，筛面由筛条组成，筛条间距为 0.25~1.5mm。也有在筛条上再覆以不锈钢或尼龙网的，筛网规格可小至 100 目。筛面倾斜设置，在竖面有一定的弧度，从上到下倾斜角逐渐加大。筛面背后的上部为进水箱，进入的水由进水箱的顶部向外溢流，分布在筛面上，从筛条间隙流入筛面背后下部的出水箱，再从下部的出水管排出。固体杂质在水流冲击和重力的共同作用下，沿筛面下滑，落入渣槽，然后由螺旋运输机移走。图

2-12 为水力筛网示意图。

水力筛网一般设在水泵提升之后，用于去除细小杂质。其优点是结构简单，设备费低，处理可靠，维护方便；不足之处是单宽水力负荷有限［对城市污水的水力负荷约为 $2000m^3/(d \cdot m)$］，单台设备的处理能力有限（一般设备的筛宽在 2m 以内），水头损失较大（一般在 1.2～2.1m 之间）。以上特点使水力筛网多用于工业污水处理。

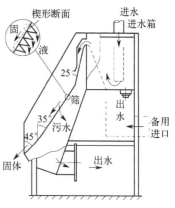

图 2-12　水力筛网示意图

（2）旋转筛网

旋转筛网由绕在上下两个旋转轴上的连续过滤网板组成，网板由金属框架及金属网丝组成，网孔一般为 1～10mm。旋转筛网由电机带动，连续转动，转速为 3r/min 左右。筛网所拦截的杂物随筛网旋转到上部时，被冲洗管喷嘴喷出的压力水冲入排渣槽带走。旋转筛网的结构如图 2-13 所示。

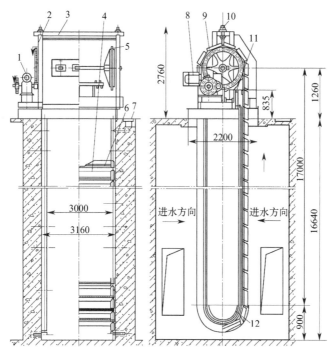

图 2-13　旋转筛网结构图

1—蜗轮蜗杆减速器；2—齿轮传动副；3—座架；4—筛网；5—传动大链轮；
6—板框；7—排渣槽；8—电动机；9—链板；10—调节杆；11—冲洗水干管；12—导轨

旋转筛网的平面布置形式有正面进水、网内侧向进水和网外侧向进水三种。图 2-14 所示为网内侧向进水方式的平面布置。

（3）带式旋转筛

带式旋转筛结构简单，多用于工业污水和农村污水的处理，通常倾斜设置在污水渠道中，带面自下向上旋转，网面上截留的杂物用刮渣板或冲洗喷嘴清除。图 2-15 所示为带式旋转筛的结构示意图。

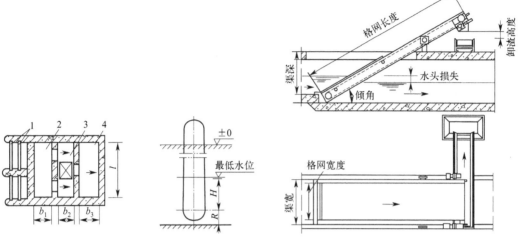

图 2-14　旋转筛网内侧向进水方式的平面布置
1—格栅（或闸门）槽；2—进水室；
3—旋转筛网；4—吸水室

图 2-15　带式旋转筛结构示意图

（4）转鼓筛

转鼓筛采用旋转圆筒形外壳，其上覆有筛网，截留在筛网上的杂物用刮渣板或冲洗喷嘴清除。转鼓筛的水流方向有两种，从外向内或从内向外，前者因杂质截留在网的外面，便于清洗不易堵塞。转鼓筛多用于工业污水的除毛处理。

2.3　调节技术与设备

来自各个车间的工业污水和不同时段产生的城镇污水与农村污水，其水质和水量一般来说是不稳定的，但处理装备和流程都是按一定的水质和水量设计的，它们的运行都有一定的操作指标，偏离这个指标就会降低处理效率，或使运转发生困难。当水质和水量的变化幅度过大时，对处理设备的正常运转是不利甚至是有害的。因此，为使处理构筑物、流通管渠和处理设备不受水质或流量变化的冲击，不论何种污水，在送入处理系统之前，都需要先进行水质的均和与水量的调节，为后续处理系统的正常运转创造必要条件，所以一般把水质的均和与水量的调节也归为预处理操作。

2.3.1　技术原理

根据调节的对象，污水处理过程中的调节可分为水量调节和水质调节。水量调节是对来水的水量进行调节，以保证后续系统的进水量稳定在一定的范围。这种方法适用于来水水量随时间变化的情况，如城镇污水和农村生活污水、间歇生产过程产生的工业污水、农村养殖污水。水质调节是对来水的水质进行调节，以保证后续系统的进水水质稳定在一定的范围内。这种方法适用于多股不同水质来水的混合处理（如城市污水处理厂中来自不同区域的城市生活污水），也适用单股来水、但水质随时间而变化的污水处理（如农村污水中的农产品加工污水、工业生产过程中产生的洗涤污水）。

2.3.2　工艺过程

水质均和与水量调节的目标不同，调节方法与调节过程也各异。

2.3.2.1　水量调节过程

污水处理中单纯的水量调节主要在于污水提升泵的选择，一般是选用合适的污水泵，或者水泵多排，来达到水量平均化的目的。目前工程上采用的主要有两种方式：线内调节和线外调节。

（1）线内调节

也称主线调节，将流量调节池设置在主流线上，如图 2-16 所示。常用的水量调节池如图 2-17 所示，进水一般采用重力流，出水用泵提升。但是对于某些污水管道埋深较大、调节池深度受限的情况，需设置二次提升，如图 2-16 中括号所示。

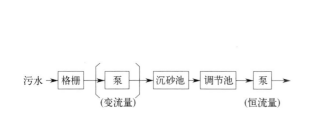

图 2-16　设在主流线上的调节池　　　　图 2-17　常用的水量调节池

调节池的容积可采用图解法计算。实际上，由于污水流量的变化往往规律性差，所以调节池容积的设计一般凭经验确定。

（2）线外调节

采用图 2-18 所示的方式，将调节池设在旁路上，当污水流量过高时，多余污水经溢流井溢流进入调节池，当流量低于设计流量时，再将水从调节池用泵打入混合井，与来水混合后一并送去后续处理。

图 2-18　设在主流线外的调节池

与线内调内相比，线外调节不受污水进水管道高程的限制，由于调节池后设置专用提升泵，调节池一般采用半地上式，施工与维护方便，特别适合工厂生产为白班或两班制、水量波动不大、污水处理需要 24h 连续运行（如生物处理）的情况。但被调节水量需要两次提升，动力消耗较大。

2.3.2.2 水质调节过程

水质调节一般分为常规调节和非常规调节两种情况。常规水质调节一般是在前端设计有足够的调节空间，保证污水有足够的停留时间，达到均值的要求。非常规水质调节就是如果某段时间内污水的指标异常，一般需要添加营养剂，补充碳源或氮源。通常所说的水质调节是指常规水质调节，其任务是对不同时段或不同来源的污水进行混合，使流出水的水质比较均匀。用于水质调节的调节池也称均和池或匀质池。

一般地，水质调节的作用可体现为以下几个方面：

① 提高污水的可处理性，减少生化处理过程中产生的冲击负荷。

② 使对微生物有毒的物质得到稀释，短期排出的高温污水还可以得到降温处理。

③ 使酸性污水和碱性污水得到中和，使 pH 值保持稳定，减少由于调节 pH 值所需的酸碱量。

④ 对化学处理而言，药剂投加量的控制及反应更为可靠，使操作费用降低，处理能力及负荷提高。

水质调节的基本方法也有两种：

① 利用外加动力（如叶轮搅拌、空气搅拌、水泵循环）而进行的强制调节，设备简单，效果较好，但运行费用高。

② 利用差流方式使不同时段和不同浓度的污水进行自身水力混合，基本没有运行费用，但设备结构较复杂。

（1）外加动力方式

图 2-19 所示的曝气均和池是一种外加动力的水质调节池，采用压缩空气搅拌。在池底设有曝气管，在空气搅拌作用下，使不同时段进入池内的污水得以混合。这种调节池构造简单，效果较好，并可防止悬浮物沉积于池内，最适宜在污水流量不大、处理工艺中需要预曝气以及有现成压缩空气的情况下使用。但如果污水中存在易挥发的有害物质，则不宜使用此类调节池，此时可使用叶轮搅拌。

（2）差流方式

差流方式的调节池类型很多，图 2-20 所示为一种折流调节池，配水槽设在调节池上部，池内设有许多折流板，污水通过配水槽上的孔口溢流至调节池的不同折流板间，从而使某一时刻的出水中包含不同时刻流入的污水，也即其水质达到了某种程度的调节。

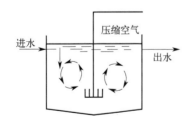

图 2-19　曝气均和池

图 2-20　折流调节池

图 2-21 所示是一种构造比较简单的差流式调节池。对角线上的出水槽所接纳的污水

来自不同的时间，也即浓度各不相同，这样就达到了水质调节的目的。为了防止调节池内污水短路，可在池内设置一些纵向挡板，以增强调节效果。

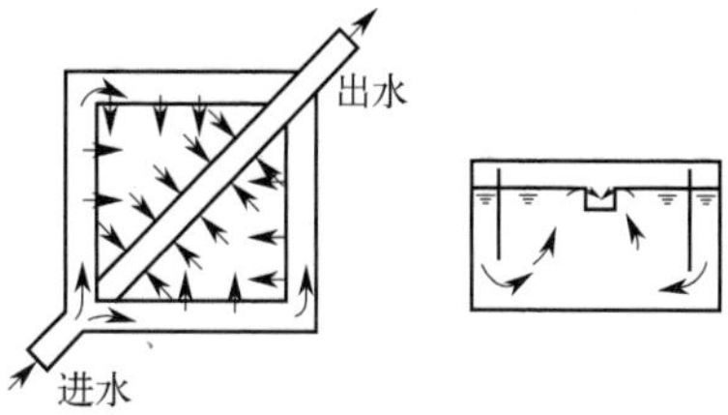

图 2-21 差流式调节池

2.3.3 过程设备

用于水质均和和水量调节的主要设施为调节池。在污水处理工艺中，调节池还可兼作沉淀池或隔油池。

（1）调节池的分类

调节池的分类方法很多。按形状分为圆形、方形、（自然）多边形等，可建在地下或地上；按结构分为混凝土、钢筋混凝土、石结构和自然体等；按在工艺流程中的位置分为前置原污水集中调节池、分流调节池、处理后水调节池。一般是按调节池的功能将其分为水量调节池、水质调节池和同时兼具部分预处理作用的调节池等。

如果调节池的作用仅是调节水量，只需保持必要的池容积并使出水均匀即可。如果调节池的作用是使污水水质达到均衡，则应使调节池在构造和功能上考虑达到水质均和的措施，使不同时段流入池内的污水能完全混合。

（2）调节池的形式

常见调节池的形式有如下几种：

1）穿孔导流槽式调节池

出水槽沿对角线方向设置，污水由左右两侧进入池内，经过不同的时间才流出水槽，从而使不同浓度的污水达到自动调节均和的目的。为防止水流在池内短路，可在池内设置一些纵向隔板，以增强调节效果；为防止沉降物在调节池内沉降下来而影响水流流向和调节效果，可在池底设沉渣斗，定期排除沉降物。如果调节池容积很大，可将调节池做成平底，采用压缩空气搅拌污水，空气用量为 $1.5 \sim 3 m^3/(m^2 \cdot h)$，调节池有效水深为 $1.5 \sim 2m$，纵向隔板间距为 $1 \sim 1.5m$。

2）分段投入式水质调节池

污水在隔墙内折流，通过配水槽的多个孔口投配到调节池前后的各个位置，达到混合、均衡的目的。

3）空气搅拌式调节池

污水从高位曝气沉砂池自流入调节池，池内设有曝气管，起均化和预曝气作用，池中沉渣通过曝气搅拌随水流排放。也有的调节池就是由两、三个空池子组成，池底装有空气管道，每池间歇独立运转，轮流作用。第一池充满后，水循序流入第二池。第一池内的水用空气搅拌均匀后，再用泵抽往后续的设备中。第一池抽空后，再循序抽第二池的水。这样虽能调节水量和水质，但是基建与运行费用均较高。

（3）调节池的设计

调节池的设计参数包括：

1）最小有效容积

调节池的最小有效容积应能够容纳水质水量变化一个周期所排放的全部污水量。

为了获得充分的均质效果，池容可按日排全部污水量设计。为同时获得要求的某种预处理效果，池容按同时达到均质和某种预处理效果（如生物水解酸化、脱除某种气体等）所需容积计算，计算值为最小有效均质调节池容，设计时应增加无效池容。无效池容是指不能起水量调节作用的池容，如不能排出池外的水所占池容、保护高度所占池容、生化预处理生物污泥保有量所占池容、隔墙立柱所占池容等。

2）出水方式

大多数调节池的出水方式都是堰顶出水，只能调节出水水质，不能调节流量。需同时调节水质和水量时，应采用图 2-22 所示的对角线出水调节池、图 2-23 所示的周边进水池底出水调节池。调节池的典型布置方式见图 2-24。

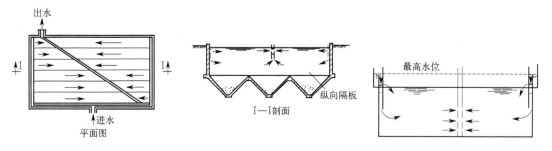

图 2-22　对角线出水调节池　　　　　图 2-23　周边进水池底
　　　　　　　　　　　　　　　　　　　　　　　出水调节池
　　　　　　　　　　　　　　　　　　　　　　　（水质水量调节）

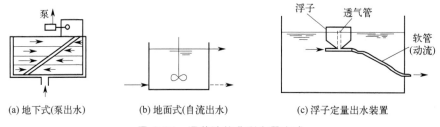

(a) 地下式(泵出水)　　　(b) 地面式(自流出水)　　　(c) 浮子定量出水装置

图 2-24　调节池的典型布置方式

对于进行水量调节的变水位调节池，调节容积的计算方法有逐时流量曲线作图法和小时累积水量曲线作图法。小时累积水量曲线作图法的求解步骤如图 2-25 所示。

① 以小时（h）为横坐标，累积水量为纵坐标，绘制最大变化日的小时累积水量曲线。

② 图中对角线（原点与 24h 累积水量的连线）的斜率为平均小时流量，即水泵的恒定流量。

③ 平行于对角线做累积水量曲线的切线，其上下两条切线的垂直距离即为所需调节容积。

由于实际运行中每天的小时流量都会有所不同，得不到规律性很强的小时变化流量曲线，在设计中选用调节池容量时，应视情况留有余地。

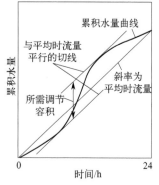

图 2-25　调节容积的累积
水量曲线作图法

第3章

重力分离技术与设备

重力分离技术是根据污水中所含悬浮杂质与水的密度差而利用重力实现悬浮物分离的，根据所去除杂质颗粒的大小与密度可分为沉砂、沉淀、澄清和气浮等操作过程。沉砂和沉淀是根据自由沉降的原理而去除较大的悬浮颗粒，其中沉砂用于污水预处理工序，主要去除密度较大的砂粒，而沉淀用于污水处理工序，主要去除较大粒径的悬浮颗粒。澄清是根据混凝沉降的原理，用于去除粒径较小的胶体颗粒。气浮是通过向污水中通入空气形成气泡，使密度比水小的颗粒与气泡黏附形成气浮体，利用浮力作用而上浮，从而实现去除的目的。对于密度比水小的油滴，采用重力分离的技术称为隔油，其实质也是利用浮力作用而实现去除的目的。

3.1 沉砂技术与设备

沉砂是将含有砂粒的污水静置于水池中，在重力作用下使粒径较大的重质颗粒物沉降而除去。

3.1.1 技术原理

沉砂是指污水中所含的粒度较大和密度较重的砂粒以恒定速度下沉，在下沉过程中呈离散状态，各颗粒间互不干扰，其形状、尺寸、密度等均在沉淀过程中不发生改变。从实质上讲，沉砂池就是一个沉淀池，只是沉砂池用于去除粒径较大的重质颗粒物，沉降较为迅速，所需的池容比沉淀池小。

3.1.2 工艺过程

因城市污水的下水道系统会带入较多的砂粒等大颗粒物，在初次沉淀池前必须设置沉砂池。含砂粒较少的工业污水处理可以不设置沉砂池。对于农村污水，由于其水流流速较小，基本不夹带泥砂，也可不设置沉砂池。

3.1.3 过程设备

沉砂过程的主要设备是沉砂池和除砂机。沉砂池是为砂粒的沉降提供场合，除砂机的作用是将沉降的砂粒定期清除，避免影响沉砂池的沉降效果。

3.1.3.1　沉砂池

沉砂池的作用是使污水中所含的砂粒发生沉降。根据污水在池内的流动特性，沉砂池可分为平流式、曝气式和旋流式三大类。沉砂池设置与设计计算的一般规定有：

① 沉砂池的沉砂效率：按去除相对密度2.65、粒径0.2mm以上的砂粒设计。

② 污水流量应按分期建设考虑：当污水自流入厂时，按每期最大设计流量计算；用污水泵提升入厂时，按每期工作泵的最大组合流量计算；在合流制处理系统中，应按降雨时的设计流量计算。

③ 沉砂池的个数或分格数：一般不应少于2个，并列设置，在污水量较少时可以只运行1个池。

④ 沉砂量：城市污水的沉砂量可按0.03L/m^3计算，砂渣的含水率为60%，容重为1500kg/m^3；合流制污水的沉砂量需根据实际情况确定。

⑤ 砂斗容积：按2日的沉砂量计算，斗壁与水平面夹角不小于55°。

⑥ 除砂方式：一般应采用机械除砂，并设置贮砂池。排砂管直径不应小于200mm。采用重力排砂时，沉砂池与贮砂池应尽可能靠近。

⑦ 砂渣外运处置前宜用洗砂机处理，洗去砂渣上黏附的有机物。

（1）平流式沉砂池

平流式沉砂池属于早期使用的沉砂池形式，池型采用渠道式，污水经消能或整流后进入池中，沿水平方向流至末端经堰板流出，砂粒沉在池底。在池的底部设有砂斗，定期排砂。

平流式沉砂池的主要设计要求是：

① 流速：最大流速0.3m/s，最小流速0.15m/s。

② 停留时间：水力停留时间为30～60s，最大流量时的停留时间不小于30s。

③ 尺寸：有效水深不应大于1.2m，每格宽度不宜小于0.6m。

④ 排砂方式：采用砂斗间歇排砂，排砂周期小于2d。

平流式沉砂池的设计计算包括以下内容。

1）池长 L（m）

$$L = vt \tag{3-1}$$

式中　v——最大设计流量时的流速，m/s；

　　　t——最大设计流量时的流动时间，s。

2）水流断面 A（m^2）

$$A = \frac{Q_{\max}}{v} \tag{3-2}$$

式中　$Q_{\max}$——最大设计流量，m^3/s。

3）池总宽 B（m）

$$B = A/h_2 \tag{3-3}$$

式中　h_2——设计有效水深，m。

4）沉砂斗容积 V（m^3）

$$V = \frac{Q_{\max} X T \times 86400}{K_z \times 10^6} \tag{3-4}$$

式中　X——沉砂量，城市污水取 $30\text{m}^3/10^6 \text{ m}^3$ 污水；

　　　T——排除沉砂的时间间隔，d；

　　　K_z——污水流量变化系数，$K_z = 1.2 \sim 2.3$。

5）池总高 H （m）

$$H = h_1 + h_2 + h_3 \tag{3-5}$$

式中　h_1——超高，m，一般 $h_1 = 0.3 \sim 0.5\text{m}$；

　　　h_3——沉砂斗高，m。

6）验算最小流速 $v_{\min}$ （m/s）

$$v_{\min} = \frac{Q_{\min}}{n_i f_{\min}} \tag{3-6}$$

式中　$Q_{\min}$——最小流量，m^3/s；

　　　n_i——最小流量时运行的池数，个；

　　　$f_{\min}$——最小流量时池中过水断面，m^2。

平流式沉砂池结构简单，处理效果较好，但沉砂效果不稳定，不能适应城市污水水量波动较大的特性。水量大时，流速过快，许多砂粒来不及沉下；水量小时，流速过慢，有机悬浮物也沉下来了，沉砂易腐败。平流式沉砂池目前只在个别小厂或老厂中使用。

（2）曝气式沉砂池

曝气式沉砂池采用矩形池型，在沿池长一侧的底部设置一排曝气管，通过曝气产生四个作用：

① 在池的过水断面上产生旋流，水呈螺旋状通过沉砂池。

② 水力旋流使砂粒与有机物分离，沉渣不易腐败。

③ 气浮油脂并吹脱挥发性物质。

④ 预曝气充氧、氧化部分有机物。重颗粒沉到池底，并在旋流和重力作用下流进集砂槽，再定期用排砂机械（刮板或螺旋推进器、移动吸砂泵等）排出池外；较轻的有机颗粒则随旋流流出沉砂池。

图 3-1 为曝气式沉砂池的断面图。

曝气式沉砂池的主要优点是：a. 可在水力负荷变动较大的情况下保持稳定的沉砂效果；b. 沉砂中附着的有机物少，沉砂的性能稳定；c. 有对污水进行预曝气的作用，改善了污水的厌氧状态；

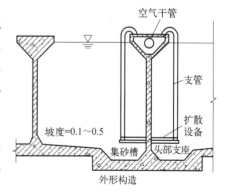

图 3-1　曝气式沉砂池断面图

d. 可用于化学药剂的投加、混合、絮凝等。其缺点是：a. 需要额外的曝气能耗；b. 曝气对空气造成了严重的臭气污染，随着对空气污染问题的日益重视，从 20 世纪 90 年代中期开始，城市污水处理厂大多改为旋流式沉砂池。

主要设计要求：

① 停留时间：水力停留时间 $3 \sim 5\text{min}$，最大流量时的水力停留时间应大于 2min。

② 流速：水平流速为 0.06～0.12m/s。

③ 尺寸：有效水深 2～3m，宽深比宜为 1～1.5，长宽比在 5 左右，并按此比例进行分格。

④ 曝气方式：采用中孔或大孔曝气穿孔管曝气，曝气量约为 0.2m³ 空气/（m³ 污水）或 3～5 m³ 空气/（m²·h），使水的旋流流速保持在 0.25～0.30m/s 以上。

⑤ 进出水方向：进水方向应与池中旋流方向一致，出水方向应与进水方向垂直，并宜设置挡板。

曝气式沉砂池的设计计算包括以下内容。

1）池总容积 V（m³）

$$V = Q_{max}t \tag{3-7}$$

式中　Q_{max}——最大设计流量，m³/s；

　　　t——最大设计流量时的流动时间，s。

2）水流断面 A（m²）

$$A = \frac{Q_{max}}{v_1} \tag{3-8}$$

式中　v_1——最大设计流量时的水平流速，m/s。

3）池总宽 B（m）

$$B = A/h_2 \tag{3-9}$$

式中　h_2——设计有效水深，m。

4）池长 L（m）

$$L = V/A \tag{3-10}$$

5）所需空气量 q（m³/h）

$$q = \alpha Q_{max} \times 3600 \tag{3-11}$$

式中　α——1h、1m³ 污水所需空气量，m³，一般取 $\alpha = 0.2$。

（3）旋流式沉砂池

旋流式沉砂池采用圆形浅池形，池壁上开有较大的进出水口，池底为平底或向中心倾斜的斜底，底部中心的下部是一个较大的砂斗，中心设有搅拌与排砂设备，其构造如图 3-2 所示。进水从切线方向流入，在池中形成旋流，池中心的机械搅拌叶片进一步促进了水的旋流。在水流涡流和机械叶片的作用下，较重的砂粒从靠近池中心的环形孔口落入下部的砂斗，再经排砂泵或空气提升器排出池外。

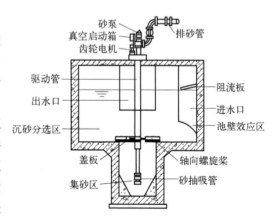

图 3-2　旋流式沉砂池构造图

旋流式沉砂池的气味小，沉砂中的有机物含量低，可在一定范围内适应水量变化，有多种规格的定型设计可供选用。主要设计要求：

① 停留时间：最高流量时的水力停留时间不应小于 30s。

② 水力负荷：设计水力表面负荷为 $150\sim200m^3/(m^2\cdot h)$。

③ 尺寸：有效水深宜为 $1.0\sim2.0m$，池径与池深比宜为 $2.0\sim2.5$。

④ 除砂方式：砂斗积砂，排砂泵或空气提升器排砂。为提高沉砂效果，池中应设立式桨叶分离机。

各种沉砂池的设计参数见表 3-1 所示。

表 3-1   各种沉砂池的设计参数

主要设计参数	平流式	竖流式	旋流式	曝气式
大流速/(m/s)	0.3	0.1	0.9	旋流流速 0.25～0.3
小流速/(m/s)	0.15	0.02	0.6	水平流速 0.08～0.15
停留时间/s	30～60	30～60	20～30	60～180(预曝 600～1800)
有效水深/m	0.25～1.0	—	进水平直段长度大于渠宽 7 倍以上,进出水渠间夹角大于 270°	2～3
池(格)宽/m	≥0.6	—		宽/深 1～1.5
池底坡度	0.01～0.02	—		长/宽～5
消能和整流装置	池首部	—		曝气量 0.2m³/m³ 水
进水中心管流速/(m/s)	—	0.3		曝气器距池底 0.6～0.9m

3.1.3.2　除砂机

沉积在沉砂池中的沉砂必须定期除去，以保证沉砂池的正常运行。排砂间隙过长会堵塞排砂管、砂泵，堵卡刮砂机械；排砂间隙太短又会使排砂量增大，含水率高，增加后续处理的难度。

沉砂的去除一般是采用除砂机，常用的除砂机主要有以下几种。

(1) 抓斗式除砂机

抓斗式除砂机分门形抓斗除砂机与单臂回转式抓斗除砂机两种。门形抓斗除砂机是使用较多的一种抓斗除砂机，形同一个门式起重机，横跨于沉砂池上。主要部分是行走架、刚性支架、挠性支架、鞍梁、抓斗启闭装置、小车行走装置、抓斗等，其中抓斗的启闭、大车及小车的行走等由操作室内的操作盘控制。

(2) 链斗式除砂机

链斗式除砂机实际上是一部带有多个 V 型砂斗的双链输送机。除砂机的两根主链每隔一定距离安装一个 V 型斗，两根主链连成一个环形。通过传动链驱动轴带动链轮旋转，使 V 型砂斗在沉砂池底的砂沟中沿导轨移动，将沉砂刮入斗中，斗在通过链轮以后改变运动方向，逐渐将沉砂送出水面。V 型砂斗脱离水面后，砂斗中的水逐渐从斗下的无数小孔滤出，流回池内。V 型砂斗在到达池最上部的从动链轮处时，再次发生翻转，将砂倾入下部的砂槽中。与此同时，设在上部的数个喷嘴向 V 型砂斗内喷出压力水，将斗内黏附的砂子冲入砂槽，砂槽内的砂靠水冲入集砂斗中。砂在集砂斗中继续依靠重力滤除所含水分。砂积累至一定数量后，集砂斗可以翻转，将砂卸到运输车上。

(3) 桁车泵吸式除砂机

桁车泵吸式除砂机由以下几部分组成：

① 结构部分：即支撑整机安装所有设备的桥架、两端的鞍梁。结构部分多为钢铁或铝合金制造。

② 驱动、行走部分：除砂机的往复行走速度为 $1\sim2mm/min$，驱动装置由电机与减

速机构成，有些使用分别驱动结构，即由两台相同的电机与减速机分别驱动两端的驱动行走轮，有些使用长轴驱动结构，即用一台电机与减速机通过一根贯通整个桥架的长轴驱动两端的驱动行走轮。

行走轮有钢轮及实心胶轮两种。使用胶轮的每台车还要增加 4~6 个导向轮，以防止车在行走中跑偏。

③ 工作部分：每台除砂机安装 1~2 台离心式砂泵，用以从池底将沉积在沟中的砂浆抽出。有些除砂机将砂浆抽到池边的砂渠，使之通过砂渠流到集砂井。有些直接将砂水混合物抽送到砂水分离器中。

④ 电控部分：安装在桥车上的控制柜及各部位安装的传感器、保护开关等组成除砂机的电控部分。有了这一部分，除砂机才能按预定的程序运转，才能有保护功能。除此以外，一部分控制箱内还安装了一台用于时间控制的电子钟，可以根据沉砂池的来砂状况调节 24 小时的工作时间及停机时间。

⑤ 电缆鼓：这是连接往复行走的桁车与外界动力电源与监控信号的通道。由于除砂机还要和机外的砂水分离设备统一协调运转，所以监控信号最终是与总控制柜连接的。

（4）压力式斜板除砂器

压力式斜板除砂器利用斜板沉淀的原理除砂，可直接安装于管井、大口井、渗渠等地下水取水构筑物的水泵出水管道上，也可安装于地表水源取水泵房的出水管道上，以截留大颗粒砂。除砂器内积聚的沉砂由人工或自动定期排除。

（5）XS 型除砂机

XS 型除砂机采用两只离心砂泵从平流式曝气沉砂池底部的砂沟中吸砂。泵在水中，电机在桥架上，吸砂管的下部有 1 米左右的弹簧橡胶管。砂泵的出水从切线方向进入水力旋流器完成砂水分离，可通过调节砂泵出水管上的阀门使水力旋流器处于最佳工作状态。这种除砂机结构简单、紧凑，操作方便，费用低，但砂水分离的效果稍差。

3.1.3.3　砂水分离设备

除砂机从沉砂池底部抽出的是砂水混合物，其含水量高达 97%~99% 以上，有的还混有相当数量的有机物，导致运输、处理都相当困难，尤其是含有机物的沉砂，堆放时间一长就会腐败发臭，从而造成二次污染，因此必须将无机砂粒与水及有机物及时分开。

常用的砂水分离设备有水力旋流器、振动筛式砂水分离器及螺旋式洗砂机。

3.2　沉淀技术与设备

沉淀是利用污水中悬浮物与水的相对密度差，在重力作用下使悬浮物沉降而去除的技术。这种方法简单易行，一般适用于去除 20~100μm 以上的颗粒。

3.2.1　技术原理

沉淀是利用重力作用分离污水中悬浮固体的既简单又经济的方法。根据污水中悬浮颗粒的浓度高低和絮凝性能的强弱，沉淀可分为四种基本类型。各类沉淀发生的水质条件如图 3-3 所示。

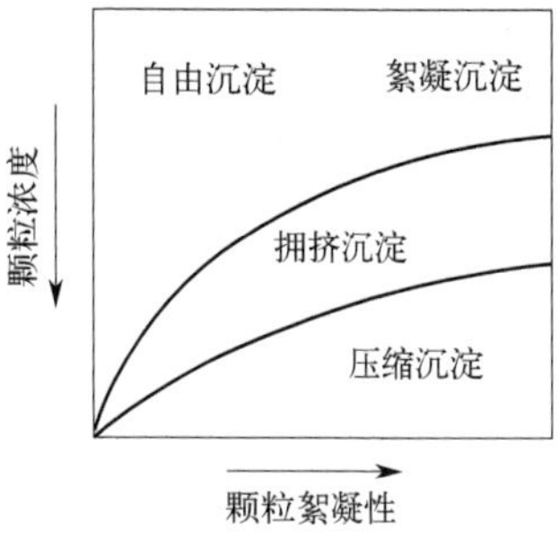

（1）自由沉淀

也称离散沉淀。颗粒在沉淀过程中呈离散状态，互不干扰，其形状、尺寸、密度等均在沉淀过程中不发生改变，下沉速度恒定。自由沉淀是一种无絮凝倾向或弱絮凝倾向的固体颗粒在稀溶液中的沉淀。这种现象通常发生在污水处理工艺中的沉砂池和初沉池的前期。

（2）絮凝沉淀

当水中悬浮颗粒浓度不高，但具有絮凝性时，在沉淀过程中，颗粒相互干扰，其尺寸、质量均会随沉淀深度的增加而增大，下沉速度亦随深度而增加。这种现象通常发生在污水处理工艺中的初沉池后期和二沉池前期以及给水处理工艺中的混凝沉淀单元。

（3）拥挤沉淀

也称分层沉淀、成层沉淀、基团沉淀。当悬浮颗粒浓度较大时，每个颗粒在下沉过程中都要受到周围其他颗粒的干扰，在清水与浑水之间形成明显的交界面，但相对位置不变而成为一个整体覆盖层并逐渐向下移动。这种现象主要发生在高浊水的沉淀单元、活性污泥的二沉池等。

（4）压缩沉淀

当悬浮颗粒浓度很高时，颗粒相互接触，相互支撑，在上层颗粒的重力作用下，下层颗粒间的水被挤出界面，颗粒群被压缩。这种现象发生在沉淀池底部。

以上四种沉淀类型中，自由沉淀是沉淀法的基础，沉淀池的理论分析与设计都是基于自由沉淀的。

图 3-3　四种类型沉淀与
颗粒浓度和絮凝性的关系

3.2.2　工艺过程

污水处理中遇到的大多数颗粒，如污水中的许多悬浮物质、活性污泥等，都属于絮凝性颗粒。由于絮凝沉淀的颗粒沉速在沉淀过程中逐渐加快，其颗粒的去除率略高于自由沉淀。对于絮凝沉淀，一般仍按自由沉淀理论对沉淀池进行分析与设计。拥挤沉淀理论主要用于高浊度水源水（如黄河水）的预沉淀。压缩沉淀主要用于污泥浓缩池的设计。在有关的实际设计中，需要增加固体通量这一设计参数来体现拥挤沉淀和压缩沉淀对沉淀池的设计要求。

近年来在国外的水处理中还发展了一种压重沉淀法。该工艺是在混凝过程中向水中加入一定量的沉淀核心，一般用 0.1mm 左右的细砂，以形成很重的矾花絮体，在后续的沉淀池中可以高速沉淀分离。沉泥中所含的细砂经过水力旋流分离器分离后再重复使用。

3.2.2.1　自由沉淀

对于低浓度的离散性颗粒，如砂砾、铁屑等，假设：颗粒外形为球形，不可压缩，也无凝聚性，颗粒在水中的沉淀过程不受相互间的干扰，大小、形状和质量等均不改变；水处于静止状态。

颗粒在水中开始沉淀时，受到重力 F_g、浮力 F_b 和流体阻力 F_D 的作用：

$$F_g = m_s g = \frac{\pi}{6} d_p^3 \rho_s g \tag{3-12}$$

$$F_b = m_1 g = \frac{\pi}{6} d_p^3 \rho_1 g \tag{3-13}$$

$$F_D = C_D A_p \frac{\rho_1 u^2}{2} = C_D \frac{\pi d_p^2}{4} \frac{\rho_1 u^2}{2} \tag{3-14}$$

式中　d_p——颗粒直径，m；

m_s——颗粒质量，kg；

ρ_s——颗粒密度，kg/m^3；

ρ_1——水的密度，kg/m^3；

m_1——水的质量，kg；

A_p——颗粒在垂直于运动方向水平面的投影面积，对于球形颗粒，$A_p = \frac{\pi d_p^2}{4}$，$m^2$；

C_D——阻力系数；

u——颗粒与流体之间的相对运动速度，m/s；

g——重力加速度，m/s^2。

根据牛顿第二定律（$F = ma$），可以建立以下关系：

$$F_g - F_b - F_D = m_s \frac{du}{dt} \tag{3-15}$$

颗粒下沉时，初始沉速 u 为 0。然后在重力作用下产生加速运动，但同时水的阻力 F_D 也逐渐增大。经过一段很短的时间后，作用于水中颗粒的重力 F_g、浮力 F_b 和阻力 F_D 达到平衡，加速度 $\frac{du}{dt} = 0$。此后，颗粒开始以匀速下沉。

$$\frac{\pi d_p^3}{6} \rho_s g - \frac{\pi d_p^3}{6} \rho_1 g - C_D \frac{\pi d_p^2}{4} \frac{\rho_1 u^2}{2} = 0 \tag{3-16}$$

根据以上关系，可以求得颗粒沉速的基本公式为：

$$u = \sqrt{\frac{4}{3} \frac{g}{C_D} \frac{\rho_s - \rho_1}{\rho_1} d_p} \tag{3-17}$$

上式中的阻力系数 C_D 与颗粒的雷诺数 Re 有关，由实验确定。对于球形颗粒，阻力系数 C_D 与雷诺数 Re（$Re = \frac{\rho_1 u d_p}{\mu}$）的关系曲线如图 3-4 所示。

颗粒沉淀的阻力系数 C_D 可以用不同区域的公式来表示，由此得到了在不同区域内的颗粒沉速公式。

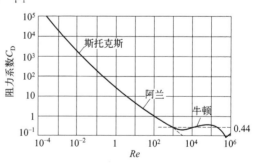

图 3-4　球形颗粒阻力系数与雷诺数的关系

（1）当 $Re<1$ 时，在此范围内颗粒沉降速度很慢，颗粒表面附近绕流的流态为层流，阻力系数的关系式为：

$$C_D=24/Re$$

把此关系带入式（3-17），就得到了计算此区域内颗粒沉速的斯托克斯（Stokes）公式：

$$u=\frac{1}{18}\frac{\rho_s-\rho_1}{\mu}gd_p^2 \tag{3-18}$$

式中　μ——水的黏度，Pa·s。

（2）当 $1<Re<1000$ 时，该范围内的流态属于过渡区，阻力系数 C_D 的表达式为：

$$u=\frac{24}{Re}+\frac{3}{\sqrt{Re}}+0.34 \text{ 或 } u=\frac{10}{\sqrt{Re}}$$

由此得到计算该区域内颗粒沉速的阿兰（Allen）公式：

$$u=\left[\left(\frac{4}{255}\right)\frac{(\rho_s-\rho_1)^2g^2}{\mu\rho_1}\right]^{\frac{1}{3}}d_p \tag{3-19}$$

（3）当 $Re>1000$ 时，在此范围内的流态属于紊流区，阻力系数 C_D 保持为常数，近似为 0.4。由此可得到计算该区域内颗粒沉速的牛顿（Newton）公式：

$$u=\sqrt{3.33\frac{\rho_s-\rho_1}{\rho_1}gd_p}=1.83\sqrt{\frac{\rho_s-\rho_1}{\rho_1}gd_p} \tag{3-20}$$

采用上述各公式，可以计算出不同流态区域内颗粒的沉速。水处理领域经常使用的颗粒沉速公式是斯托克斯公式和阿兰公式。

在选用沉速公式时需要先知道 Re，而计算 Re 又需要知道沉速 u。因此，在实际计算中一般是先选用某一沉速公式，再根据所得的沉速结果进行 Re 校核，看是否在该沉速公式的适用范围内，以确定所用公式是否正确。

应用斯托克斯公式计算颗粒的沉速，要求围绕颗粒的水流呈层流状态，因此该公式的应用有很大的局限性，但有助于理解影响沉速的多个因素：①沉速与颗粒和水的密度差 $(\rho_s-\rho_1)$ 成正比，密度差越大，沉速越快；②与颗粒直径的二次方成正比，颗粒直径越大，沉速越快。一般地，沉淀只能去除 $d_p>20\mu m$ 的颗粒，通过混凝处理可以增大颗粒的粒径；③与水的黏度成反比，黏度越小，沉速越快，因此提高水温有利于加速沉淀。

对于某种物质的颗粒，一定的粒径有着一定的沉速，或者说，一定的沉速就代表着一定的颗粒。在沉淀设计与计算中，往往用某个沉速来代表一定的颗粒，而不再标注密度与粒径。

3.2.2.2　絮凝沉淀

当污水中含有絮凝性悬浮物时（如投加混凝剂后形成的矾花、活性污泥等），在沉降过程中，絮凝体相互碰撞凝聚，使颗粒尺寸变大，因此沉速将随深度而增加，沉淀的轨迹呈如图 3-5 所示的曲线。在絮凝沉淀过程中，由于颗粒的质量、形状和沉速

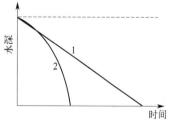

图 3-5　自由沉淀与絮凝沉淀的轨迹

1—离散颗粒；2—絮凝颗粒

是变化的，颗粒的实际沉速很难用理论公式来描述，需通过沉淀实验来测定。

3.2.2.3 拥挤沉淀

当污水中的悬浮物浓度较高时，在沉降过程中，会产生颗粒彼此干扰的拥挤沉淀现象。发生这种沉淀现象的颗粒可以是混凝后的矾花，或者是曝气池的活性污泥，或者是高浊度水中的泥砂。一般地，当矾花浓度达到 $2\sim3g/L$ 以上，或活性污泥含量达 $1g/L$ 以上，或泥砂含量达 $5g/L$ 以上时，将会产生拥挤沉淀现象。拥挤沉淀的特点是：在沉淀过程中，会出现一个清水和浑水的交界面，沉淀过程也就是交界面的下沉过程，因此又称为分层沉淀，如图 3-6 所示。

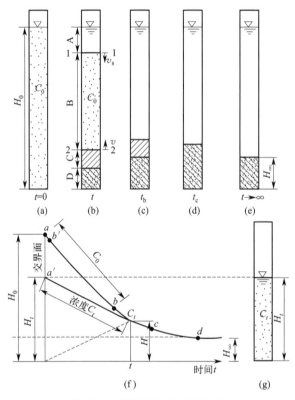

图 3-6 拥挤沉淀的沉降过程

如图 3-6(a) 所示，在开始沉淀时，沉淀柱内的悬浮物浓度是均匀一致的，浓度为 C_0。沉淀一段时间后，沉淀柱内出现 4 个区：清水区 A、等浓度区 B、变浓度区 C 和压实区 D，见图 3-6(b)。清水区下面的各区可以总称为悬浮物区或污泥区。等浓度区中的悬浮物浓度都是均匀的，这一区内的颗粒大小虽然不同，但由于相互干扰的结果，大颗粒的沉速变慢，小颗粒的沉速变快，因而形成等速下沉的现象，整个区似乎都是由大小完全相等的颗粒组成。当最大粒度与最小粒度之比约为 6∶1 以下时，就会出现这种沉速均一化的现象。等浓度区又称为受阻沉降区。随着等浓度区的下沉，清水区和悬浮物区之间存在明显的分界面（界面 1-1）。颗粒间的絮凝过程越好，交界面就越清晰，清水区的悬浮物就越少。该界面的沉降速度 v_s 等于等浓度区颗粒的平均沉降速度。与此同时，在沉淀柱的底部，由于悬浮固体的累积，出现压实区 D。压实区内的悬浮物有两个特点：一是从压实区的上表面起至沉淀柱底止，颗粒沉降速度逐渐减少为零；另一个是，由于柱底的存在，压实区内悬浮物缓慢下沉的过程也就是这一区内悬浮物缓慢压实的过程。在压实区与等浓度区之间存在一个过渡区，即从等浓度区的浓度逐渐变为压实区顶部的变浓度区。变浓度区和压实区之间的分界面（界面 2-2）以一恒定的速度 v 上升。随着沉淀时间继续增长，界面 1-1 以 v_s 匀速下降，界面 2-2 以 v 匀速上升，等浓度区的高度逐渐减小，而开始时变浓度区的高度基本不变。当等浓度区消失后［见图 3-6(c)］，变浓度区也逐渐减小至消失时［见图 3-6(d)］，只剩下 A 区和 D 区。此时称为临界沉降点。此后，压实区内的污泥进一步压实，高度逐渐减小，但很缓慢，因为被顶换出来的水必须通过不断减少的颗粒间空隙流出，最后直到完全压实为止［见图 3-6(e)］。

如以交界面 1-1 的高度为纵坐标，沉淀时间为横坐标，可得交界面沉降过程曲线，如图 3-6(f) 所示。各区的沉降速度可由沉降曲线上各点的切线斜率绘出。曲线 $a-b'$ 段的上凸曲线可解释为沉淀初期由于颗粒间的絮凝导致颗粒凝聚变大，沉降速度逐渐变大。$b'-b$ 段为直线，表明交界面等速下降。$a-b'$ 段一般较短，有时不甚明显，可以作为 $b'-b$ 直线段的延伸。曲线 $b-c$ 段为下凹的曲线，表明交界面的下降速度逐渐减小。B 区和 C 区消失的 c 点即为临界沉降点。$c-d$ 段表示临界沉降点之后压实区沉淀物的压实过程。压实区最终高度为 H_∞。

由图 3-6(f) 可知，曲线 $a-b$ 段的悬浮物浓度为 C_0，$b-d$ 段的悬浮物浓度均大于 C_0。在 $b-d$ 段任何一点 t（$C_t > C_0$）作切线与纵坐标相交于 a' 点，得高度 H_t。根据肯奇（Kynch）沉淀理论可得：

$$C_t = \frac{C_0 H_0}{H_t} \tag{3-21}$$

上式的含义是：高度为 H_t、均匀浓度为 C_t 的沉淀柱中所含的悬浮物量和原高度为 H_0、均匀浓度为 C_0 的沉淀柱中所含悬浮物量相等。曲线 $a'-C_t-c-d$ 为图 3-6 (g) 所虚拟的沉淀柱中悬浮物拥挤沉淀曲线。该曲线与图 3-6 (a) 所示沉淀柱中悬浮物沉淀曲线在 C_t 点前不一致，但之后两曲线重合，过 C_t 点切线的斜率表示浓度为 C_t 的悬浮液交界面下沉速度：

$$v_t = \frac{H_t - H}{t} \tag{3-22}$$

由实验可知，用相同水样、不同水深的沉淀柱进行沉淀实验，得到的拥挤沉淀过程曲线是相似的，等浓度区的浑液面的下沉速度完全相同，如图 3-7 所示。两条沉降过程曲线之间存在相似关系 $\dfrac{OP_1}{OP_2} = \dfrac{OQ_1}{OQ_2}$。因此当某一沉淀过程曲线已知时，就可以利用该关系画出任何沉淀高度的沉淀曲线。利用这种沉淀过程与沉淀高度无关的现象，就可以用较短的沉淀柱做实验，来推测实际水深的沉淀效果。

由于实际沉淀池受各种因素的影响，采用沉淀实验数据时，应考虑相应的放大系数。一般可采取：

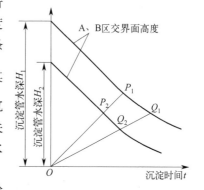

图 3-7　不同沉淀高度的
沉降过程相似关系

$$u = \frac{u_0}{1.25 \sim 1.75}, \quad q = \frac{q_0}{1.25 \sim 1.75}, \quad t = (1.5 \sim 2.0)t_0 \tag{3-23}$$

必须指出，上式中的 u_0 或 q_0 在絮凝沉降过程中沉淀柱水深与设计水深一致时才能采用。t_0 不论是自由沉淀还是絮凝沉淀，沉淀柱水深都应与实际水深一致才能采用。

3.2.3 过程设备

沉淀过程所用的设备主要是沉淀池和相应的清泥设备。沉淀池是沉淀发生的场所。沉淀过程中必然产生大量的沉渣（污泥），这些沉渣沉积在沉淀池的底部，影响沉淀池的沉淀效果。为保证沉淀过程的正常进行，必须将产生的沉渣（污泥）除去，所用的设备称为清泥设备。

3.2.3.1 沉淀池

在污水处理中，沉淀池多为钢筋混凝土的水池，一般分为普通沉淀池和斜板（管）式沉淀池两大类。普通沉淀池是污水处理中分离悬浮颗粒的最基本的构筑物，应用十分广泛。根据池内水流方向的不同，普通沉淀池可分为平流式沉淀池、竖流式沉淀池、辐流式沉淀池三种形式。斜板（管）式沉淀池又分为异向流式和同向流式两种。

3.2.3.1.1 平流式沉淀池

（1）构造

平流式沉淀池为矩形水池，如图 3-8 所示，污水从池的一端进入，在池内做水平流动，从池的另一端流出。其基本组成包括：进水区、沉淀区、出水区和存泥区 4 部分。平流式沉淀池的优点是：沉淀效果好；对冲击负荷和温度变化的适应能力较强；施工简单；平面布置紧凑；排泥设备已定型化，可适用各类污水处理厂。但缺点是：配水不易均匀；采用多斗排泥时，每个泥斗需要单独设排泥管各自排泥，操作量大；采用机械排泥时，设备较复杂，对施工质量要求高。

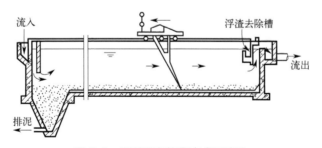

图 3-8 设刮泥车的平流式沉淀池

1）进水区

进水区的作用是使水流均匀地分配在沉淀池的整个进水断面上，并尽量减少扰动。在污水处理工艺中，进水可采用：溢流式进水方式，并设置多孔整流墙［穿孔墙，见图 3-9（a）］；底孔式入流方式，底部设有挡流板［大致在 1/2 池深处，见图 3-9（b）］；浸没孔与挡板的组合［见图 3-9（c）］；浸没孔与有孔整流墙的组合［见图 3-9（d）］。污水流入沉淀池后应尽快地消能，防止在池内形成短流或股流。

2）沉淀区

为创造有利于颗粒沉降的条件，应降低沉淀池中水流的雷诺数和提高水流的弗劳德数。采用导流墙将平流式沉淀池进行纵向分隔可减小水力半径，改善沉淀池的水流条件。

沉淀区的高度与前后相关处理构筑物的高程布置有关，一般约为 3～4m。沉淀区的长度取决于水流的水平流速和停留时间，一般认为沉淀区的长宽比不小于 4，长深比不小于 8。污水处理中，对于初次沉淀池一般不大于 7mm/s，对于二次沉淀池一般不大于 5mm/s。

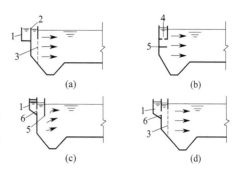

图 3-9 沉淀池进水方式

1—进水槽；2—溢流槽；3—有孔整流墙；
4—底孔；5—挡流板；6—淹没孔

3）出水区

沉淀后的水应尽量在出水区均匀流出，一般采用溢流出水堰，如自由堰［图 3-10(a)］和三角堰［图 3-10(b)］，或采用淹没式出水孔口［图 3-10(c)］。其中锯齿三角堰应用最为普遍，水面宜位于齿高的 1/2 处。为适应水流的变化或构筑物的不均匀沉降，堰口处需设置能使堰板上下移动的调节装置，使出水堰口尽可能水平。堰前应设挡板，以阻挡漂浮物，或设置浮渣收集和排除装置。挡板应当高出水面 0.1～0.15m，浸没在水面下 0.3～0.4m，距出水口 0.25～0.5m。

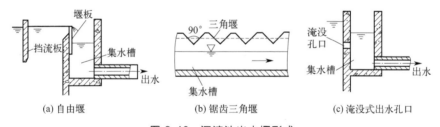

图 3-10 沉淀池出水堰形式

为实现平稳出水，溢流堰单位长度的出水负荷不宜太大。在污水处理中，初沉池的出水负荷不宜大于 2.9L/(m·s)；二次沉淀池的出水负荷不宜大于 1.7L/(m·s)。为了减少溢流堰的负荷，改善出水水质，溢流堰可采用多槽布置，如图 3-11 所示。

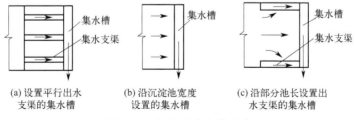

图 3-11 沉淀池集水槽形式

4）存泥区

沉积在沉淀池底部的污泥应及时收集并排出，从而不妨碍水中颗粒的沉淀。污泥的收集和排出方法有很多，一般可采用设置泥斗，通过静水压力排出［图 3-12(a)］。

污泥斗设置在沉淀池的进口端时，应设置刮泥车（图 3-8）和刮泥机（图 3-13），将

45

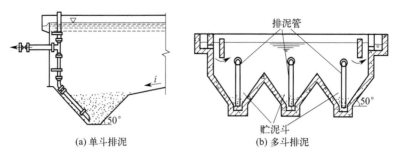

图 3-12 沉淀池泥斗排泥

    (a) 单斗排泥   (b) 多斗排泥

沉积在全池的污泥集中到污泥斗处排出。链带式刮泥机装有刮板，链带刮板沿池底缓慢移动时，把污泥缓慢推入到污泥斗中，链带刮板转到水面时，又可将浮渣推向出水挡板处的排渣管槽。链带式刮泥机的缺点是机械长期浸没于水中，易被腐蚀，且难维修。桁车刮泥小车沿池壁顶的导轨往返行走，用刮板将污泥刮入污泥斗，浮渣刮入浮渣槽。由于整套刮泥车都在水面上，不易腐蚀，易于维修。

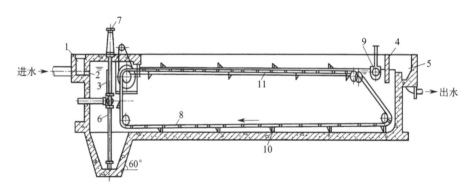

图 3-13 设链带刮泥机的平流式沉淀池

1—进水槽；2—进水孔；3—进水挡板；4—出水挡板；5—出水槽；6—排泥管；
7—排泥阀门；8—链带；9—排渣管槽（能转动）；10—刮板；11—链带支撑

    如果沉淀池体积较大，可沿池长设置多个污泥斗。此时无须设置刮泥装置，但每个污泥斗应设单独的排泥管及排泥阀，如图 3-12（b）所示。排泥所需要的静水压力应视污泥的特性而定，如为有机污泥，静水压力一般采用 $1.5\sim2.0\mathrm{m}$，排泥管直径不小于 $200\mathrm{mm}$。

    也可不设污泥斗，采用机械装置直接排泥，如采用多口虹吸式吸泥机排泥（图 3-14）。吸泥动力是利用沉淀池水位所能形成的虹吸水头。刮泥板 1、吸口 2、吸泥管 3、排泥管 4 成排地安装在桁架 5 上，整个桁架利用电机和传动机械通过滚轮架设在沉淀池壁的轨道上行走。在行进过程中将池底积泥吸出并排入排泥沟 10。这种吸泥机适用于具有 3m 以上虹吸水头的沉淀池。由于吸泥动力较小，池底积泥中颗粒太粗时不易吸起。

    除多口吸泥机外，还有一种单口扫描式吸泥机。其特点是无需成排的吸口和吸泥管装置，在吸泥机沿沉淀池纵向移动时，泥泵、吸泥管和吸口沿横向往复行走吸泥。

（2）工艺设计

1）设计参数的确定

沉淀池设计的主要控制指标是表面负荷和停留时间。如果有悬浮物沉降实验资料，表

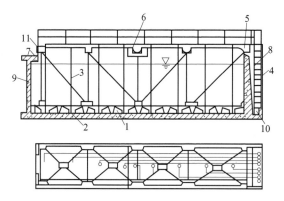

图 3-14　多口虹吸式吸泥机

1—刮泥板；2—吸口；3—吸泥管；4—排泥管；5—桁架；6—电机和传动机构；
7—轨道；8—梯子；9—沉淀池壁；10—排泥沟；11—滚轮

面负荷 q_0（或颗粒截留沉速 u_0）和沉淀时间 t_0 可由沉淀实验提供。需要注意的是，对于 q_0 或 u_0 的计算，如沉淀属于絮凝沉降，沉淀柱的实验水深应与沉淀池的设计水深一致；对于 t_0 的计算，不论是自由沉淀还是絮凝沉淀，沉淀柱的水深都应与实际水深一致。同时考虑实际沉淀池与理想沉淀池的偏差，应按式（3-23）对实验数据进行一定的放大，获得设计表面负荷 q（或颗粒截留沉速 u）和设计沉淀时间 t。如无沉降实验数据，可参考经验值选择表面负荷 q 和沉淀时间 t，如表 3-2 所示。沉淀池的有效水深 H、沉淀时间 t 与表面负荷 q 的关系见表 3-3。

表 3-2　城市给水和城市污水沉淀池设计数据

沉淀池类型		表面负荷/[m³/(m²·h)]	沉淀时间/h	堰口负荷/[L/(m·s)]
给水处理(混凝后)		1.0～2.0	1.0～3.0	≤5.8
初次沉淀池		1.5～4.5	0.5～2.0	≤2.9
二次沉淀池	活性污泥法后	0.6～1.5	1.5～4.0	≤1.7
	生物膜法后	1.0～2.0	1.5～4.0	≤1.7

表 3-3　沉淀池的有效水深 H、沉淀时间 t 与表面负荷 q 的关系

表面负荷/[m³/(m²·h)]	沉淀时间 t/h				
	$H=2.0$m	$H=2.5$m	$H=3.0$m	$H=3.5$m	$H=4.0$m
2.0	1.0	1.3	1.5	1.8	2.0
1.5	1.3	1.7	2.0	2.3	2.7
1.2	1.7	2.1	2.5	2.9	3.3
1.0	2.0	2.5	3.0	3.5	4.0
0.6	3.3	4.2	5.0	—	—

2）设计计算

平流式沉淀池的设计计算主要是确定沉淀区、污泥区、池高度等。

① 沉淀区

可按表面负荷 q 或停留时间 t 来计算。从理论上讲，采用表面负荷较为合理，但以停留时间作为指标积累的经验较多，因此设计时应两者兼顾，或者以表面负荷控制，以停留时间校核，或者相反也可。

第一种方法——按表面负荷计算，通常用于有沉淀实验资料时。

沉淀池的面积:

$$A = \frac{Q}{q} \tag{3-24}$$

式中　A——沉淀池面积,m^2;

　　　Q——沉淀池设计流量,m^3/s;

　　　q——沉淀池设计表面负荷,$m^3/(m^2 \cdot s)$。

沉淀池的长度:

$$L = vt \tag{3-25}$$

式中　L——沉淀池长度,m;

　　　v——水平流速,m/s;

　　　t——停留时间,s。

沉淀池的宽度:

$$B = \frac{A}{L} \tag{3-26}$$

式中　B——沉淀池宽度,m;

　　　A——沉淀池面积,m^2;

　　　L——沉淀池长度,m。

沉淀池的有效水深:

$$H = \frac{Qt}{A} \tag{3-27}$$

式中　H——沉淀区水深,m;

　　　Q——沉淀池设计流量,m^3/s;

　　　t——停留时间,s;

　　　A——沉淀池面积,m^2。

第二种方法——以停留时间计算,通常用于无沉淀实验资料时。

沉淀池有效容积 V 为

$$V = Qt \tag{3-28}$$

式中　V——沉淀池的有效容积,m^3;

　　　Q——沉淀池设计流量,m^3/s;

　　　t——停留时间,s。

根据选定的有效水深,计算沉淀池宽度为

$$B = \frac{V}{LH} \tag{3-29}$$

式中　B——沉淀池宽度,m;

　　　V——沉淀池的有效容积,m^3;

　　　L——沉淀池长度,m,

　　　H——沉淀区水深,m。

② 污泥区

污泥区的容积视每日进入的悬浮物量和所要求的贮泥周期而定,可由下式进行计算:

$$V_s = \frac{Q(C_0 - C_e)100t_s}{\gamma(100 - W_0)} \quad \text{或} \quad V_s = \frac{SNt_s}{1000} \tag{3-30}$$

式中　V_s——污泥区容积，m^3；

　　　　Q——沉淀池设计流量，m^3/s；

C_0、C_e——沉淀池进、出水的悬浮物浓度，kg/m^3；

　　　　γ——污泥容重，kg/m^3，如系有机污泥，由于含水率高，γ 可近似采用 $1000kg/m^3$；

　　　　W_0——污泥含水率，%；

　　　　S——每人每日产生的污泥量，$L/(p\cdot d)$，生活污水的污泥量见表3-4；

　　　　N——设计人口数；

　　　　t_s——两次排泥的时间间隔，d，初次沉淀池一般按不大于 2d，采用机械排泥时可按 4h 考虑，曝气池后的二次沉淀池按 2h 考虑。

表 3-4　城市污水沉淀池的污泥量

沉淀池类型		污泥量		污泥含水率/%
		/[g/(人·d)]	/[L/(人·d)]	
初次沉淀池		14～27	0.36～0.83	95～97
二次沉淀池	活性污泥法后	10～21	—	99.2～99.6
	生物膜法后	7～19	—	96～98

③ 沉淀池总高度

$$H_T = H + h_1 + h_2 + h_3 + h_3' + h_3''　\qquad(3\text{-}31)$$

式中　H_T——沉淀池的总高度，m；

　　　　H——沉淀区的有效水深，m；

　　　　h_1——超高，m，至少采用 0.3m；

　　　　h_2——缓冲区高度，m，无机械刮泥设备时一般取 0.5m，有机械刮泥设备时其上缘应高出刮泥板 0.3m；

　　　　h_3——污泥区高度，m，根据污泥量、池底坡度、污泥斗的几何高度以及是否采用刮泥机决定，一般规定池底纵坡不小于 0.01，机械刮泥时纵坡为 0；污泥斗倾角：方斗不宜小于 60°，圆斗不宜小于 55°；

　　　　h_3'——污泥斗高度，m；

　　　　h_3''——污泥斗以上梯形部分高度，m。

3.2.3.1.2　竖流式沉淀池

竖流式沉淀池可设计成圆形、方形或多角形，但大部分为圆形。

(1) 构造

图 3-15 为圆形竖流式沉淀池的结构示意图。污水由中心管的下口流入池中，通过反射板的拦阻向四周分布于整个水平断面上，缓慢向上流动。由此可见，在竖流式沉淀池中水流方向是向上的，与颗粒沉降方向相反。当颗粒发生自由沉淀时，只有沉降速度大于水流上升速度的颗粒才能沉到污泥斗中而被去除，因此沉淀效果一般比平流式沉淀池和辐流式沉淀池差。但当颗粒具有絮凝性时，则上升的小颗粒和下沉的大颗粒之间相互接触、碰撞而絮凝，使粒径增大，沉速加快。另一方面，沉速等于水流上升速度的颗粒将在池中形成一悬浮层，对上升的小颗粒起拦截和过滤作用，因而沉淀效率将有提高。澄清后的水由沉淀池四周的堰口溢出池外。沉淀池贮泥斗的倾角为 45°～60°，污泥可借静水压力由排泥管排出。排泥管直径为 0.2m，排泥静水压力为 1.5～2.0m，排泥管下端距池底不大于

2.0m，管上端超出水面不少于 0.4m。可不必装设排泥机械。

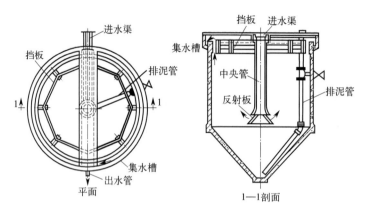

图 3-15　圆形竖流式沉淀池结构示意图

竖流式沉淀池的直径不宜超过 10m，沉淀池直径与沉淀区深度（中心管下口和堰口的间距）的比值不宜超过 3，以使水流较稳定和接近竖流。沉淀池中心管内的流速不大于 30mm/s，反射板与中心管口的距离 采用 0.25～0.5m，如图 3-16 所示。

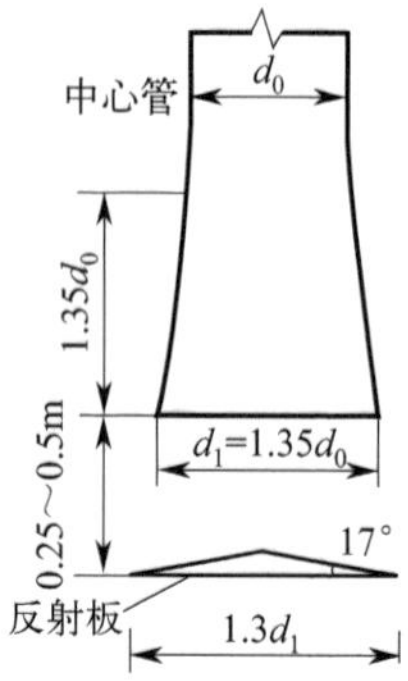

竖流式沉淀池的优点是：排泥方便，管理简单；占地面积较小。但缺点是：池深较大，施工困难；对冲击负荷和温度变化的适应能力较差；池径不宜过大，否则布水不匀，因此仅适用于中、小型污水处理厂。

（2）工艺设计

竖流式沉淀池的设计内容包括沉淀池各部分尺寸。

1）中心管的面积与直径

$$f_1 = \frac{Q'}{v_0}, d_0 = \sqrt{\frac{4f_1}{\pi}} \qquad (3\text{-}32)$$

式中　f_1——中心管的截面积，m^2；

　　　Q'——每个池的设计流量，m^3/s；

　　　d_0——中心管的直径，m。

2）沉淀池的有效沉淀高度，即中心管的高度

$$H = vt \qquad (3\text{-}33)$$

式中　H——有效沉淀高度，m；

　　　v——污水在沉淀区的上升流速，m/s，如有沉淀实验资料，v 不能大于设计的颗粒截留速度 u，后者通过沉淀实验确定 u_0 后求得；如无沉淀实验资料，对于生活污水，v 一般可采用 0.5～1.0mm/s；

　　　t——沉淀时间，s。

3）中心管喇叭口与反射板之间的缝隙高度

$$h_2 = \frac{Q'}{v_1 \pi d_1} \qquad (3\text{-}34)$$

式中　h_2——中心管喇叭口与反射板之间的缝隙高度，m；

图 3-16　竖流式沉淀池中心管出水口

d_1——喇叭口的直径（$d_1 = 1.35d_0$），m。

4）沉淀池的总面积和池径

$$f_2 = \frac{Q'}{v} \tag{3-35}$$

$$A = f_1 + f_2 \tag{3-36}$$

$$D = \sqrt{\frac{4A}{\pi}} \tag{3-37}$$

式中　f_2——沉淀区的面积，m^2；

　　　A——沉淀池的面积（含中心管面积），m^2；

　　　D——沉淀池的直径，m。

5）污泥斗的高度

污泥斗的高度与污泥量有关，污泥量的计算参见式(3-30)。污泥斗的高度 h_4 用截圆锥公式：

$$V_1 = \frac{\pi h_4}{3}(r_u^2 + r_u r_d + r_d^2) \tag{3-38}$$

式中　V_1——截圆锥部分的容积，m^3；

　　　r_u——截圆锥的上部半径，m；

　　　r_d——截圆锥的下部半径，m。

6）沉淀池的总高度

$$H_T = H + h_1 + h_2 + h_3 + h_4 \tag{3-39}$$

式中　H_T——沉淀池的高度，m；

　　　H——有效沉淀高度，m；

　　　h_1——池超高，m；

　　　h_2——中心管喇叭口与反射板之间的缝隙高度，m；

　　　h_3——缓冲层高度，m，一般为 0.3m；

　　　h_4——污泥斗截圆锥部分的高度，m。

3.2.3.1.3　辐流式沉淀池

辐流式沉淀池呈圆形或正方形，直径一般为 20～30m，最大直径可达 100m，中心深度为 2.5～5.0m，周边深度为 1.5～3.0m。池直径与有效水深之比不小于 6，一般为 6～12。池内水流的流态为辐射形，为达到辐射形的流态，污水由中心或周边进入沉淀池。

（1）构造

中心进水周边出水辐流式沉淀池的结构如图 3-17(a) 所示，在池中心处设有进水中心管，污水或从池底进入中心管，或用明渠自池的上部进入中心管。在中心管的周围常有穿孔挡板围成的流入区，使入水能沿圆周方向均匀分布，向四周辐射流动。由于过水断面不断增大，因此流速逐渐变小，颗粒在池内的沉降轨迹是向下弯的曲线（图 3-18）。澄清后的水从设在池壁顶端的出水槽堰口溢出，通过出水槽流出池外。为了阻挡漂浮物质，出水槽堰口前端可加设挡板及浮渣收集与排出装置。

周边进水的向心辐流式沉淀池的流入区设在池周边，出水槽设在沉淀池中心部位的 $R/4$、$R/3$、$R/2$ 或设在沉淀池的周边，又称周边进水中心出水向心辐流式沉淀池［如图

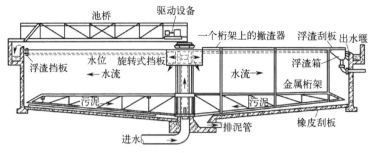

(a) 中心进水周边出水辐流式沉淀池

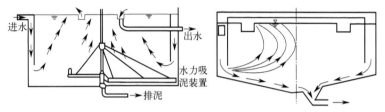

(b) 周边进水中心出水向心辐流式沉淀池　(c) 周边进水周边出水向心辐流式沉淀池

图 3-17　辐流式沉淀池

3-17（b）所示］或周边进水周边出水向心辐流式沉淀池［如图 3-17（c）所示］。由于进、出水的改进，与普通辐流式沉淀池相比，向心辐流式沉淀池具有以下特点：

① 出水槽沿周边设置，槽断面较大，槽底孔口较小，水力损失集中在孔口上，使布水比较均匀；

② 沉淀池容积利用系数提高。根据实验资料，向心辐流式沉淀池的容积利用系数高于中心进水辐流式沉淀池。出水槽的设置位置不同，容积利用系数的提高程度不同，从 $R/4$ 到 R 的设置位置，容积利用系数分别为 85.7% ～ 93.6%。

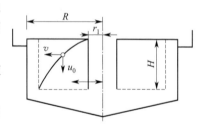

图 3-18　辐流式沉淀池中
颗粒沉降轨迹

③ 向心辐流式沉淀池的表面负荷比中心进水辐流式沉淀池提高约 1 倍。

辐流式沉淀池大多采用机械刮泥。通过刮泥机将全池的沉积污泥收集到中心泥斗，可借静水压力或污泥泵排出。刮泥机一般采用桁架结构，绕中心旋转，刮泥机安装在桁架上，可中心驱动或周边驱动。当池径小于 20m 时，采用中心驱动；当池径大于 20m 时，采用周边驱动。池底以 0.05 的坡度坡向中心泥斗，中心泥斗的坡度为 0.12～0.16。如果沉淀池的直径不大（小于 20m），也可在池底设多个泥斗，使污泥自动滑进泥斗，形成斗式排泥。

辐流式沉淀池的主要优点是：机械排泥设备已定型化，运行可靠，管理较方便，但设备复杂，对施工质量要求高，适用于大、中型污水处理厂，用作初次沉淀池或二次沉淀池。

（2）工艺设计

1）每座沉淀池的表面积

$$A = \frac{Q}{nq}$$
　　　　　　　　　　　　　　　　　（3-40）

式中　A——沉淀池的表面积，m^2；

　　　Q——沉淀池的设计流量，m^3/s；

　　　n——池数；

　　　q——沉淀池表面负荷，$m^3/(m^2 \cdot s)$。

2）沉淀池有效水深

$$H = qt \tag{3-41}$$

式中　H——有效水深，m；

　　　q——沉淀池表面负荷，$m^3/(m^2 \cdot s)$；

　　　t——停留时间，s。

3）沉淀池总高度

$$H_T = H + h_1 + h_2 + h_3 + h_4 \tag{3-42}$$

式中　H_T——沉淀池总高度，m；

　　　H——有效水深，m；

　　　h_1——池超高，m，一般取 0.3m；

　　　h_2——缓冲层高度，m，非机械排泥时宜为 0.5m；机械排泥时，缓冲层上缘宜高于刮泥板 0.3m；

　　　h_3——沉淀池底坡的落差，m；

　　　h_4——污泥斗的高度，m。

3.2.3.1.4　斜板（管）式沉淀池

由理想沉淀池的特性分析可知，沉淀池的工作效率仅与颗粒的沉降速度和沉淀池的表面负荷有关，而与沉淀池的深度无关。减少沉淀池的深度可以缩短沉淀时间，从而减少沉淀池的体积，也就可以提高沉淀效率。这便是 1904 年 Hazen 提出的浅层沉淀理论。根据浅层沉淀理论，将分层隔板倾斜一个角度，以便能自行排泥，这种形式即为斜板沉淀池。如各斜隔板之间还进行分格，即成为斜管沉淀池。

（1）构造

斜板（管）的断面形状有圆形、矩形、方形和多边形。除圆形以外，其余断面均可同相邻断面共用一条边。斜板（管）的材料要求轻质、坚固、无毒、价廉，目前使用较多的是厚 0.4～0.5mm 的薄塑料板（无毒聚氯乙烯或聚丙烯）。一般在安装前将薄塑料板制成蜂窝状块体，块体平面尺寸通常不宜大于 1m×1m。块体用塑料板热轧成半六角形，然后黏合，其黏合方法如图 3-19 所示。

根据水流和泥流的相对方向，斜板（管）沉淀池可分为逆向流（异向流）、同向流和横向流（侧向流）三种类型，如图 3-20 所示。

逆向流斜板（管）沉淀池的水流向上，泥流向下，斜板（管）的倾角为 60°。

同向流斜板（管）沉淀池的水流、泥流都向下，靠集水支渠将澄清水和沉泥分开（图 3-21）。水流在进水、出水的水压差（一般在 10cm 左右）推动下，通过多孔调节板（平均开孔率在 40% 左右），进入集水支渠，再向上流到池子表面的出口集水系统，流出池外。斜板（管）的长度通常采用 2～2.5m。集水装置是同向流斜板（管）的关键装置之一，它既要取出清水，又不能干扰沉泥。因此，该处的水流状态必须保持稳定，不应出现流速的突变，同时在整个集水横断面上应做到均匀集水。同向流斜板（管）的优点是：水流促进泥的向下滑动，保持板（管）的清洁，可将斜板（管）倾角减为 30°～40°，从而提高沉淀效果。但缺点是构造比较复杂。

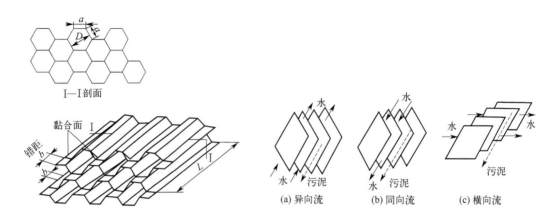

图 3-19　塑料片正六角形斜管黏合示意图　　　　图 3-20　三种类型的斜板（管）沉淀池

横向流斜板（管）沉淀池的水流水平流动，泥流向下。斜板（管）的长度通常采用 1～1.2m，上部倾角为 30°～40°，下部倾角为 60°。为了防止污泥堵塞及斜板变形，板间垂直间距不能太小，以 80～120mm 为宜；斜管内切圆直径不宜小于 35～50mm。横向流斜板（管）沉淀池的水流条件比较差，板间支撑也较难于布置，国内很少应用。

（2）工艺设计

1）异向流斜板（管）沉淀池的设计

设异向流斜板（管）沉淀池的斜板（管）长度为 l，倾斜角为 α。污水中所含的颗粒在斜板（管）间的沉降过程可看作是在理想沉淀池中进行。颗粒沿水流方向的斜向上升流速为 v，受重力作用往下沉降的速度为 u_0，颗粒沿两者的矢量之和的方向移动（图 3-22）。当颗粒由 a 点移动到 b 点，假设碰到斜板（管）就认为是结束了沉降过程，可理解为颗粒以 v 的速度上升 $(l+l_1)$ 的距离，同时以 u_0 的速度下沉 l_2 的距离，两者在时间上相等，即

$$\frac{l_2}{u_0} = \frac{l+l_1}{v} \tag{3-43}$$

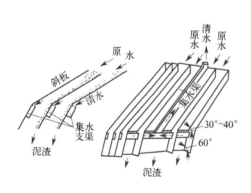

图 3-21　同向流斜板（管）沉淀装置

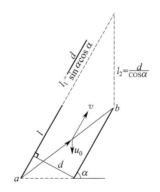

图 3-22　颗粒在异向流斜板间的沉降

设共有 m 块斜板（管），断面间的高度为 d，则每块斜板（管）的水平间距离为 $x=\dfrac{L}{m}=\dfrac{d}{\sin\alpha}$（板厚忽略）。式（3-43）可变化成下式：

$$\frac{v}{u_0}=\frac{l+\dfrac{d}{\sin\alpha\cos\alpha}}{\dfrac{d}{\cos\alpha}}=\frac{l\cos\alpha\sin\alpha+d}{d\sin\alpha} \tag{3-44}$$

斜板（管）中的过水流量为与水流垂直的过水断面面积乘以流速：

$$Q=vLBd\sin\alpha$$

即

$$v=\frac{Q}{LBd\sin\alpha}=\frac{Q}{mdB} \tag{3-45}$$

式中　B——沉淀池的宽度，m；

　　　L——沉淀池的长度，m。

将式（3-45）代入到式（3-44），并移项整理，可得：

$$Q=u_0\left(mlB\cos\alpha+\frac{md}{\sin\alpha}B\right)=u_0(mlB\cos\alpha+LB)=u_0(A_{斜}+A_{原}) \tag{3-46}$$

式中　$A_{斜}$——全部斜板（管）的水平断面投影；

　　　$A_{原}$——沉淀池的水表面积。

与未加斜板（管）的沉淀池的出流量 $u_0A_{原}$ 相比，斜板（管）沉淀池在相同的沉淀效率下，可大大提高处理能力。

考虑到在实际沉淀池中，由于进出口构造、水温、沉积物等的影响，不可能全部利用斜板（管）的有效容积，故在设计斜板（管）沉淀池时，应乘以斜板效率 η，此值可取 $0.6\sim0.8$，即

$$Q_{设}=\eta u_0(A_{斜}+A_{原}) \tag{3-47}$$

2）同向流斜板（管）沉淀池的设计

如图 3-23 所示，设颗粒由 a 移动到 b，则颗粒以 v 的速度流经 ad 的距离所需时间应和以 u_0 的速度沉降 ac 的距离所需要的时间相同，因此可列出下式：

$$\frac{l_2}{u_0}=\frac{l-l_1}{v}$$

即

$$\frac{v}{u_0}=\frac{l-\dfrac{d}{\sin\alpha\cos\alpha}}{\dfrac{d}{\cos\alpha}}=\frac{l\cos\alpha\sin\alpha-d}{d\sin\alpha} \tag{3-48}$$

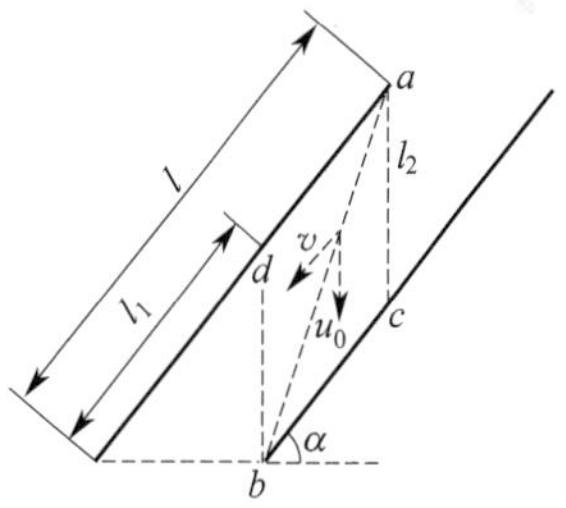

图 3-23　颗粒在同向流斜板（管）间的沉降

仿照异向斜板（管）沉淀池的公式推导，可以得到：

$$Q=u_0(A_{斜}-A_{原}) \tag{3-49}$$

$$Q_{设}=\eta u_0(A_{斜}-A_{原}) \tag{3-50}$$

3）横向流斜板（管）沉淀池的设计

横向流斜板（管）沉淀池的沉淀情况如图 3-24 所示，颗粒以 v 的速度流经 L 的距离

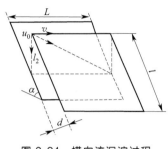

图 3-24 横向流沉淀过程

所需时间应和以 u_0 的速度沉降 l_2 的距离所需要的时间相同，由相似定律可得

$$\frac{v}{u_0} = \frac{L}{l_2} = \frac{L}{\dfrac{d}{\cos\alpha}} \tag{3-51}$$

沉淀池的处理流量为

$$Q = mldv \tag{3-52}$$

将式（3-51）代入到式（3-52）中，整理可得

$$Q = mld\frac{u_0 L\cos\alpha}{d} = u_0 A_斜 \tag{3-53}$$

$$Q_设 = \eta u_0 A_斜 \tag{3-54}$$

斜板（管）沉淀池内的水流速度 v，对于异向流，宜小于 3mm/s；对于同向流，宜小于 8～10mm/s。颗粒截留速度 u_0 根据静置沉淀试验确定。如无实验资料，对于给水处理，可取 $u_0 = 0.2～0.4$mm/s。

3.2.3.2　清泥设备

为了保证沉淀池的正常运行，必须连续或定期地将沉淀池中沉积的污泥清排。常采用机械方式清泥。根据清除污泥的方式，清泥机械可分为刮泥机和吸泥机两种。

（1）刮泥机

刮泥机是将沉淀池中的污泥刮到一个集中部位（或沉淀池进水端的集泥斗）的设备，多用于污水处理厂的初次沉淀池。常用的刮泥机有链条刮板式刮泥机、桁车式刮泥机和回转式刮泥机。

1）链条刮板式刮泥机

链条刮板式刮泥机是在两根主链上每隔一定间距装有一块刮板。二条节数相等的链条连成封闭的环状，由驱动装置带动主动链轮转动，链条在导向链轮与导轨的支承下缓慢转动，并带动刮板连续绕行。按刮板的位置，每一个运行周期包括一个池底的进程和水面的回程，刮板在池底进程中将沉淀的污泥刮入池端的污泥斗，在水面回程中则将浮渣导入渣槽。

2）桁车式刮泥机

桁车式刮泥机安装在矩形平流沉淀池上，往复运动。每一个运行周期包括一个工作行程和一个不工作的返回行程。这种刮泥机的优点是在工作行程中，浸没于水中的只有刮泥板及浮渣刮板，而在返回行程中全机都提出水面，给维修保养带来了很大的方便；由于刮泥与刮渣都是正面推动，因此污泥在池底停留时间短，刮泥机的工作效率高。缺点是运动较为复杂，故障率相对较高。

3）回转式刮泥机

在辐流式沉淀池上使用的回转式刮泥机，除了具有刮泥及防止污泥板结的作用外，还在刮泥板的上方加了一些纵向栅条，栅条间隔 100～300mm。通过栅条缓慢转动时的搅拌作用，促进污泥颗粒的聚结，加快污泥的沉降过程。在运转管理方面，其进泥应连续运转，以保持泥的流动性。如因维修等原因造成较长时间停机后，在池中有泥时，重新启动时应特别注意，板结在池底的污泥会对刮泥机造成很大阻力。

（2）吸泥机

吸泥机是将沉于池底的污泥吸出的机械设备，一般用于二次沉淀池，吸出的活性污泥回流至曝气池。大部分吸泥机在吸泥过程中有刮泥板辅助，因此也称为刮吸泥机。吸泥机的吸泥方式有以下几种：

1）静压式

适用于回转式刮吸泥机。这种装置将数根吸泥管的上端与一个集泥槽相连，集泥槽半浸入水中使其底面低于沉淀池的水面，每个吸泥管与集泥槽的连接部位安装一个锥形阀门。当泥水满罐时打开锥形阀，由液位差形成的压力使池底的活性污泥不断地经吸泥管流入集泥槽，再由集泥槽通过中心泥罐流入配水井或者回流至污泥泵房。

静压式吸泥的优点是操作方便，每个吸泥管的吸泥量可用锥形阀控制，只要池中液面高于中心泥罐的液面即可工作。缺点是由于结构限制，液位差不能很大，特别是靠近边缘的吸泥管压力更要小一些，吸取较稠污泥时有一定的困难，需要借助其他方式来强制提升污泥。另外，桁车式吸泥机无法使用静压式吸泥。

气提是静压式吸泥的一种辅助手段，它的主要作用是疏通被堵塞的吸泥管，当因故障停机造成池底污泥变稠时，大量上升的气泡有助于污泥与水混合，有助于污泥向上流动。气提装置的气源来自两个方面：一种是主动式，即利用每台吸泥机上安装的气泵供气；一种是被动式，即压力空气直接从鼓风机房用管道引来，这需要在池底敷设管道，压力空气用一根根软管从机桥引到吸泥管下端。

2）虹吸式

利用虹吸的原理将污泥抽到辐流沉淀池底的中心罐或平流沉淀池的边侧泥槽中。形成虹吸的条件是虹吸管出口的液面应低于沉淀池的液面。使用这种方式需要在初始时将虹吸管充满水。

3）泵吸式

是在吸泥机上安装一台或数台污水泵直接吸取池底污泥。这种方式由于可以把液面提高到曝气池内，因此不需要有液位差，打开水泵即可抽泥，甚至省去了回流污泥泵及剩余污泥泵。如果沉淀池排空系统失效，这些泵可以把池水抽空作排空泵使用。

4）静压式与虹吸式、泵吸式配合吸泥

是利用静压式吸泥原理使污泥自动流入集泥槽后，再利用虹吸管或吸泥泵从泥槽中将污泥吸到池外。这种方式的适应面广，在不适用静压式吸泥的桁车式吸泥机上也能应用，还可以使用气提协助提升污泥，用锥形阀调节污泥的流量与浓度。

常用的有回转式吸泥机与桁车式吸泥机，前者用于辐流式沉淀池，后者用于平流式沉淀池。

3.3　澄清技术与设备

对于污水中较小的胶体颗粒，采用沉淀技术往往难以实现理想的效果，此时即可采用澄清技术，利用混凝沉降的原理，将其沉降而去除。澄清所用的设备通常称为澄清池。

3.3.1 技术原理

澄清是在澄清池中通过水力或机械的手段，将沉到池底的污泥提升起来，并使之处于均匀分布的悬浮，在池中形成稳定的悬浮泥渣层。这层泥渣层具有相当高的接触絮凝活性，当污水与泥渣层接触时，污水中所含的胶体杂质脱稳并被泥渣层吸附或截留，使水获得澄清。这种把泥渣层作为接触介质的过程，实际上也是絮凝过程，一般称为接触絮凝，悬浮泥渣层称为接触凝聚区。

悬浮泥渣层通常是在澄清池开始运转时，在进入的污水中加入较多的凝聚剂，并适当降低负荷，经过一定时间运转后逐渐形成的。澄清池的效率取决于悬浮泥渣层的活性与稳定性，因此，保持泥渣处于悬浮、浓度均匀、活性稳定的工作状态是所有澄清池的共同要求。当污水悬浮物浓度低时，为加速泥渣层的形成，也可人工投加黏土。

泥渣层的污泥浓度一般在 $3\sim10g/L$，为保持悬浮层稳定，必须控制悬浮层内污泥的总容积不变。由于污水不断进入，新的悬浮物也不断进入，悬浮层超过一定浓度后将逐渐膨胀，最后使出水水质恶化，因此在运行中要通过控制悬浮层的污泥浓度维持正常操作，一般是控制沉降比。根据各地水质、水温不同，沉降比宜控制在 $10\%\sim20\%$，超过限值时即进行排泥。同时，澄清池的排泥能不断排出多余的陈旧泥渣，其排泥量相当于新形成的活性泥渣量，因此泥渣层始终处在新陈代谢中，从而保持接触絮凝的活性。

3.3.2 工艺过程

污水澄清处理的工艺过程是：在含有胶体颗粒的污水中加入凝聚剂后进入澄清池，充分利用初沉产生的泥渣层的循环运动而捕集水中凝聚产生的微小絮粒，从而去除污水中的胶体颗粒，使水得到澄清。胶体颗粒被初沉产生的泥渣捕集后，积聚到池底污泥斗中，通过排泥管进入污泥管中排出。经过澄清处理的水则溢流进入排水渠排出池外，进行后续处理，以去除其他污染物。

3.3.3 过程设备

澄清过程所用的设备包括澄清设备和清泥设备，其中清泥设备与沉淀过程所用的清泥设备完全相同。

澄清设备也称为澄清池，其作用是为澄清过程的进行提供足够的空间和时间。根据澄清过程中泥渣与污水的接触方式，一般将澄清池分为泥渣悬浮型澄清池和泥渣循环型澄清池两大类。

(1) 泥渣悬浮型澄清池

又称为泥渣过滤型澄清池，是利用进水的位能连续或周期性地冲起泥渣，使泥渣悬浮在池中，当污水由下而上通过该悬浮泥渣层时，污水中的脱稳杂质与高浓度的泥渣接触凝聚并被泥渣层拦截下来。这种作用类似于过滤作用，浑水通过泥渣层即获得澄清，多余的泥渣经沉淀浓缩后排出。

泥渣悬浮型澄清池常用的有脉冲澄清池和悬浮澄清池。

（2）泥渣循环型澄清池

为了充分发挥泥渣接触絮凝作用，可利用搅拌机或射流器让泥渣在池内沿竖直方向上下循环流动，在循环过程中捕集水中的微小絮粒，并在分离区加以分离，回流量约为设计流量的 3～5 倍，因此泥渣循环型澄清池又被称为泥渣回流型澄清池。泥渣循环可借助机械抽升或水力抽升造成，前者称为机械搅拌澄清池，后者称为水力循环澄清池。

澄清池综合了混凝和泥水分离等过程，具有处理水量高、澄清效果好、药剂用量节约、占地面积少、水质适应能力强等优点，缺点是设备结构较复杂。几种常用澄清池的特点和适用条件见表 3-5。

表 3-5　常用澄清池的特点和适用条件

类型	特点	适用条件
机械搅拌澄清池	处理效率高,单位面积产水量大;处理效果稳定,适应性较强。但需要机械搅拌设备,维修较麻烦	进水悬浮物含量＜5000mg/L,短时间内允许5000～10000mg/L,适用于中、大型水处理厂
水力循环澄清池	无机械搅拌设备,构筑物简单;但投药量较大,对水质、水温变化适应性差,水力损失较大	进水悬浮物含量＜2000mg/L,短时间内允许5000mg/L,适用于中、小型水处理厂
脉冲澄清池	混合充分,布水均匀,池深较浅。但需要一套抽真空设备;对水质、水量变化的适应性较差;操作管理要求较高	进水悬浮物含量＜3000mg/L,短时间内允许5000～10000mg/L,适用于中、小型水处理厂
悬浮澄清池	无穿孔底板式构造较简单。双层式加悬浮层,底部开孔,能处理高浊度水,但需设气水分离器。双层式池深较大;对水质、水量变化适应性较差;处理效果不够稳定	单层池:适用于进水悬浮物含量＜2000mg/L 双层池:适用于进水悬浮物含量 3000～10000mg/L 流量变化一般每小时≤10%;水温变化每小时≤1℃

3.3.3.1　机械搅拌澄清池

机械搅拌澄清池又称加速澄清池，通常由钢筋混凝土构成（小型池子有时也采用钢板结构），横断面呈圆形，内部有搅拌装置和各种导流隔墙，主要组成部分有混合区、反应区、导流区和分离区。整个池体上部是圆筒形，下部是截头圆锥形。混合区周围被伞形罩包围，在混合室上部设有涡轮搅拌桨，由变速电机带动涡轮转动。

（1）构造

图 3-25 所示为标准机械搅拌澄清池的结构透视图。污水由进水管进入环形配水三角槽，混凝剂通过投药管加在配水三角槽中，通过其缝隙均匀流入混合反应区，在此进行水、药剂与回流污泥的混合并发生混凝反应。由于涡轮的提升作用，混合后的泥水被提升到二反应区，继续进行混凝反应，并溢流到导流区。导流区中设有导流板，作用在于消除二反应区过来的环形运动，使污水平稳地沿伞形罩进入分离区。分离区中设有排气管，作用是将污水中带入的空气排出，减少对泥水分离的干扰。分离区面积较大，由于过水面积的突然增大，流速下降，泥渣便靠重力自然下沉，清液通过周边的集水渠收集后由集水槽和出水管流出池外。泥渣少部分进入泥渣浓缩区，定期由排泥管排出，大部分在涡轮的提升作用下通过回流缝回流到混合区。泥渣浓缩区可设一个或几个，根据水质和水量而定。为改善分离区的泥水分离条件，可在分离区增设斜板（管），以提高沉淀效率。

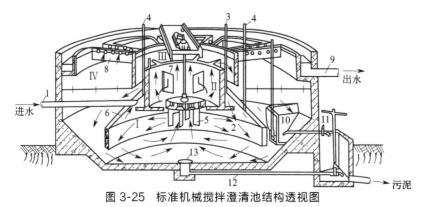

图 3-25　标准机械搅拌澄清池结构透视图

Ⅰ—混合反应区；Ⅱ—二反应区；Ⅲ—导流区；Ⅳ—分离区

1—进水管；2—三角配水槽；3—排气管；4—投药管；5—搅拌桨；6—伞形罩；7—导流板；
8—集水槽；9—出水管；10—泥渣浓缩室；11—排泥管；12—排空管；13—排空阀

搅拌设备由提升叶轮和搅拌桨组成。提升叶轮将回流液从混合反应区提升到二反应区，使回流液的泥渣不断在池内循环；搅拌桨使混合反应区内的泥渣和来水迅速混合，泥渣随水流处于悬浮和环流状态。一般回流流量为进水流量的 3～5 倍。

标准机械搅拌澄清池的池型有两种：当进水量为 $200\text{m}^3/\text{h}$ 和 $320\text{m}^3/\text{h}$ 时采用直形池壁、平底板池底，如图 3-26 所示；当进水量为 $430～1800\text{m}^3/\text{h}$ 时采用直筒壳池壁，锥壳、球壳组合池底，如图 3-27 所示。

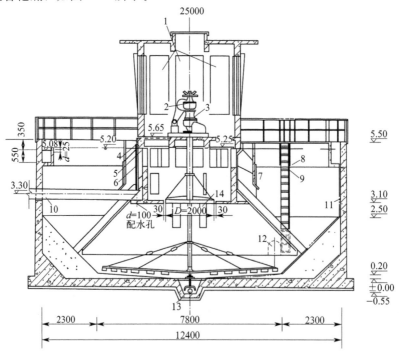

图 3-26　平底板机械搅拌澄清池

1—机械间；2—刮泥机；3—搅拌机；4—DN50 套管；5—整流钢板；6—DN25 备用加药管；
7—DN50 排气管；8—环形集水槽；9—爬梯；10—DN400 进水管；11—DN15 水润管；
12—人孔；13—DN200 排空管；14—叶轮

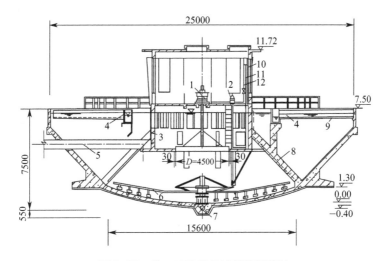

图 3-27　锥、球壳底机械搅拌澄清池

1—搅拌机；2—刮泥机；3—$DN25$ 备用加药管；4—$DN25$ 集水孔；5—$DN800$ 进水管；
6—刮泥机刮臂；7—$DN300$ 排空管；8—$DN15$ 水润管；9—集水槽；
10—$DN20$ 溢流管；11—$DN20$ 水润管；12—$DN20$ 恒位水箱给水管

标准机械搅拌澄清池的特点是利用机械搅拌的提升作用来完成泥渣回流和接触反应。加药混合后的污水进入混合反应区，与数倍的循环泥渣在叶片的搅动下进行接触反应，然后经叶轮提升至二反应区继续反应，以结成较大的絮粒，再通过导流区进入分离室进行沉淀分离。其处理水量大，澄清效果好，对原水的适应性也较强。但整个设备的结构较复杂，维修有一定的难度。

（2）类型

根据污水水质、单池生产能力、地耐力及结构的区别，以及所处地区气候条件的不同等，除标准式以外，机械搅拌澄清池还可设计成其他类型。

1）大型坡底机械搅拌澄清池

图 3-28 所示为大型坡底机械搅拌澄清池的结构示意图。澄清池的直径 $D=36\mathrm{m}$，设计水量为 $3650\mathrm{m}^3/\mathrm{h}$，分离区的上升流速 $u_2=1.2\mathrm{mm/s}$，总停留时间 $T=73\mathrm{min}$，容积比为二反应区∶一反应区∶分离沉淀区比例为 $1∶1.14∶11.1$。实际出水量可达 $4700\mathrm{m}^3/\mathrm{h}$。

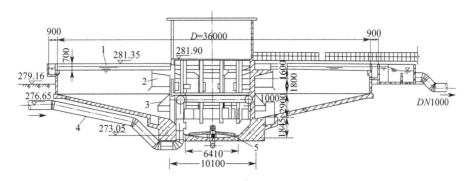

图 3-28　36m 直径大型坡底机械搅拌澄清池结构示意图

1—集水槽；2—导流筒稳流板；3—伞形板；4—$DN1000$ 进水管；5—穿孔排砂管

大型坡底机械搅拌澄清池的主要设计特点为：

① 因入水浊度高，为避免三角配水槽积泥及出流缝堵塞，进水采用设在池底部的 $DN800$ 穿孔布水管。

② 池壁由斜壁改为直壁，底部为小坡底。

③ 缩小一反应区，加大分离区，在分离区内加刮泥机使排泥通畅，刮泥机把沉泥刮集到设在分离区的 $1m \times 1m$ 环形集泥槽内浓缩，环形集泥槽内设有刮片，不断将泥刮进四个泥斗，然后将泥排出池外。

④ 在一反应区底部有深 2m、容积为 $97m^3$ 的储砂坑，内设穿孔排砂管，作为排砂之用。

⑤ 二反应区和导流区内设有整流板和稳流板各 12 块，以起到将从叶轮提升出来的水整流和导流的作用。

运行实践表明，与一般标准机械搅拌澄清池相比，大型坡底机械搅拌澄清池具有水质适应性强、管理方便、排泥通畅、泥渣浓缩性能好、排泥耗水率低、池高度较小等优点。底部的刮泥机、环形集泥槽解决了池底大量泥渣排除问题。在短期原水浊度为 12000 度时，出水浊度为 20 度左右，净化效果比较好。

2）方形斜管机械搅拌澄清池

图 3-29 为方形斜管机械搅拌澄清池的结构示意图，设计水量为 $2160m^3/h$，上部平面尺寸为 $19m \times 19m$，底部为圆形，池径 $D=16m$，池总高为 7.3m。池容积比为二反应区：一反应区：分离区比例为 $1:2:4.7$，总停留时间为 51min，分离区上升流速为 3mm/s。采用蜂窝斜管，斜长 1m，倾角 $60°$，内切圆直径为 32mm。

方形斜管机械搅拌澄清池的主要设计特点是：

① 适应浊度较高、占地面积少、斜管便于安装、分离区无短流。

② 池上部为正方形，便于若干组连建，布置紧凑，节省用地，宜于施工。

③ 池下部为截圆锥，一反应区底设有钢丝绳传动的刮泥机，将泥渣刮集到池底环形集泥槽中，然后排至池外。

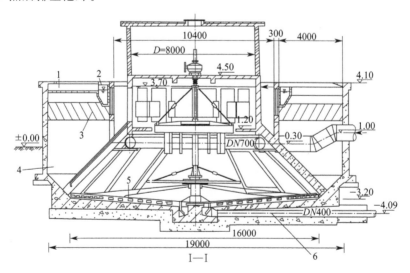

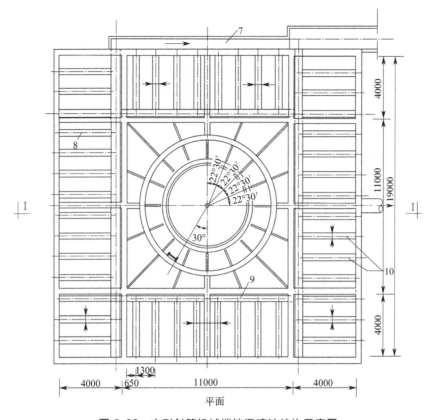

图 3-29　方形斜管机械搅拌澄清池结构示意图

1、8、10—穿孔布水管；2、9—集水槽；3—斜管；4—泥渣回流区；5—刮泥；6—排泥管；7—出水总槽

④ 因原水浊度高，取消三角配水槽，采用穿孔布水管架设在一反应区顶部（原三角配水槽位置）布水，避免三角槽集泥和出流缝堵塞，该池加药位置设在每池进水渠道口处。

3）IS 型机械搅拌澄清池

IS 型机械搅拌澄清池是为适应高浊度水而改进的一种机械搅拌澄清池型式，如图 3-30 所示。进水管设在池底部，避免三角配水槽积泥及出流缝堵塞。在构造上，第一、第二反应区的形状与一般机械搅拌澄清池的基本相同，只是池壁由斜壁改为直壁，池有效容积较大，高度可稍矮。底部为平底，以加大泥渣浓缩面积并提高其浓度，并设有一套刮泥机。运行实践表明，与一般标准型的机械搅拌澄清池相比，IS 型机械搅拌澄清池具有排泥方便、泥渣浓缩性能好等优点。底部的刮泥机解决了池底大量泥渣排除问题，在处理 $40 kg/m^3$ 以下高浊度原水时，其效果基本上是理想的。在处理 $6.0 kg/m^3$ 以下浊度的原水时，可取得与一般机械搅拌澄清池相同的效果。在处理 $6.0 \sim 40 kg/m^3$ 高浊度水（投加聚丙烯酰胺）时，叶轮转速宜取高值（叶轮外缘线速度为 $1.33 \sim 1.67 m/s$），因为此时泥渣颗粒较重，如转速低则不易提升至第二反应区，直接影响出水水质。聚丙烯酰胺的理想投加点在第一反应区的 1/2 高度处，这时排泥浓度约为 $600 kg/m^3$。

由于该池是平底，泥渣回流较困难，第二反应室浓度一般偏低，投药量也稍大于一般机械搅拌澄清池。另外，刮泥机的构造较复杂，存在钢材用量较多，施工精度要求高及零

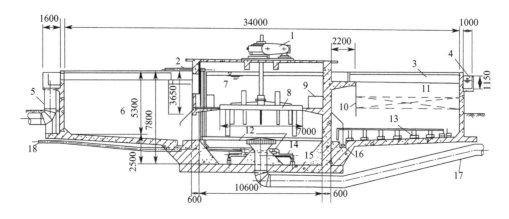

图 3-30　IS 型机械搅拌澄清池结构示意图

1—机械搅拌机；2—DN200 冲洗管；3—辐射集水槽；4—环形集水槽；5—DN1000 出水管；
6—分离区；7—二反应区；8—叶轮；9—导流板；10—导流区；11—预留斜管；12—环形冲洗管；
13—机械刮泥机；14—排砂管；15—排砂槽；16—环形排泥管；17—DN1000 进水管；18—排泥、排砂管

件易损等缺点。

（3）设计要点

机械搅拌澄清池的主要设计要点包括：

① 进出水管流速在 1m/s 左右。进水管接入环形配水槽后向两侧环流配水，故三角配水槽的断面按设计流量的 1/2 计算。配水槽和缝隙的流速均采用 0.4m/s 左右。

② 池容积均取决于停留时间。第一、第二反应区的停留时间一般控制在 20～30min。第二反应区的计算流量为出水量的 3～5 倍（考虑回流）。设计中，第一、第二反应区（含导流区）和分离区的容积比控制在 2:1:7 左右。

③ 第二反应区和导流区的流速一般为 40～60mm/s。第二反应区应设导流板，宽度为池径的 1/10。

④ 集水槽的布置应力求避免局部上升流速过高或过低，可用淹没孔或三角堰出水。池径小时只设池壁环形集水槽。池径小于 6m 时加设 4～6 条辐射形集水槽；池径大于 6m 时，加设 6～8 条，槽中流速为 0.4～0.6m/s。穿孔集水槽壁开孔孔径为 20～30mm，孔口流速为 0.5～0.6m/s。

对于正方形穿孔集水槽，其尺寸计算如下：

a. 穿孔总面积 $\sum f$

$$\sum f = \frac{\beta q}{\mu \sqrt{2gh}} \qquad (3\text{-}55)$$

式中　β——超载系数，$\beta = 1.2\sim1.5$；

$\quad\quad q$——每只集水槽的流量，m^3/s；

$\quad\quad \mu$——流量系数，对薄壁孔取 0.62；

$\quad\quad h$——孔上水头，m；

$\quad\quad g$——重力加速度，m/s^2。

b. 穿孔集水槽的宽度 （b）

$$b = 0.9q^{0.4} \qquad (3\text{-}56)$$

c. 穿孔集水槽的和高度（h）

$$h = b + (7 \sim 8) \tag{3-57}$$

⑤ 根据澄清池的大小可设泥渣斗 $1 \sim 3$ 个，泥渣斗容积为池容积的 $1\% \sim 4\%$。当进水悬浮物含量 $>1000\text{mg/L}$ 或池径 $\geqslant 24\text{m}$ 时，应设机械排泥装置；小型池可只用底部排泥。排泥宜用自动定时的电磁阀、电磁虹吸排泥装置或橡皮斗阀，也可用手用自动快开阀。

⑥ 搅拌采用专用叶轮搅拌机。叶轮直径一般为第二反应区内径的 $0.7 \sim 0.8$ 倍，外缘线速度为 $0.5 \sim 1.0\text{m/s}$。叶轮提升流量为进水流量的 $3 \sim 5$ 倍。

(4) 设计内容

1）第二反应区

$$S_1 = \frac{Q'}{u_1} = \frac{(3 \sim 5)Q}{u_1} \tag{3-58}$$

式中　S_1——第二反应区的截面积，m^2；

　　　Q'——第二反应区的计算流量，m^3/s；

　　　Q——净产水能力，m^3/s；

　　　u_1——第二反应区及导流区内的流速，m/s，一般取 $u_1 = 0.04 \sim 0.07$。

$$D_1 = \sqrt{\frac{4(S_1 + A_1)}{\pi}} \tag{3-59}$$

式中　D_1——第二反应区的内径，m；

　　　A_1——第二反应区中导流板的截面积，m^2。

$$H_1 = \frac{Q' t_1}{S_1} \tag{3-60}$$

式中　H_1——第二反应区的高度，m；

　　　t_1——第二反应区内的停留时间，s，$t_1 = 30 \sim 60\text{s}$（按第二反应区的计算水量计）。

2）导流区

$$S_2 = S_1 \tag{3-61}$$

式中　S_2——导流区的截面积，m^2。

$$D_2 = \sqrt{\frac{4}{\pi}\left(\frac{\pi D_1'^2}{4} + S_2 + A_2\right)} \tag{3-62}$$

式中　D_2——导流区的内径，m；

　　　D_1'——第二反应区的外径（内径加结构厚），m；

　　　A_2——导流区中导流板的截面积，m^2。

$$H_2 = \frac{D_1 - D_1'}{2} \tag{3-63}$$

式中　H_2——第二反应区出水窗的高度，m。

3）分离区

$$S_3 = \frac{Q}{u_2} \tag{3-64}$$

式中　S_3——分离区的截面积，m^2；

　　　u_2——分离区的上升流速，m/s，$u_2 = 0.0008 \sim 0.0011\text{m/s}$。

$$S = S_3 + \frac{\pi D_2'^2}{4} \tag{3-65}$$

式中　S——澄清池的总面积，m^2；

　　　D_2'——导流区的外径（内径加结构厚），m。

$$D = \sqrt{\frac{4S}{\pi}} \tag{3-66}$$

式中　D——澄清池的内径，m。

　　4）池深

$$V' = 3600QT \tag{3-67}$$

式中　V'——澄清池的净容积，m^3；

　　　T——水在澄清池中的停留时间，h。

$$V = V' + V_0 \tag{3-68}$$

式中　V——池子计算容积，m^3；

　　　V_0——考虑池内结构部分所占容积，m^3。

$$W_1 = \frac{\pi}{4} D^2 H_4 \tag{3-69}$$

式中　W_1——澄清池圆柱部分的容积，m^3；

　　　H_4——澄清池的直壁高度，m。

$$W_2 = \frac{\pi H_5}{3} \left[\left(\frac{D}{2}\right)^2 + \frac{D}{2}\frac{D_T}{2} + \left(\frac{D_T}{2}\right)^2 \right] \tag{3-70}$$

$$D_T = D - 2H_5 \, \mathrm{ctg}\alpha \tag{3-71}$$

式中　W_2——澄清池圆台部分的容积，m^3；

　　　H_5——圆台的高度，m；

　　　D_T——圆台的底直径，m。

$$W_3 = \pi H_6^2 \left(R - \frac{H_6}{3}\right) \tag{3-72}$$

$$W_3 = \frac{1}{3} \pi H_6 \left(\frac{D_T}{2}\right)^2 \tag{3-73}$$

式中　W_3——澄清池底球冠或圆锥的容积，m^3；

　　　H_6——澄清池底球冠或圆锥的高度，m；

　　　R——球冠的半径，m。

$$H = H_4 + H_5 + H_6 + H_0 \tag{3-74}$$

式中　H——澄清池的总高，m；

　　　H_0——池超高，m。

　　5）配水三角槽

$$B_1 = \sqrt{\frac{1.10Q}{u_3}} \tag{3-75}$$

式中　B_1——三角槽的直角边长，m；

　　　u_3——槽中的流速，m/s，$u_3 = 0.5 \sim 1.0 \mathrm{m/s}$；

　　1.10——考虑排泥的耗水量10%。

6）第一反应区

$$D_3 = D_1' + 2B_1 + 2\delta_3 \tag{3-76}$$

式中　D_3——第一反应区的上端直径，m；

　　　δ_3——第一反应区与第二反应区间横隔墙的厚度，m。

$$H_7 = H_4 + H_5 - H_1 - \delta_3 \tag{3-77}$$

式中　H_7——第一反应区的高度，m。

$$D_4 = \frac{D_T + D_3}{2} + H_7 \tag{3-78}$$

式中　D_4——伞形板延长线交点处的直径，m。

$$S_6 = \frac{Q''}{u_4} \tag{3-79}$$

式中　S_6——回流缝的面积，m^2；

　　　Q''——泥渣的回流量，m^3/s；

　　　u_4——泥渣通过回流缝的流速，m/s，$u_4 = 0.10 \sim 0.2$。

$$B_2 = \frac{S_6}{\pi D_4} \tag{3-80}$$

式中　B_2——回流缝的宽度，m。

$$D_5 = D_4 - 2\sqrt{2}B_2 \tag{3-81}$$

式中　D_5——伞形板下端圆柱体的直径，m。

$$H_8 = D_4 - D_5 \tag{3-82}$$

式中　H_8——伞形板下端圆柱体的高度，m。

$$H_{10} = \frac{D_5 - D_T}{2} \tag{3-83}$$

式中　H_{10}——伞形板离池底的高度，m。

$$H_9 = H_7 - H_8 - H_{10} \tag{3-84}$$

式中　H_9——伞形板锥部的高度，m。

$$V_1 = \frac{\pi H_9}{12}(D_3^2 + D_3 D_5 + D_5^2) + \frac{\pi D_5^2}{4}H_8 + \frac{\pi H_{10}}{12}(D_5^2 + D_5 D_T + D_T^2) + W_3 \tag{3-85}$$

$$V_2 = \frac{\pi D_1^2}{4}H_1 + \frac{\pi}{4}(D_2^2 - D_1^2)(H_1 - B_1) \tag{3-86}$$

$$V_3 = V' - (V_1 + V_2) \tag{3-87}$$

式中　V_1——第一反应区的容积，m^3；

　　　V_2——第二反应区加导流区的容积，m^3；

　　　V_3——分离区的容积，m^3。

7）集水槽

$$h_2 = \frac{q}{u_5 b} \tag{3-88}$$

式中　h_2——槽终点处的水深，m；

　　　q——槽内的流量，m^3/s；

u_5——槽内的流速，m/s，$u_5 = 0.4 \sim 0.6$；

b——槽的宽度，m。

$$h_1 = \sqrt{\frac{2h_k^3}{h_2} + \left(h_2 - \frac{il}{3}\right)^2} - \frac{2}{3}il \qquad (3\text{-}89)$$

$$h_k = \sqrt[3]{\frac{\alpha Q^2}{gb^2}} \qquad (3\text{-}90)$$

式中　h_1——槽起点处的水深，m；

　　　h_k——槽的临界水深，m；

　　　i——槽底的坡度；

　　　l——槽的长度，m；

　　　α——系数。

8）排泥及排水

$$V_4 = 0.01V' \qquad (3\text{-}91)$$

式中　V_4——污泥浓缩区的总容积，m^3。

$$T_0 = \frac{10^4 V_4 (100 - P)\gamma}{(C_0 - C_e)Q} \qquad (3\text{-}92)$$

式中　T_0——排泥周期，s；

　　　P——浓缩泥渣的含水率（％），$P = 98\%$左右；

　　　γ——浓缩泥渣的容重，kg/m^3；

　　　C_0——进水悬浮物的含量，mg/L；

　　　C_e——出水悬浮物的含量，mg/L。

$$q_1 = \mu S_0 \sqrt{2gh_3} \qquad (3\text{-}93)$$

$$\mu = \frac{1}{\sqrt{1 + \frac{\lambda l}{d} \sum \xi}} \qquad (3\text{-}94)$$

式中　q_1——排泥流量，m^3/s；

　　　μ——流量系数；

　　　S_0——排泥管的横断面积，m^2；

　　　h_3——排泥水头，m；

　　　d——排泥管的内径，m；

　　　λ——摩擦系数，$\lambda = 0.03$；

　　　ξ——局部阻力系数。

$$t_0 = \frac{V_5}{q_1} \qquad (3\text{-}95)$$

式中　t_0——排泥历时，s；

　　　V_5——单个污泥浓缩区的容积，m^3。

9）电功率

$$N_1 = \frac{\gamma Q'h'}{100\eta_1} \qquad (3\text{-}96)$$

式中　N_1——叶轮提升的消耗功率，kW；

$\quad\quad h'$——提升水头，m，一般采用 0.05m；

$\quad\quad \eta_1$——叶轮提升的水力效率，一般采用 0.6。

$$N_2 = \lambda_1 \frac{\gamma \omega^3 B}{400g}(R_1^4 - R_2^4)Z \tag{3-97}$$

式中　N_2——桨叶的消耗功率，kW；

$\quad\quad \omega$——叶轮的角转速，弧度/s；

$\quad\quad B$——桨叶的高度，m；

$\quad\quad g$——重力加速度，m/s^2，9.81m/s^2；

$\quad R_1$、R_2——桨叶的外缘半径和内半径，m；

$\quad\quad Z$——桨叶数（桨叶多于 3 片时要适当折减）。

$$N = N_1 + N_2 \tag{3-98}$$

$$N_A = N/\eta \tag{3-99}$$

式中　N——搅拌功率，kW；

$\quad\quad \eta$——电机效率。

3.3.3.2　水力循环澄清池

水力循环澄清池属泥渣循环澄清池，其工作原理与机械搅拌澄清池相同，不同之处是泥渣在水中的循环不是依靠机械搅拌，而是在水射器的作用下利用水力进行混合和泥渣回流。

（1）构造

当带有一定压力的污水（投加混凝剂后）以高速通过水射器喷嘴时，在水射器喉管周围形成负压，从而将数倍的回流泥渣吸入喉管，并与入流污水充分混合接触。回流泥渣和入流污水的充分接触与反应大大加强了悬浮杂质颗粒间的吸附作用，加速了絮凝，从而获得较好的澄清效果。图 3-31 所示为无伞形罩水力循环澄清池的构造示意图。

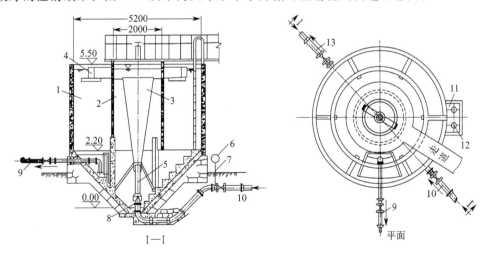

图 3-31　无伞形罩水力循环澄清池的构造示意图

1—分离室；2——二反应室；3——一反应室；4—环形集水管；5—喉管；6—压力表；
7—白铁管；8—喷嘴；9—排泥管；10—进水管；11—出水斗；12—出水管；13—放空管

　　水力循环澄清池具有构造简单，不需要机械设备，操作维护简便等优点，但由于是靠水力循环，存在着反应不充分，池深和池径的比例受到限制，排泥耗水量大、处理水量受到限制等不足，并有混凝剂用量较大和对水质变化适应性较差的问题。为更好地适应浊度高、泥沙颗粒密度大的特点，开发了图 3-32 所示的水力澄清池。这种澄清池突破了池径与池深比例的限制，能充分利用快速混合、泥渣回流和旋流反应等水力条件，具有更好的净化效果、较低的排泥水量等特点。

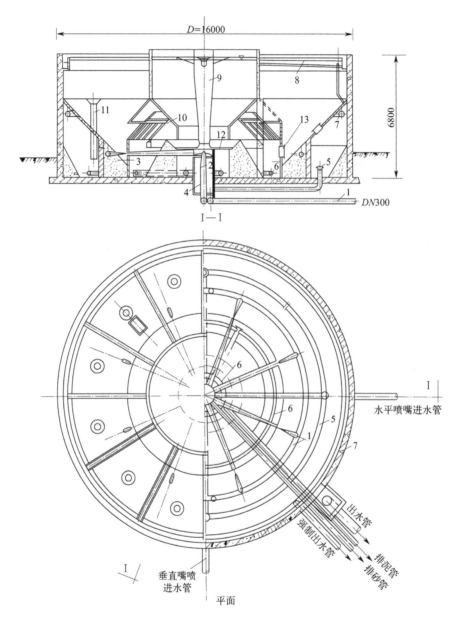

图 3-32　水力澄清池结构示意图

1—水平喷嘴进水系统；2—垂直喷嘴进水系统；3—水平提升器；4—中心汇集筒；5—排泥系统；
6—排砂系统；7—强制出水系统；8—辐射式集水槽；9—垂直提升器；10—除砂系统；
11—渣面控制管；12—中心沉砂室盖板；13—人孔

（2）设计要点

水力澄清池的设计要点包括：

① 设计回流水量一般采用进水量的 2～4 倍。

② 喷嘴直径与喉管直径之比一般采用 1∶3～1∶4，喉管截面积与喷嘴截面积之比约 12～13。

③ 喷嘴的流速采用 6～9m/s，水力损失一般为 2～5m。

④ 喉管的流速为 2.0～3.0m/s，瞬间混合时间一般为 0.5～0.7s。

⑤ 第一反应区的出口流速一般采用 50～80mm/s，第二反应区的进口流速低于第一反应区的出口流速，一般采用 40～50mm/s。

⑥ 反应区的停留时间宜较大，以保证反应充分，一般为：第一反应区为 15～30s，第二反应区为 80～100s（按循环总回流量计）。

⑦ 池的斜壁与水平面的夹角一般为 45°。

⑧ 为避免池底积泥，提高回流泥渣浓度，喷嘴顶离池底的距离一般不大于 0.6m。

⑨ 为适应水质的变化，池中心设有可调节喷嘴与喉管进口处间距的措施。但须注意第一反应筒下口与喉管重叠调节部分的间隙不宜过小，否则易被污泥所堵塞，使调节困难。

⑩ 排泥装置同机械搅拌澄清池。排泥耗水量一般为 5% 左右；排泥量大者可考虑自动控制。池子底部应设放空管。

⑪ 在分离区内设置斜板，可提高澄清效果、增加出水量和减少药耗。在大型池内反应筒下部设置伞形罩，可避免第二反应区的出水短路和加强泥渣回流。

（3）设计内容

1）水射器

$$d_0 = \sqrt{\frac{4q}{\pi v_0}} \qquad (3\text{-}100)$$

式中　d_0——喷嘴的直径，m；

$\quad\quad q$——进水量，m^3/s；

$\quad\quad v_0$——喷嘴的流速，m/s。

$$h_p = 0.06 v_0^2 \qquad (3\text{-}101)$$

式中　h_p——净作用水头，m。

$$v_0 = \frac{q}{1000 \omega_0} \qquad (3\text{-}102)$$

式中　v_0——喷嘴的流速，m/s；

$\quad\quad \omega_0$——喷嘴的断面积，m^2。

$$d_1 = \sqrt{\frac{4q_1}{\pi v_1}} \qquad (3\text{-}103)$$

式中　d_1——喉管的直径，m；

$\quad\quad q_1$——设计水量（包括回流泥渣量），m^3/s；

$\quad\quad v_1$——喉管的流速，m/s。

$$q_1 = nq \qquad (3\text{-}104)$$

式中　n——回流比，一般为 $2\sim4$。

$$h_1=v_1t_1 \tag{3-105}$$

式中　h_1——喉管的高度，m；

　　　t_1——喉管的混合时间，s。

$$d_5=2d_1 \tag{3-106}$$

式中　d_5——喇叭口的直径，m。

$$h_5'=d_1 \tag{3-107}$$

式中　h_5'——喇叭口直壁的高度，m。

$$h_5''=\left(\frac{d_5-d_1}{2}\right)\mathrm{tg}\alpha_0 \tag{3-108}$$

式中　h_5''——喇叭口斜壁的高度，m；

　　　α_0——喇叭口的角度，度。

$$S=2d_0 \tag{3-109}$$

式中　S——喷嘴与喉管的间距，m。

2）第一反应器

$$\omega_2=\frac{\pi}{4}d_2^2 \tag{3-110}$$

$$d_2=\sqrt{\frac{4q_1}{\pi v_2}} \tag{3-111}$$

$$h_2=\frac{d_2-d_1}{2}\mathrm{tg}\frac{\alpha}{2} \tag{3-112}$$

式中　ω_2——第一反应区出口的断面积，m^2；

　　　d_2——第一反应区出口的直径，m；

　　　v_2——第一反应区出口的流速，m/s；

　　　h_2——第一反应区的高度，m；

　　　α——第一反应区锥形筒的夹角，度。

3）第二反应区

$$\omega_3=\frac{q_1}{v_3} \tag{3-113}$$

式中　ω_3——第二反应区上口的断面积，m^2；

　　　v_3——第二反应区上口的流速，m/s。

$$h_6=\frac{4q_1t_3}{\pi(d_3^2-d_2^2)} \tag{3-114}$$

式中　h_6——第二反应区出口至第一反应区上口的高度，m；

　　　t_3——第二反应区的反应时间，s；

　　　d_3——第二反应区上口的直径，m。

$$h_3=h_6+h_4 \tag{3-115}$$

式中　h_3——第二反应区的高度，m；

　　　h_4——第一反应区上口的水深，m。

$$\omega_1 = \frac{\pi}{4}(d_3^2 - d_2'^2) \tag{3-116}$$

式中　ω_1——第二反应区出口的断面积，m^2；

$\quad\ d_2'$——第二反应区出口处到第一反应区上口处的锥形筒直径，m。

4）澄清池各部尺寸

$$\omega_4 = \frac{q}{v_4} \tag{3-117}$$

式中　ω_4——分离区的面积，m^2；

$\quad\ v_4$——分离区的上升流速，m/s。

$$D = \sqrt{\frac{4(\omega_2 + \omega_3 + \omega_4)}{\pi}} \tag{3-118}$$

式中　D——澄清池的直径，m。

$$H_3 = h + h_0 + h_1 + S + h_2 + h_4 \tag{3-119}$$

式中　H_3——池内水深，m；

$\quad\ h$——喷嘴法兰与池底的距离，m；

$\quad\ h_0$——喷嘴的高度，m。

$$H = H_3 + h_4' \tag{3-120}$$

式中　H——池总高度，m；

$\quad\ h_4'$——第一反应区上口的超高，m。

$$H_1 = \frac{D - D_0}{2}\text{tg}\beta \tag{3-121}$$

式中　H_1——池锥体部分的高度，m；

$\quad\ D_0$——池底部的直径，m；

$\quad\ \beta$——池斜壁与水平线的夹角，度。

$$H_2 = H - H_1 \tag{3-122}$$

式中　H_2——池直壁的高度，m。

5）各部容积及停留时间

$$t_1 = \frac{h_1}{v_1} \tag{3-123}$$

$$V_1 = \frac{\pi h_2}{3}\left(\frac{d_2^2 + d_2 d_1 + d_1^2}{4}\right) \tag{3-124}$$

$$V_2 = \frac{\pi}{4}d_3^2 h_3 - \frac{\pi h_6}{3}\left(\frac{d_2^2 + d_2 d_2' + d_2'^2}{4}\right) \tag{3-125}$$

$$V = \frac{\pi}{4}D^2\left[H - (H_1 + H_0)\right] + \frac{\pi H_1}{12}(D^2 + DD_0 + D_0^2) \tag{3-126}$$

$$T = \frac{W}{3600q} \tag{3-127}$$

式中　t_1——喉管的混合时间，s；

$\quad\ V_1$——第一反应区的容积，m^3；

$\quad\ V_2$——第二反应区的容积，m^3；

V——澄清池的总容积，m^3；

H_0——超高，m；

T——澄清池的总停留时间，h。

6）排泥系统

$$V_4 = \frac{q(C_0 - C_e)}{C} t' \times 3600 \qquad (3\text{-}128)$$

式中 V_4——泥渣浓缩区的容积，m^3；

C——浓缩后泥渣浓度，mg/L；

t'——浓缩时间，h；

C_0——进水悬浮物的含量，mg/L；

C_e——出水悬浮物的含量，mg/L。

3.3.3.3 脉冲澄清池

脉冲澄清池是一种悬浮泥渣式澄清池，是利用脉冲发生器引起的脉冲配水的方法，加速水与药剂的混合，自动调节悬浮层泥渣浓度的分布，进水按一定周期充水和放水，使泥渣悬浮层周期性地上升（膨胀）和下降（收缩），从而加剧泥渣颗粒间的碰撞，以提高澄清效果。脉冲澄清池通常适用于污水中预先加有药剂的混凝处理，结构简单，对高浊度水的处理效果较好，但对处理水量、水温的变化要求较高。

（1）组成及特点

钟罩式脉冲澄清池的组成如图 3-33 所示，主要由四大系统组成：a. 脉冲发生器系统；b. 配水稳流系统，包括中央落水渠、配水干渠、多孔配水支管和稳流板；c. 澄清系统，包括悬浮层、清水层、多孔集水管和集水槽；d. 排泥系统，包括泥渣浓缩区和排泥管。

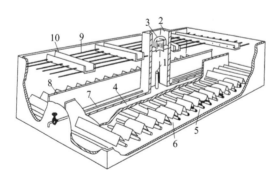

图 3-33　钟罩式脉冲澄清池结构示意图

1—中央进水管；2—真空室；3—脉冲阀；4—配水干渠；5—多孔配水管；
6—稳流板；7—穿孔排泥管；8—多孔集水管；9—集水槽；10—泥渣浓缩区

钟罩式脉冲澄清池具有以下特点：

① 急速均匀混合，泥渣充分吸附，间歇静止沉淀。

② 与其他澄清池相比池深较浅（常用 4～5m），池底为平底，构造较简单。

③ 水池可布置成圆形、方形或矩形等，较为灵活，有利于水厂平面布置。

④ 无水下的机械设备，机械维修工作少。

⑤ 脉冲及絮凝等均发生在水下，不易观察掌握，因此操作管理要求较高，对水质、

水量变化较为敏感。

（2）类型

脉冲发生器是脉冲澄清池的重要部分，它的动作完善程度直接影响脉冲澄清池的水力条件和净水效果。脉冲发生器有多种形式，几种常用脉冲发生器的工作特点及优缺点如下：

1）真空式脉冲发生器

采用真空式脉冲发生器的脉冲澄清池的剖面如图 3-34（a）所示。污水加入混凝剂后流入进水室。由于真空泵造成的真空而使进水室内水位上升，此为充水过程。当水面达到进水室最高水位时，立即由脉冲自动控制系统（一般为水位电极控制）自动将进气阀打开，真空破坏，使进水室连通大气。在大气压作用下，进水室内水位迅速下降，向澄清池放水，此为放水过程。污水通过设置在底部的配水管进入澄清池进行澄清净化。当水位下降到最低水位时，进气阀又自动关闭，真空泵则自动启动，再次造成进水室内的真空，进水室内水位又上升，如此反复进行脉冲工作。充水时间一般为 25～30s，放水时间一般为 6～10s。总时间称为脉冲周期，可用电子钟、时间继电器控制，或用抽气量大小控制水位上升时间，决定脉冲周期。

脉冲澄清池底部的配水系统采用稳流板[图 3-34（b）]，投加过混凝剂的污水通过穿孔管喷出，水流在池底折流向上，在稳流板下的空间剧烈翻腾，形成小涡体群，造成良好的碰撞反应条件，最后水流通过稳流板的缝隙进入悬浮层，进行接触凝聚。

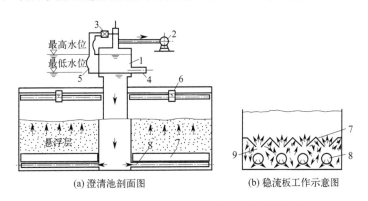

(a) 澄清池剖面图　　(b) 稳流板工作示意图

图 3-34　采用真空式脉冲发生器的脉冲澄清池

1—进水室；2—真空泵；3—进气阀；4—进水管；5—水位电极；6—集水槽；7—稳流板；8—穿孔配水管；9—缝隙

在脉冲作用下，池内的悬浮物一直周期性地处于膨胀和压缩状态，进行一上一下的运动，这种脉冲作用使悬浮层的工作稳定，其原因是：由于池子底部的配水系统不可能做到完全均匀的配水，所以悬浮层区和澄清区的断面水流速度总是不均匀的，水流不均匀产生的后果是高速度的部分把矾花带出悬浮层区，使矾花浓度降低，没有起到足够的接触凝聚作用，使水质变坏。当池子的水流连续向上时，上述现象就会加剧，而且会成为一种恶性循环，这就是一般澄清池（特别是悬浮澄清池）工作恶化的原因。脉冲澄清池在充水时间内，由于上升水流停止，在悬浮物下沉及扩散的过程中，会使断面上的悬浮物浓度分布均匀化，并加强颗粒的接触碰撞，改善混合絮凝的条件，从而提高了净水效果。由于脉冲作用的优点，脉冲澄清池的单池面积可以很大，因而占地少，造价低。但真空设备复杂，噪声较大。

2）钟罩虹吸式脉冲发生器

图 3-35 所示为钟罩虹吸式脉冲发生器的示意图。加药后的污水进入进水区，使区内水位逐步上升，钟罩内的空气逐渐被压缩；当水位超过中央管顶时，部分污水溢流入中央管，溢流作用将压缩在钟罩顶部的空气逐步带走，形成真空，发生虹吸，进水区的水迅速通过钟罩、中央管，进入配水系统。当水位下降至破坏管口（即低水位时）时，因空气进入，虹吸被破坏，这时进水区的水位重新上升，进行周期性的循环。

钟罩虹吸式脉冲发生器的脉冲周期可用虹吸发生与破坏的时间来控制，结构简单，但调节较困难，水力损失也较大。

3）虹吸式脉冲发生器

图 3-36 所示为 S 型虹吸式脉冲发生器的结构示意图。加药后的污水进入进水区，区内水位上升，钟罩内的空气逐渐被压缩。当进水区内的水位到达最高点时，钟罩内的压力大于水封管的水封压力，水封即被冲破，钟罩内被压缩的空气经水封管喷出，造成虹吸，进水区内的水位急骤下降，水经中央虹吸管流入澄清池。当进水室内的水位降低至露出虹吸破坏管口时，空气进入钟罩，钟罩内负压消失，虹吸被破坏，于是进水区内的水位重新上升，进行周期性的循环。平衡水箱内装有插板，可调节水封高度。

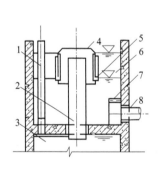

图 3-35 钟罩虹吸式脉冲发生器示意图

1—透气管；2—中央管；3—中央竖井；4—钟罩；
5—虹吸破坏口；6—进水区；7—挡水板；8—进水管

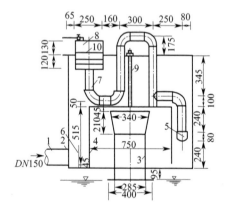

图 3-36 S 型虹吸式脉冲发生器结构示意图

1—进水管；2—进水区；3—中央虹吸管；4—钟罩；
5—虹吸破坏管；6—穿孔进水挡板；7—水封管；
8—平衡水箱；9—调节丝杆；10—插板

S 型虹吸式脉冲发生器的脉冲周期可由水位升降时间控制，构造简单，但调节困难，水力损失较大，一般适用于 $100 \text{m}^3/\text{h}$ 以下的小流量。

4）浮筒切门式脉冲发生器

图 3-37 所示为浮筒切门式脉冲发生器的结构示意图。加药后的污水进入进水区，当区内水位处于低水位时切门关闭，随着水位逐渐上升，小浮筒 6 上浮封闭浮筒水箱 5 的出水孔，当水位继续上升超过浮筒水箱 5 的上缘时，水迅速进入浮筒水箱 5 内，大浮筒 7 上浮，通过联轴架把切门 2 提起，水进入中央管，水位迅速下降。当小浮筒 6 的浮力小于浮筒水箱 5 内的水压力时，浮筒水箱 5 内的出水孔打开，箱内的水迅速泄空，大浮筒在自重作用下将切门关闭。不断进水，则形成连续脉冲。脉冲周期由水位升降时间控制。

浮筒切门式脉冲发生器的优点是构造简单，脉冲阀动作灵活、可靠，不耗动力，但调节不很灵活，如浮筒漏气进水，发生器的动作将失灵。

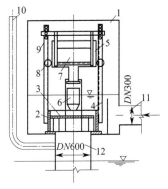

图 3-37　浮筒切门式脉冲发生
器结构示意图

1—进水区；2—切门；3—圆形盖板；
4—联轴架；5—浮筒水箱；6—小浮筒；
7—大浮筒；8—导向滑轮；9—调节孔；
10—排气孔；11—进水管；12—中央竖井

5）其他类型的脉冲澄清池

除上述各种脉冲发生器外，脉冲澄清池还有如下几种类型：

① 定泥量虹吸自动排泥脉冲澄清池。

脉冲澄清池的排泥浓度和时间是否恰当直接关系到悬浮层的性能和净水效果。以往许多脉冲澄清池的排泥都采用定量控制，未和悬浮层的高度、浓度联系，往往使悬浮层浓度过高或不足，影响净水效果。采用定泥量虹吸自动排泥能取得良好的效果，并可节约排泥耗水量。

定泥量虹吸自动排泥脉冲澄清池利用悬挂在悬浮泥渣层中的信号泥斗，模拟相对应的泥渣层浓度和高度作为启、停虹吸排泥的依据；能随污水浊度的变化做到适时排泥，自动保持池内的泥水平衡，使悬浮泥渣层保持稳定；利用水力、虹吸、泥渣浓度和重量变化等原理，采用简单的电气设备实现排泥自动化。

定泥量虹吸自动排泥系统由排泥、抽气和计量自控三部分组成，如图 3-38 所示。当悬浮泥渣层达到一定高度和浓度时，悬挂在泥渣层中的信号泥斗由于泥的重量使杠杆失去平衡而偏转，计量箱内的水银开关接通，联动电磁吸铁把工作水箱阀盖打开，水经抽气丁字管形成负压，开始对虹吸管进行抽气，形成虹吸，沉泥由穿孔排泥管、虹吸排泥管排出，同时通过虹吸支管排除信号泥斗中的沉泥。

当信号泥斗内的沉泥排出后，泥斗重量减轻，杠杆复位，水银开关切断，电磁吸铁落下，关闭工作水箱阀盖，停止工作水流和抽气丁字管的抽气。由于虹吸排泥管的虹吸作用，水封箱 10 内的水不断被抽出，使破坏管口露出水面，空气进入虹吸管内，真空破坏，排泥终止，自动完成一次自动排泥过程。

② 超脉冲澄清池。

超脉冲澄清池是在脉冲澄清池的悬浮区增设带导流片的斜板并取消池底人字稳流板。带导流片的斜板对上升水流产生涡流，增大悬浮层泥渣浓度，提高净水效果和负荷，其水力负荷为普通脉冲澄清池的 1～2.5 倍。脉冲发生器多采用真空式，一方面可确保放水快速（5～10s），另一方面超脉冲澄清池排泥采用多只虹吸管排泥，可利用真空泵控制，如图 3-39 所示。

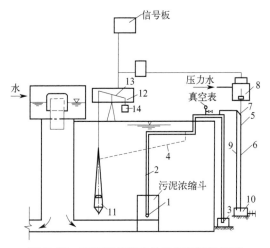

图 3-38　定泥量虹吸自动排泥系统示意图

1—穿孔管；2—虹吸排泥管；3—虹吸管水封箱；
4—虹吸排泥支管；5—抽气管；6—水气排出管；
7—工作水管；8—工作水箱；9—虹吸破坏管；
10—水封箱；11—信号泥斗；12—计量箱；
13—水银开关；14—重锤

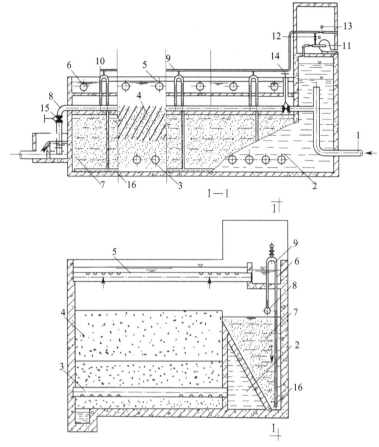

图 3-39　超脉冲澄清池结构示意图

1—进水管；2—三角配水渠；3—穿孔配水管；4—带阻流板的斜板；5—穿孔集水管；

6—出水槽；7—泥渣浓缩区；8—排泥干管；9—虹吸真空管；10—虹吸排泥管；

11—风机；12—电磁阀；13—自动空气阀；14、15—自动阀门；16—穿孔排泥管

　　超脉冲澄清池的运转操作不比普通脉冲澄清池复杂，对水量、水温的变化有良好的适应性，短期间歇运转也没问题，池内检修时只需移除一组斜板即可进入池底。4 种标准超脉冲澄清池的布置如图 3-40 所示。

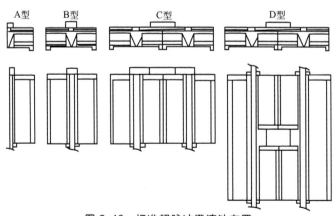

图 3-40　标准超脉冲澄清池布置

6）设计要点

脉冲澄清池的设计要点包括：

① 脉冲澄清池视具体情况可选用真空式、钟罩虹吸式或切门式等脉冲发生器。

② 一般采用穿孔配水管，上设人字稳流板，其主要设计数据为：配水管的最大孔口流速为 $2.5\sim3.0\mathrm{m/s}$；配水管管底距池底的高度为 $0.2\sim0.3\mathrm{m}$；配水管的中心距为 $0.4\sim1.0\mathrm{m}$；稳流板缝隙的流速为 $50\sim80\mathrm{mm/s}$；稳流板的夹角一般采用 $60°\sim90°$。

③ 在污水浊度较高、排泥频繁地区，宜采用自动排泥装置。排泥周期及历时可根据污水水质、水量变化、悬浮层泥渣沉降等情况随时调整。

脉冲澄清池容积、各部尺寸、穿孔配水管等的计算与一般澄清池相同。

7）钟罩脉冲发生器的设计内容

① 平均流量 Q_m

$$Q_\mathrm{m}=\frac{Q(1-\alpha)}{t_1}t_2+Q \tag{3-129}$$

式中　Q——脉冲澄清池的设计水量，$\mathrm{m^3/s}$；

　　　α——悬浮水量/设计水量，$\mathrm{m^3/s}$；

　　　t_2——充水时间，s；

　　　t_1——放水时间，s。

② 放水时间 t_1

$$t_1=\frac{A\Delta H}{\dfrac{\mu\sum\omega\sqrt{2g\Delta h_\mathrm{max}}}{\alpha}-Q} \tag{3-130}$$

$$\alpha=\frac{脉冲最大流量\ Q_\mathrm{max}}{脉冲平均流量\ Q_\mathrm{m}} \tag{3-131}$$

式中　α——峰值系数，钟罩式为 $1.23\sim1.28$，切门式为 $1.34\sim1.44$，真空式为 $1.50\sim1.80$；

　　　ΔH——脉冲时进水区的高低水位差，m，一般取 $0.6\sim0.8\mathrm{m}$；

　　　A——进水区的有效面积，$\mathrm{m^2}$；

　　　$\sum\omega$——配水管孔眼的总面积，$\mathrm{m^2}$；

　　　$\dfrac{A}{\sum\omega}$——孔眼面积比，钟罩式为 $15\sim18$，切门式为 $10\sim12$，真空式为 $6\sim8$；

　　　μ——流量系数，一般采用 $0.5\sim0.55$。

③ 脉冲过程中相当于最大流量时，配水管孔口处的自由水头 Δh_max

$$\Delta h_\mathrm{max}=\frac{h}{C}-\sum h_i \tag{3-132}$$

$$h=C(\sum h_i+\Delta h_\mathrm{max}) \tag{3-133}$$

$$\sum h_i=h_{i1}+h_{i2}+h_{i3}+h_{i4} \tag{3-134}$$

式中　h——进水区最高水位与澄清池出水水位之差，m；

　　　C——水位修正系数（考虑发生最大脉冲流量时的水位与最高脉冲水位两者不一致），钟罩式、切门式为 $1.10\sim1.20$，真空式为 1.0；

　　　Δh_max——最大自由水头，钟罩式、切门式为 $0.35\sim0.50\mathrm{m}$；

　　　$\sum h_i$——发生器和池体的总水力损失，m；

h_{i1}——发生器的局部水力损失，m；

h_{i2}——发生器的沿程水力损失，m，一般很小可忽略不计；

h_{i3}——池体的局部水力损失，m；

h_{i4}——池体的沿程水力损失，m。

h_{i3} 和 h_{i4} 要按澄清池的构造分别计算。

④ 钟罩式脉冲发生器及进水区：中央虹吸管的直径 d

$$d = \sqrt{\frac{4Q_m}{\pi v_{01}}} \qquad (3-135)$$

式中　v_{01}——中央管脉冲的平均流速，m/s，一般取 2～4m/s。

⑤ 钟罩直径 D

$$D = 2d \qquad (3-136)$$

式中　D——根据经验为中央管直径的 2 倍。

⑥ 进水区面积 F

$$F = \frac{Q(t_2 + \Delta t)}{\Delta H} + \frac{\pi}{4}D^2 \qquad (3-137)$$

式中　Δt——发生脉冲前，瞬时溢流时间折算为计算流量的当量时间，s，一般取 1～3s。

⑦ 钟罩顶面距离中央虹吸管管顶的高度 h_4

$$h_4 = (1.2 \sim 1.5)\frac{Q_m}{\pi d v_{01}} \qquad (3-138)$$

⑧ 中央虹吸管高度

$$h_l = h_1 + \sum h_i + \Delta H - \frac{2}{3}h_4 \qquad (3-139)$$

$$h_{i1} = \alpha^2 \left(\frac{\xi_1 v_{01}^2}{2g} + \frac{\xi_2 v_{02}^2}{2g} + \frac{\xi_3 v_{03}^2}{2g} \right) \qquad (3-140)$$

式中　h_1——中央虹吸管的水封深度，m，一般取 0.05～0.15m；

h_{i1}——发生器的局部水力损失，m；

v_{02}——钟罩脉冲的平均流速，m/s；

v_{03}——钟罩和中央管间隙脉冲的平均流速，m/s；

ξ_1——中央管的局部阻力系数（包括出口），一般 $\xi_1 = 1.0 + 0.7 = 1.7$；

ξ_2——钟罩的局部阻力系数，一般 $\xi_2 = 1.0$；

ξ_3——钟罩和中央管间隙的局部阻力系数，一般 $\xi_3 = 1.0$。

⑨ 钟罩高度 h_x

$$h_x = \frac{1}{3}h_4 + \Delta H + h_3 + h_2 \qquad (3-141)$$

式中　h_4——中央管管顶与钟罩顶之间的高度，m；

h_3——虹吸破坏管的总高度，m，一般取 0.05～0.15m；

h_2——钟罩底边的保护高度，m。

⑩ 进水区高度 H_1

$$H_1 = \sum h_i + \Delta H + h_5 - \delta \qquad (3-142)$$

式中　h_5——进水区的超高，m，一般取 0.3～0.5m，以便调整周期，增加产水量；

δ——进水区底板的厚度，m。

3.3.3.4　悬浮澄清池

悬浮澄清池的工作过程是：投加混凝剂的污水先经过空气分离器分离出水中的空气，再通过底部的穿孔配水管进入悬浮泥渣层，污水得到净化。清水向上分离，悬浮泥渣因吸附了水中悬浮颗粒而不断增加，多余的泥渣自动经排泥孔进入浓缩区，浓缩到一定浓度后，由底部穿孔管排走。

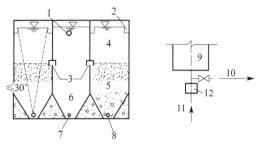

图 3-41　单层式悬浮澄清池结构示意图

1—强制出水管；2—清水集水槽；3—排渣孔；
4—清水区；5—悬浮层；6—泥渣浓缩区；
7—穿孔排泥管；8—穿孔配水管；9—澄清池；
10—排砂（水）；11—污水；12—空气分离器

（1）类型

悬浮澄清池一般分单层式和双层式两种，以适应不同的浊度。根据实践经验，双层式悬浮澄清池的悬浮层底部增设排渣孔，对高浊度水（悬浮物含量 3000～10000mg/L）的处理有一定的适应性。

1）单层式悬浮澄清池

单层式悬浮澄清池的结构如图 3-41 所示，适用于悬浮物含量不超过 3000mg/L 的污水。对于含砂量较大的污水，可在进水管上加装比进水管管径略小的排砂管，定期排砂及放空，并在池内另设放空管。

2）双层式悬浮澄清池

双层式悬浮澄清池的结构如图 3-42 所示，适用于浊度较高且含有细砂的污水，悬浮物含量一般在 3000～10000mg/L。泥渣浓缩室设于悬浮层下部，在排渣筒的下部设有底部排渣孔，以调节悬浮层的浓度并排除悬浮层下部的砂粒，孔口设有调节开启度的设备。孔口总面积为排渣筒截面积的 50%。泥渣浓缩区设于悬浮层的下部，容量较大，配水区底部设有能调节开启度的底部排渣孔。圆形池可用喷嘴配水，底部排渣孔（总面积等于排渣筒的进口面积）在 V 形底外侧，位于喷嘴出口的后面。矩形池可用穿孔管配水。

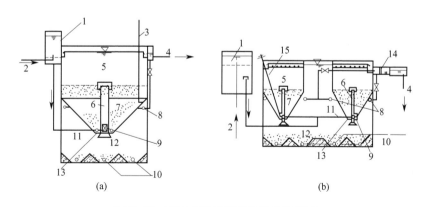

(a)　　　　　(b)

图 3-42　双层式悬浮澄清池结构示意图

1—空气分离器；2—污水；3—排气管；4—出水；5—清水池；6—排渣筒；7—悬浮层；
8—强制出水管；9—底部排渣孔；10—穿孔排泥管；11—配水管；12—泥渣浓缩区；
13—配水区；14—计量设备；15—手轮

3）立式沉淀池改造型

立式沉淀池改造型是由立式沉淀池改造而成的悬浮澄清池，其结构如图 3-43（a）所示。其适用条件及特点与上述的单层式悬浮澄清池和双层式悬浮澄清池相似。

4）水力悬浮型澄清池

水力悬浮型澄清池是一种综合性池型，其结构如图 3-43（b）所示，适用于处理较高浊度的污水（悬浮物含量可达 10000mg/L）。采用喷嘴进水使泥渣回流，可加强接触絮凝，降低药耗。

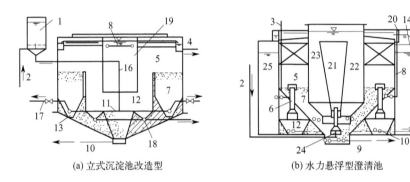

(a) 立式沉淀池改造型   (b) 水力悬浮型澄清池

图 3-43　立式沉淀池改造型和水力悬浮型澄清池

1—空气分离器；2—污水；3—排气管；4—出水；5—清水池；6—排渣筒；7—悬浮层；8—强制出水管；
9—底部排渣孔；10—穿孔排泥管；11—配水管；12—泥渣浓缩区；13—配水区；14—计量设备；15—手轮；
16—原进水管；17—增设排砂管；18—增设排泥管；19—原沉淀池反应区；20—强制出水控制阀；
21—反应区；22—二反应区；23—斜板；24—双喷嘴；25—清水池

（2）设计要点

悬浮澄清池的设计要点包括：

① 单池面积不宜超过 150m²。矩形池的每格池宽在 3m 左右。单层式澄清池的池高一般不小于 4m，双层式澄清池的池高一般不大于 7m。澄清池不少于 2 座。

② 混凝剂的加入量应与澄清池出水量的变化相适应。药剂品种的选择、最佳投加量的确定，可参考相同水源处理厂的运行经验或通过试验确定。

③ 污水与混凝剂一般应在空气分离器前完成混合，如混凝剂直接加入空气分离器时，应考虑均匀混合的设施。当污水的悬浮物含量超过 3000mg/L 时，进入配水系统前的混合时间不得超过 3min。当采用石灰软化水时，药剂可直接加入澄清池的底部。

④ 对含有较多细砂的高浊度水，可增设底部排渣孔，通过澄清池下部排除不能凝聚并滞留在悬浮层底部的砂粒和老化的泥渣，以保证配水系统和悬浮层的正常工作。浊度较低时，需增设泥渣回流设备，将泥渣区的部分泥渣经空气分离器回流入池，以增大悬浮层浓度，也可采用间歇回流，在半小时内将悬浮层浓度提高到不低于 2kg/m³。无回流设备时，则需增大投药量。

⑤ 每池设一个空气分离器（如图 3-44 所示），或一

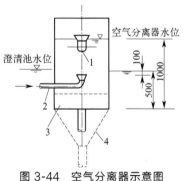

图 3-44　空气分离器示意图

1—溢流管；2—进水管；
3—格网（栅）；4—接澄清池配水管

组池共用一个空气分离器，将进水中的空气或二氧化碳气体释放掉。空气分离器的设计数据为：a. 停留时间不小于 45s；b. 进水管流速不大于 0.75m/s；c. 格网（栅）设在进水管口下缘附近，网（栅）孔尺寸的选择既要防止水中的粗大杂质进入配水孔或堵塞配水喷嘴，又不致由于网（栅）孔眼太小而被截留杂质堵塞，一般采用 10mm×10mm～20mm×20mm；d. 分离器内水流的向下流动速度不大于 0.05m/s，出水管的流速为 0.4～0.6m/s，底部呈平底或锥形；e. 分离器内的水位高度按穿孔配水管的水力损失确定，一般高出澄清池水面 0.5～0.6m；f. 水深应不小于 1m，进水管口的上缘应低于澄清池内水面 0.1m，分离器底部位于澄清池内水面下不少于 0.5m。

⑥ 采用穿孔管配水，孔口流速为 1.5～2.0m/s，孔眼直径为 20～25mm，孔距不大于 0.5m，孔向下与水平成 45°交错排列。

⑦ 采用喷嘴旋流配水时，喷嘴出口流速随着污水浊度的增加而提高，可按下值采用：悬浮物含量分别为 100～500、500～1000、1000～5000mg/L 时，分别采用 1、1.25 和 1.25～1.75m/s。

目前国内运行的弯管旋流配水，当弯管出口流速控制在 0.75m/s 时，可取得较好的澄清效果。喷嘴流速及消除旋流的整流板的数量均需通过生产试验加以调整。

⑧ 悬浮层的高度应根据污水的浊度和温度确定，当用于混凝澄清时，一般为 2.0～2.5m（其中直壁高度不得小于 0.6m）；当用于石灰软化时，不小于 1.5m，低温、低浊度的污水宜取大值。停留时间一般为 20～30min，水流通过悬浮层的水力损失为 5～8cm/m（高值适用于浊度较高的污水）。底部斜边与水平夹角不应小于 45°，一般为 50°～60°，底部呈锥形或锯齿形（用于方池）。

⑨ 清水区的上升流速与水池的构造形式、污水的悬浮物数量、混凝剂的种类和投加量、水温等因素有关，可参照相关条件运行的澄清池运转资料确定。无此资料时，可参考表 3-6。

表 3-6　悬浮澄清池的上升流速及悬浮层浓度

悬浮物浓度/(mg/L)	清水区的上升流速/(mm/s)	悬浮层的平均浓度/(g/L)	泥渣浓缩区的上升流速/(mm/s)
100～1000	0.8～1.0	2.0～5.0	0.3～0.4
1000～3000	0.9～1.0	5.0～11	0.3～0.4
3000～5000	0.8～0.9	11～12	0.4～0.6
5000～10000	0.7～0.8	12～18	0.5～0.6
10000～15000	0.6～0.7	18～25	0.4～0.5
15000～20000	0.5～0.6	25～33	0.3～0.4

⑩ 排渣筒下部应设有导流筒或其他措施，以提高容积利用率。布置在泥渣浓缩区侧壁的排渣孔，应在离内壁某一距离处加装导流板，以改变从澄清池引入的水流方向，有助于分离悬浮物，如图 3-45 所示。

导流筒（板）的高度为 0.5～0.8m。每个排渣筒（孔）的作用范围随悬浮物浓度和悬浮层高度的增加而增加，一般小于 3m。上部的排渣孔口或排渣筒口应加装导流板和进口罩，排渣孔处的流速为 20～40m/h，排渣筒进口及筒内的流速为 200m/h。

⑪ 泥渣区的有效浓缩高度（导流筒或导流板下缘与泥渣区底部的距离）不得少于 1.0～1.5m。

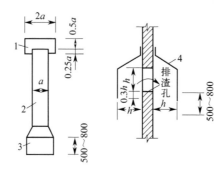

图 3-45 排渣孔导流板和排渣筒进口罩

1—进口罩；2—排渣筒；3—导流筒；4—导流板

⑫ 泥渣区内的强制出水量折合成清水区的上升流速，一般采用 0.4～0.6mm/s，也可参考表 3-6。

⑬ 泥渣浓缩的计算时间和相应的泥渣浓度应根据试验的泥渣浓缩曲线确定。无资料时，可参考表 3-7。

表 3-7 泥渣浓缩后的泥渣浓度

进入泥渣浓缩区的泥渣浓度/(g/L)	泥渣浓缩后的泥渣浓度/(g/L)				
	2h	3h	4h	6h	20～30h
2～5	—	—	—	200	400
5～11	—	—	—	200	400
11～12	190	210	220	250	400
15	200	220	230	270	400
20	210	230	240	300	—
25	220	260	290	33	—
30	240	280	300	350	—

⑭ 排泥周期及历时与污水水质、排泥条件、浓缩区的构造等因素有关，应参照附近澄清池运行经验确定。

排泥方式一般采用穿孔管（将穿孔管设于边坡角不小于 45°的斗槽内），穿孔排泥管可与厂内给水管接通，必要时可用压力水反冲，以防堵塞。

⑮ 强制出水穿孔管的管内流速不大于 0.5m/s，孔口流速不小于 1.5m/s，孔径不小于 20mm，孔眼一般朝上布置。

单层式澄清池的强制出水量占设计水量的 20％～30％；双层式澄清池的强制出水量占设计水量的 25％～45％，运转时可根据污水浊度与上升流速来调节。

⑯ 双层式澄清池的强制出水穿孔管应设于泥渣区的上部；单层式澄清池的强制出水管一般设在水面下 0.3m 左右（也可根据最大强制出水量时的水力损失确定），并离泥渣区的设计泥面不小于 1.5m。

⑰ 位于底部的泥渣区应设置清洗人孔，泥渣区的顶部应设排气竖管。澄清池面积小于 10m² 时，设 DN40 管 1 根；面积为 10～20m² 时，设 DN50 管 1 根；面积为 20～50m²，设 DN50 管 2 根。

⑱ 澄清池的工作区和泥渣区必须安装取样管，用来控制药剂投加量、监视悬浮泥渣层高度及调整浓缩区工况，以保证出水水质。

（3）设计计算

1）设计流量 Q_0

$$Q_0 = Q(1 + \beta_n) \tag{3-143}$$

$$\beta_n = \frac{C_0}{C_n - C_0} \tag{3-144}$$

$$C_n = \frac{C_y + C_B}{2} \tag{3-145}$$

式中　C_n——平均排泥浓度，g/L；

$\quad\quad$ C_B——进入泥渣区的泥渣浓度，g/L；

$\quad\quad$ C_y——浓缩后的泥渣浓度，g/L，参见表 3-7；

$\quad\quad$ β_n——排泥耗水率；

$\quad\quad$ C_0——设计的污水悬浮物含量，g/L；

$\quad\quad$ Q——澄清池的有效出水量，m^3/h。

2）清水区出水量 Q_1、泥渣区强制出水量 Q_2

$$Q_2 = Q_0(1 - K) \tag{3-146}$$

$$Q_1 = Q_0 - Q_2 = KQ_0 \tag{3-147}$$

$$K = \frac{Q_1}{Q_1 + Q_2} = \frac{Q_1}{Q_0} = \frac{v_1}{v_1 + v_2} \tag{3-148}$$

$$v_2 = \frac{Q_2}{3600\omega_1} \times 1000 \tag{3-149}$$

式中　Q_2——泥渣区的强制出水量，m^3/h；

$\quad\quad$ Q_1——清水区的出水量，m^3/h；

$\quad\quad$ K——澄清区与泥渣区间的出水水量分配系数，参照同类型水源资料；

$\quad\quad$ v_1——清水区的上升流速，mm/s；

$\quad\quad$ v_2——泥渣浓缩区内的强制出水量折合成清水区的上升流速，mm/s，$v_2 = 0.4 \sim 0.6$mm/s；

$\quad\quad$ ω_1——清水区的面积，m^2。

3）澄清池面积

$$\Omega = \omega_1 + \omega_2 = \frac{Q_1}{3.6v_1} + \frac{Q_2}{3.6v_2'} \tag{3-150}$$

式中　Ω——单层式澄清池的面积，m^2；

$\quad\quad$ ω_2——泥渣区上部的面积，m^2；

$\quad\quad$ v_2'——泥渣区上部的上升流速，mm/s，$v_2' = (0.8 \sim 0.9)v_1$。

$$\Omega' = \omega_1 + \omega_3 = \frac{Q_1}{3.6v_1} + \frac{Q_2}{3.6v_3} \tag{3-151}$$

式中　Ω'——双层式澄清池的面积，m^2；

$\quad\quad$ ω_3——排渣筒（管）进口的面积，m^2；

v_3——排渣筒进口及筒内流速，m/h，$v_3=200\text{m/h}$。

4）排渣孔面积 ω'_3（m^2）

$$\omega'_3=\frac{Q_2}{v'_3} \tag{3-152}$$

式中　v'_3——排渣孔的进口流速，m/h，$v'_3=20\sim40\text{m/h}$。

5）穿孔集水槽

$$b=0.9q^{0.4} \tag{3-153}$$

式中　b——穿孔集水槽的宽度，m；

　　　q——每槽担负的流量，m^3/s。

$$h_1=0.75b \tag{3-154}$$

式中　h_1——穿孔集水槽起点处的水深，m。

$$h_2=1.25b \tag{3-155}$$

式中　h_2——穿孔集水槽终点处的水深，m，孔口出流，孔口前淹没水深5cm，孔口后水位跌落7cm。集水槽超高15~20cm。

6）排泥

$$D=1.68d\sqrt{L} \tag{3-156}$$

式中　D——穿孔排泥管的直径，m，$D\geqslant0.15\text{m}$；

　　　d——孔眼直径，m，$d=0.025\sim0.03\text{m}$；

　　　L——穿孔排泥管的长度，m，$L<10$。

$$q_n=\frac{\pi}{4}D^2v_n \tag{3-157}$$

式中　q_n——穿孔管末端的流量，m^3/s；

　　　v_n——穿孔管末端的流速，m/s，一般为1.8~2.5m/s；

$$W=\frac{(S_1-S_4)Q_0T}{C_n} \tag{3-158}$$

式中　W——泥渣区的有效容积（排泥周期内泥渣体积），m^3；

　　　T——泥渣浓缩时间（排泥周期），h；

　　　S_1——进水悬浮物含量，kg/m^3；

　　　S_4——出水悬浮物含量，kg/m^3。

$$T_0=\frac{W'}{q_n} \tag{3-159}$$

$$W'=\frac{W}{n} \tag{3-160}$$

式中　T_0——排泥历时，s；

　　　W'——每根穿孔管在排泥周期内的排泥量，m^3；

　　　n——穿孔排泥管的数量。

3.4　隔油技术与设备

在石油开采与炼制、煤化工、石油化工及轻工等行业的生产过程中会排放大量的含油污水，如不加以回收利用，不仅是很大的浪费，而且大量的油品排入河流湖泊或海湾，会对水体造成严重的污染。因此有必要对污水中的油品进行回收利用和处理。

对污水中的油品进行分离回收的过程称为隔油，所用的设备称为隔油池。

3.4.1　技术原理

生产污水中的油品相对密度一般都小于 1，焦化厂或煤气发生站排出的含焦油污水中重焦油的相对密度则大于 1。油品在污水中以三种状态存在：

（1）悬浮状态

油品颗粒较大，油珠直径在 0.1mm 以上，漂浮在水面上，易于从水中分离。在石油工业中，这类油品约占污水含油量的 60%～80%；

（2）乳化状态

油品的分散粒径小，油珠直径在 0.1mm 以下（大多在 0.5～25μm 范围内），呈乳化状态，不易从水中上浮分离。这类油品约占污水含油量的 10%～15%；

（3）溶解状态

油品在水中的溶解度极小（一般几 mg/L），溶于水的油品占污水含油量的 0.2%～0.5%。

隔油过程与污水沉淀处理的技术原理相同，都是利用污水中悬浮物与水的密度差达到分离的目的，只是沉淀处理的对象是密度比水大的固体颗粒，而隔油处理的对象则是密度比水小的悬浮态油珠，利用油珠的浮力将油珠从污水中分离出来。对于乳化状态的油珠，一般不易用沉淀法去除，需采用气浮法或混凝沉淀法去除。

3.4.2　工艺过程

隔油处理的工艺过程是：含油污水通过配水槽进入隔油池，沿水平方向缓慢流动，在流动过程中油品上浮至水面，由集油管或设置在池面的刮油机推送到集油管中流入脱水罐。在隔油池中沉淀下来的重油及其他杂质积聚到池底污泥斗中，通过排泥管进入污泥管中排出。经过隔油处理的污水则溢流进入排水渠排出池外，进行后续处理，以去除乳化油及其他污染物。

3.4.3　过程设备

隔油过程所用的设备称为隔油池，其类型很多，常用的主要有平流式隔油池和斜板隔油池两种。

3.4.3.1　平流式隔油池

图 3-46 所示是平流式隔油池的示意图。普通平流式隔油池的构造与沉淀池相似，污水从池的一端流入池内，从另一端流出。在流经隔油池的过程中，由于流速较低（2～5mm/s），相对密度小于 1 而粒径较大的油珠在浮力作用下上浮并聚积在池的表面，通过

设在池面的集油管和刮油机收集浮油，浮油一般可以回用。相对密度大于 1 的颗粒杂质则沉于池底。

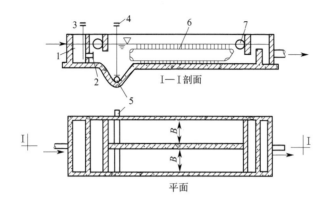

图 3-46 平流式隔油池示意图

1—布水间；2—进水孔；3—进水间；4—排渣阀；5—排渣管；6—刮油刮泥机；7—集油管

集油管一般以直径为 200～300mm 的钢管制成，沿其长度在管壁的侧向开有 60°或 90°角的槽口。集油管可用螺杆控制，使集油管能绕管轴转动。平时集油管的槽口位于水面以上，排油时将集油管的槽口转向水面以下以收集浮油，并将浮油导出池外。集油管常设在池的出口处及进水间，管轴的安装高度与水面相平或低于水面 5cm，大型隔油池还设有刮油刮泥机，用以推动水面的浮油和刮集池底的沉渣。

刮油机可以是链条牵引或钢索牵引的。用链条牵引时，刮油机在池面上刮油，将浮油推向池末端，而在池底部可起着刮泥作用，将下沉的油泥刮向池进口端的泥斗。池底部应保持 0.01～0.02 的坡度，贮泥斗的深度一般为 0.5m，底宽不小于 0.4m，侧面倾角不应小于 45°～60°。隔油池水面的油层厚度一般不应大于 0.25m。

隔油池的进水端一般采用穿孔墙进水，出水端采用溢流堰出水。

平流式隔油池的特点是构造简单，便于运行管理，油水分离效果稳定。隔油池一般不少于 2 个，池深 1.5～2.0m，超高 0.4m，每单格的长宽比不小于 4，工作水深与每格宽度之比不小于 0.4m，池内流速一般为 2～5mm/s，停留时间一般为 1.5～2h，可将污水中的含油量从 400～1000mg/L 降至 150mg/L 以下，去除效率达 70% 以上。平流式隔油池可以去除的最小油珠直径为 100～150μm，相应的上升流速不高于 0.9mm/s。

为了保证隔油池的正常工作，平流式隔油池的表面一般设置有盖板，以防火、防水、防雨及防止油气散发，污染大气。在寒冷地区或季节，为了增大油的流动性，隔油池内应采取加温措施，在池内每隔一定距离加设蒸汽加热管，提高污水温度。

平流式隔油池的设计可按油粒的上升速度或污水的停留时间计算。油粒的上升速率 u（cm/s）可通过试验求出（与平流式沉淀池相同）或直接应用下述修正的 Stokes 公式计算：

$$u = \frac{\beta g d^2 (\rho_0 - \rho_1)}{18\mu} \tag{3-161}$$

式中　ρ——水的密度，可由图 3-47 查得；

μ——水的绝对黏度，可由图 3-48 查得。

$$\beta=\frac{4\times10^4+0.8s^2}{4\times10^4+s^2} \tag{3-162}$$

式中　β——由于水中悬浮物影响，使油粒上浮速度降低的系数；

　　　s——污水中悬浮物的浓度，mg/L。

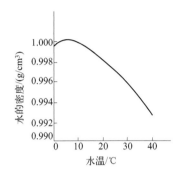

图 3-47　水密度与温度的关系

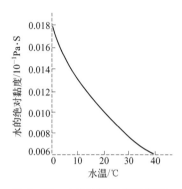

图 3-48　水黏度与温度的关系

隔油池的表面积 $A(\mathrm{m}^2)$ 可按下式计算

$$A=\alpha\frac{Q}{u} \tag{3-163}$$

式中　Q——污水的设计流量，m^3/h；

　　　α——考虑池容积利用系数及水流紊流状态对池表面积的修正值，它与 v/u 的比值有关（v 为水平流速），其值可按表 3-8 选取。

表 3-8　α 与 v/u 的关系

v/u	20	15	10	6	3
α	1.74	1.64	1.44	1.37	1.28

3.4.3.2　斜板隔油池

为了提高单位池容积的处理能力，可对平流式隔油池稍加改造，即在池内安装倾斜的平行板，即可成为斜板隔油池，如图 3-49 所示。斜板大多采用聚酯玻璃钢波纹斜板，板间距为 20～50mm，倾角不小于 45°。斜板隔油池采用异向流形式，污水自上而下流入斜板组，油珠沿斜板上浮。实践表明，斜板隔油池可分离油珠的最小直径约为 $60\mu\mathrm{m}$，相应的上升速率约为 0.2mm/s。含油污水在斜板隔油池中的停留时间一般不大于 30min，为平流式隔油池的 1/4～1/2。

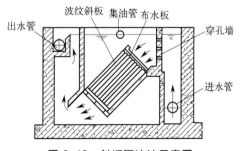

图 3-49　斜板隔油池示意图

用斜板隔油池处理石油炼制厂污水时，出水的含油量可控制在 50mg/L 以内。国内目前设计的斜板隔油池的斜板板长为 1750mm，板宽为 750mm，厚 1～1.5mm，波长为130mm，波高为 16.5mm，波纹板展开宽度为 913mm，板间距为 40mm。污水在池内的停留时间为 15～30min，板间流速为 0.7～0.8mm/s。布水栅用厚 6～10mm 的钢板制成，板上开孔直径为 20mm，总开孔面积为布水面积的 6%，在处理石油炼制厂污水时，表面负荷为 0.6～0.8m³/(m²·h)。

为防止油类物质附着在斜板上，应选用不亲油的材料做斜板，但实际上在斜板隔油池的运行中还是常有挂油现象，应定期用蒸汽及水冲洗，防止斜板间堵塞。污水含油量大时，可采用较大的板间距（或管径），含油量小时，间距可以减小。图 3-50 所示为壳牌石油公司研制的斜板隔油池即 PPI（parallel plate intercepter）型油水分离池，可去除粒径大于 $60\mu m$ 的油珠。

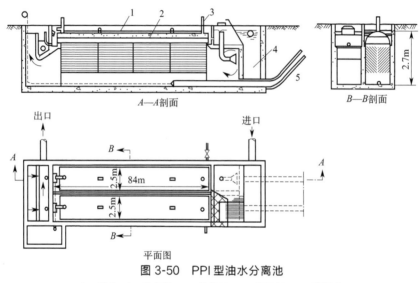

图 3-50 PPI 型油水分离池

1—顶盖；2—分离油；3—排气口；4—沉砂池；5—排泥管

3.5 气浮技术与设备

气浮是向污水中通入空气产生高度分散的微细气泡，以气泡为载体，黏附污水中密度接近于水的固体或液体污染物，形成密度小于水的气浮体，利用浮力上浮而实现去除目的的污水处理技术。气浮技术可用于污水中难以沉淀去除的悬浮物，如石油工业、煤气发生站、化工污水中所含的悬浮油和乳化油类（粒径在 $0.5～25\mu m$），毛纺工业洗毛污水中所含的羊毛脂及洗涤剂，食品工业污水中所含的油脂，选煤污水中的细煤粉（粒径在 0.5～1mm），造纸污水中的纸浆、纤维及填料，纤维工业污水中的细小纤维等。此外，利用气浮法还可分离、回收污水中以分子或离子状态存在的污染物，如表面活性剂和金属离子。

3.5.1 技术原理

气浮处理过程包括微小气泡的产生、微小气泡与污染物的黏附以及上浮分离等步骤。

使用气浮处理工艺必须满足三个基本条件，即污水中的被处理污染物必须呈悬浮状态、污水中必须通入足量的细微气泡、气泡和悬浮物颗粒必须产生黏附作用。

（1）污水中污染物的性质

污水中如果含有疏水性很强的物质（如植物纤维、油珠和碳粉）等，不投加化学药剂即可获得较理想的固液分离效果。如果污染物为疏水性不强或亲水性物质，就必须向污水中投加化学药剂来改变颗粒的表面性质，增加气泡与污染物质的吸附性。添加的化学药剂有混凝剂、浮选剂、助凝剂、抑制剂、调节剂。

各种无机或有机高分子混凝剂不仅可以改变污水中悬浮颗粒的亲水性，还能使细小的悬浮颗粒絮凝成较大的絮凝体；浮选剂大多是由极性-非极性分子组成，向污水中投加浮选剂可使亲水性物质转化为疏水性物质，从而使其能与细微气泡发生黏附作用；助凝剂能提高悬浮颗粒表面的水密性，增加颗粒的可浮性；抑制剂可以暂时抑制某些物质的浮上性能而又不妨碍需要污染物颗粒的上浮；调节剂的主要作用是调节污水的酸碱性，以改进和提高气泡和悬浮颗粒的黏附能力。

（2）气泡的产生

目前产生气泡常用的方法有电解、分散空气和溶解空气再释放三种。

在中小规模工业污水处理中所使用的气泡主要通过电解产生，向水中通入 $2\sim10V$ 的直流电，污水被电解产生 H_2、O_2 和 CO_2 等气体，形成气泡。电解法产生的气泡细微、密度小，浮升过程不会引起污水紊流，浮载能力大，很适合于脆弱絮凝体的分离。但是电耗大，并且电极板易结垢。

分散空气产生气泡主要有三种方法：

① 利用粉末冶金、素烧陶瓷或塑料制成微孔板，然后通过微孔板将空气分散为小气泡，这种方法简单易行，但气泡直径大（$1\sim10mm$），容易引起水流紊流，微孔板易堵塞。

② 利用鼓风机将空气引入一个高速旋转的叶轮附近，通过叶轮的剪切运动，将吸入的空气分散为小气泡，该法适用于悬浮物浓度高的污水，如含油脂、羊毛等污水的处理。

③ 利用水泵吸入分散空气，这种方法的优点是设备简单，但缺点是吸气量小，不超过进水量的 10%（体积百分比）。

溶解空气再释放产生气泡是在一定压力下使空气溶于水并呈饱和状态，然后骤然降低污水压力，使溶解的空气以微小的气泡从水中析出，在析出过程中气泡与悬浮物黏附，达到污水处理的目的。利用这种气泡产生方式的气浮方法称为溶解空气气浮法，根据气泡从水中析出时所处的压力不同可分为真空气浮法和加压溶气气浮法两种，气泡在负压下析出的叫作真空气浮法，在常压下析出的叫作加压溶气气浮法。

（3）悬浮颗粒与气泡的黏附作用

悬浮颗粒与气泡的黏附作用有两种基本形式：a. 絮凝体内裹带着微细气泡；b. 气泡与悬浮颗粒之间由于界面张力而吸附。

气泡能否与悬浮颗粒发生黏附作用主要取决于颗粒的表面性质，若颗粒易被水润湿，则称该颗粒为亲水性物质；如颗粒不易被水润湿，则为疏水性物质。颗粒的润湿性程度常用气、液、固三相互相接触时所形成的接触角的大小来解释。在静止状态下，当气、液、固三相接触时，每两相之间都存在界面张力，三相构成一个平衡体系，三相间的吸附界面构成的交界线称为润湿周边,如图 3-51 所示。气-液界面张力线和固-液界面张力线之间的夹角(对着液相)称为平衡接触角 θ(也称润湿接触角)。在三相接触点上,三个界面张力处于平衡状态。当接触角 $\theta=0°$ 时,固体表面全被润湿;当 $\theta=180°$ 时,固体颗粒完全不被水润湿;接触角 $\theta<90°$ 的物质称为亲水性物质,接触角 $\theta>90°$ 的物质为疏水性物质。例如乳化油类,$\theta>90°$,其本身相对密度又小于1,采用气浮法就特别有利。当油粒黏附到气泡上以后,油粒的上浮速度将大大增加。例如 $d=1.5\mu m$ 的油粒单独上浮时,根据 Stokes 公式计算,其浮速小于 0.001mm/s,但黏附到气泡上后,平均上浮速度可达 0.9mm/s,浮速可增加约 900 倍。

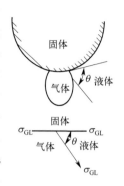

图 3-51 气-液-固三相平衡体系

对于细分散的亲水性颗粒(如 $d<0.5\sim1mm$ 的煤粉、纸浆等),若用气浮法进行分离,则需将被气浮的物质进行表面改性,即用浮选剂处理,使被气浮物质的表面变成疏水性而易于黏附在气泡上,同时浮选剂还有促进起泡的作用,可使污水中的空气泡形成稳定的小气泡,这样有利于气浮。

浮选剂大多是由极性-非极性分子所组成的,其极性基团能选择性地被亲水性物质所吸附,非极性基团

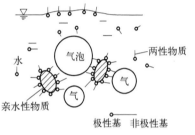

图 3-52 亲水性物质与浮选剂作用后与气泡相黏附的情况

朝向水,这样,亲水性物质的表面就被转化成疏水性物质而黏附在气泡上,并随气泡一起上浮到水面,如图 3-52 所示。浮选剂的种类很多,如松香油、煤油产品、脂肪酸及其盐类、表面活性剂等。对不同性质的污水应通过试验,选择合适的品种和投加量,必要时可参考矿冶工业的浮选资料。

3.5.2 工艺过程

污水的气浮处理过程包括气泡产生、气泡与颗粒(固体或液滴)黏附以及气泡上浮分离等连续步骤,实现气浮分离的必要条件有 2 个:第一,必须向水中提供足够数量的微细气泡,气泡的理想尺寸为 $15\sim30\mu m$;第二,必须使目的物呈悬浮或疏水性质,从而黏附于气泡上浮升。由此可分析出影响气浮效果的因素:a. 微气泡的尺寸,而微气泡的尺寸决定于溶气方式和释放器的构造;b. 气固比,这取决于向水中释放的空气量;c. 进水浓度、工作压力、上浮停留时间;d. 药剂的作用。

按气泡的产生方式,气浮法可分为溶气气浮(分真空溶气气浮和加压溶气气浮)、充气气浮(可分为微孔扩散器布气上浮法和剪切气泡上浮法)、电解气浮。各种气浮方法在污水处理领域的应用见表 3-9。

表 3-9 各种气浮方法在污水处理领域的应用

项目	溶气气浮	充气气浮	电解气浮
产气方式	(1)加压溶气 (2)真空产气	(1)压缩空气通过微孔板 (2)机械力高速剪切空气	电解池正负极板产生氢气泡和氧气泡

续表

项目	溶气气浮	充气气浮	电解气浮
气泡尺寸	加压 50～150μm 真空 20～100μm	0.5～100mm	氢气泡≤30μm、氧气泡 ≤60μm
表面负荷/[m^3/(m^2·h)]	5～10	5～10	10～50
主要用途	可取代沉淀和澄清；用于工业污水和生活污水的深度处理的预处理及污泥浓缩	生活污水和工业污水处理，如油脂、羊毛脂等污水的初级处理；表面活性剂的泡沫分离	工业污水处理，如含各种金属离子、油脂、乳酪、色度和有机物的污水处理

（1）加压溶气气浮

加压溶气气浮是目前效果最好、应用最广的一种气浮方法，其基本原理是使空气在加压条件下溶于水中，再将压力降至常压，使过饱和的空气以细微气泡的形式释放出来。

加压溶气气浮法按溶气水的不同，其基本流程可分为全溶气（全部原水溶气）流程、部分溶气（部分原水溶气）流程和回流加压溶气（部分回流溶气）流程。

1）全溶气流程

全溶气流程如图 3-53 所示。在该流程中将全部入流污水用泵加压至 0.3～0.5MPa 后，送入压力溶气罐。在压力溶气罐内，空气溶于污水中，再经减压释放装置进入气浮池进行固液分离。

全溶气流程的优点是溶气量大，增加了悬浮颗粒与气泡的接触机会。在处理相同量污水时，所用的气浮池较部分回流溶气气浮法小，可以节约基建费用，减少占地。缺点是含油污水的乳化程度增加，所需的压力泵和压力溶气罐比另两种流程大，增加了投资；由于对全部污水进行加压溶气，其动力消耗也较高。

2）部分溶气流程

部分溶气气浮法是只对部分污水（一般为 30%～35%）进行加压和溶气，剩余部分污水直接进入气浮池与溶气污水混合，其工艺流程如图 3-54 所示。这种流程的特点是由于只有部分污水进入压力溶气罐，加压泵所需加压的水量和压力溶气罐的容积比全溶气流程的小，因此可节省部分设备费用和动力消耗；加压泵所造成的乳化油量低。但由于仅部分污水进行加压溶气所能提供的空气量较少，因此若要提供与全溶气方式同样的空气量，必须加大压力溶气罐的压力。

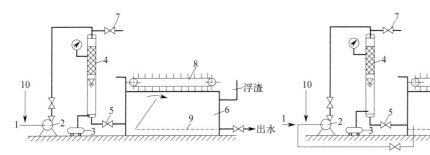

图 3-53　全加压溶气气浮法工艺流程

1—污水进入；2—加压泵；3—空压机；4—压力溶气罐；
5—减压释放阀；6—气浮池；7—放气阀；8—刮渣机；
9—出水系统；10—混凝剂

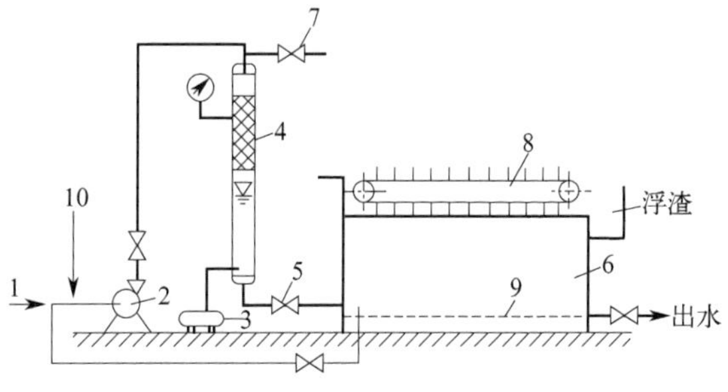

图 3-54　部分加压溶气气浮法工艺流程

1—污水进入；2—加压泵；3—空压机；4—压力溶气罐；
5—减压释放阀；6—气浮池；7—放气阀；
8—刮渣机；9—出水系统；10—混凝剂

3）回流加压溶气流程

回流加压溶气气浮工艺流程如图 3-55 所示。部分处理后的回流水被加压泵送往压力溶气罐。空压机将空气送入压力溶气罐，使空气充分溶于污水中。压力溶气水经释放器进入气浮池，并与来流污水混合。由于突然减到常压，溶解于水中的过饱和空气从水中逸出，形成许多微细的气泡，从而产生气浮作用。气浮池形成的浮渣由刮渣机刮到浮渣槽内排出池外。处理水从气浮池的中下部排出。回流量取来流污水的 25%～50%，一般取 30%。这种流程的优点是加压水量少，动力消耗少，不会促成含油污水的乳化，适用于悬浮物浓度高的污水，但由于回流水的影响，气浮池的容积比其他方式的要大。

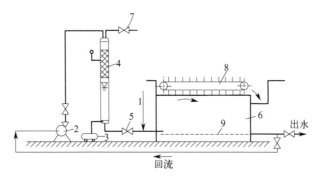

图 3-55　回流加压溶气气浮法工艺流程

1—污水进入；2—加压泵；3—空压机；4—压力溶气罐；
5—减压释放阀；6—气浮池；7—放气阀；8—刮渣机；9—出水系统

（2）电解气浮法

电解气浮法是在直流电的电解作用下，利用正极和负极产生的氢气和氧气的微气泡，对水中的悬浮物进行黏附并将其带至水面以进行固液分离的方法，其装置示意如图 3-56 所示。

电解法产生的气泡远小于溶气法和分散空气法产生的气泡，可用于去除细分散的悬浮物固体和乳化油。电解法除可用于固液分离外，还具有多种作用，如对有机物的氧化作用、脱色作用和杀菌作用，主要用于工业污水的处理，对污水负荷变化的适应性强，生成污泥量少，占地省，噪声低。但由于电耗较高，较难适用于大型污水处理厂。

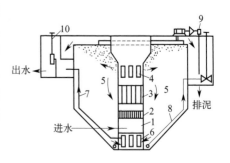

图 3-56　电解气浮法装置示意图

1—入流室；2—整流栅；3—电极组；
4—出流孔；5—分离室；6—集水孔；
7—出水管；8—排沉泥管；
9—刮渣机；10—水位调节器

（3）射流气浮法

射流气浮法是采用图 3-57 所示的水射器向水中充入空气。高压水经过喷嘴喷射产生负压而从吸气管吸入空气，气水混合物通过喉管时将气泡撕裂、粉碎、剪切成微气泡。进入扩散段后，动能转化为势能，进一步压缩气泡，随后进入气浮池。

射流气浮池多为圆形竖流式，其结构示意图如图 3-58 所示。采用射流气浮池时应注意如下几点：

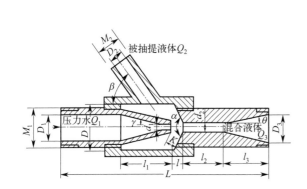

图 3-57　水射器结构图

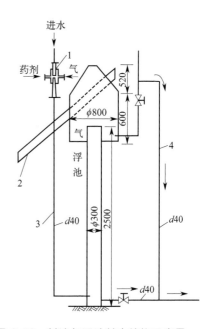

图 3-58　射流气浮池基本结构示意图

1—射流器；2—排渣槽；3—进水管；4—出水管

① 为保证射流器不堵塞，要求悬浮物颗粒粒径小于喷嘴直径，喉管直径与喷嘴直径之比为 2～2.5。

② 反应段内的上升流速应控制在 60～80m/h。

③ 分离段内的上升流速应控制在 6～8m/h。

④ 停留时间为 8～15min。

⑤ 进水压力为 0.1～0.3MPa。

⑥ 浮渣由液位控制溢流排出。

⑦ 空气量为水量的 5%～8%。

⑧ SS 的去除率一般为 90%～95%。

（4）扩散板曝气气浮法

扩散板曝气气浮法是使压缩空气通过具有微孔结构的扩散板或扩散管，以微小气泡形式进入水中，与水中悬浮物发生黏附并上浮。这种方法的优点是简单易行，但扩散装置的微孔容易堵塞，产生的气泡较大，气浮效果不好。装置示意图如图 3-59 所示。

（5）叶轮气浮法

叶轮气浮法是靠设置在池底的叶轮高速旋转时在盖板下形成负压，从空气管中吸入空气，而污水由盖板上的小孔进入。在叶轮的搅动下，空气被粉碎成细小的气泡，并与水充分混合，水气混合体甩至导向叶轮之外。导向叶轮使水流阻力减小，又经整流板稳流后，在池体内平稳地垂直上升，进行气浮。形成的泡沫不断地被缓慢转动的刮板刮出池外。

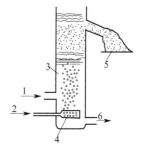

图 3-59　扩散板曝气气浮法装置示意图

1—入流液；2—空气进入；
3—分离柱；4—微孔扩散板；
5—浮渣；6—出流液

叶轮气浮法的装置示意图如图 3-60 所示。在叶轮气浮池的底部设置有叶轮叶片，由转轴与池上部的电机连接，并由后者驱动叶轮转动。在叶轮的上部装有带导向叶轮的盖板。盖板下的导向叶轮为 12～18 片，与直径成 60°（见图 3-61）。盖板与叶轮的间距为 10mm，在盖板上开孔 12～18 个，孔径为 20～30mm，位置在叶轮叶片中间，作为循环水流的入口。叶轮有 6 个叶片，叶片与导向叶轮之间的间距为 5～8mm。

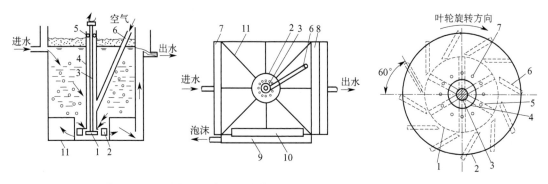

图 3-60 叶轮气浮法装置示意图

1—叶轮；2—盖板；3—转轴；

4—轴套；5—轴承；6—进气管；

7—进水槽；8—出水槽；9—泡沫槽；

10—刮沫板；11—整流板

图 3-61 叶轮盖板构造

1—叶轮；2—盖板；3—转轴；

4—轴承；5—叶轮叶片；

6—导向叶轮；7—循环进水口

叶轮直径一般为 200～600mm，转速多采用 900～1500r/min，圆周线速度为 10～15m/s。气浮池的充水深度与吸气量有关，一般为 1.5～2.0m 而不超过 3m。

叶轮气浮设备不易堵塞，一般适用于悬浮物浓度高的污水的气浮，例如用于从洗煤污水中回收洗煤粉。叶轮气浮产生的气泡直径约为 1mm，效率比加压溶气气浮法的差，约为加压溶气气浮法的 80%。

3.5.3 过程设备

3.5.3.1 设备组成

加压溶气气浮工艺的设备由三部分组成：加压溶气设备、溶气释放设备和固液分离设备。加压溶气设备包括加压泵、压力溶气罐、空气供给设备及附属设备。加压泵用于提升污水，将水、气以一定压力送入压力溶气罐。压力溶气罐是促进空气溶解，使水与空气充分接触的场所。溶气方式有水泵吸气式、水泵压水管射流器挟气式和空压机供气式。溶气释放系统由溶气释放装置和溶气管路组成，常用的溶气释放装置有减压阀、溶气释放喷嘴、释放器等。常用的气浮池有平流式和竖流式两种。

（1）加压水泵

用来提升污水，将水、气以一定压力送至压力溶气罐。加压泵的压力决定了空气在水中的溶解程度。

（2）气浮设备

气浮设备是使空气以高度分散的微小气泡进入水中，从而实现固液分离的设备。按气泡产生的方式，气浮设备可分为微孔布气气浮设备、压力溶气气浮设备和电解凝聚气浮设备三种。气浮设备决定了气浮系统的溶气方式。

1) 微孔布气气浮设备

微孔布气气浮设备是利用机械剪切力，将混合于水中的空气粉碎成微细气泡，从而进行气浮处理的设备。按粉碎方法的不同，又可分为水泵吸水管吸气气浮、水泵压水管射流气浮、叶轮气浮三种。

① 水泵吸水管吸气气浮设备

水泵吸水管吸气气浮设备是利用水泵吸水管部位的负压，使空气经气量调节阀进入水泵吸水管，在水泵叶轮的高速搅拌及剪切作用下形成气水混合流体，进入气浮池进行气浮处理。水泵吸水管吸气溶气方式所需设备简单，但在经济性和安全方面都不理想，长期运行还会发生水泵气蚀。

② 水泵压水管射流气浮设备

水泵压水管射流气浮设备是利用喷射器喷嘴将水高速喷出，在吸入室形成负压，从进气管吸入的空气与水混合进入喉管后，空气被粉碎成微小气泡，并在扩散段进一步被压缩，增大了空气在水中的溶解度，溶气水在气浮池中进行气浮处理。这种气浮方式的能量损失大，但不需要另设空气机。

③ 叶轮气浮设备

叶轮气浮设备的充气是靠叶轮高速旋转时在固定盖板上形成负压，从空气管中吸入空气。进入水中的空气与水流被叶轮充分搅拌，成为细小的气泡甩至导向叶片外面。经过稳流挡板消能稳流后，气泡垂直上浮，形成溶气水。

2) 压力溶气气浮设备

压力溶气气浮设备有加压溶气气浮设备和溶气真空气浮设备。溶气真空气浮设备由于空气量受设备真空度的影响，析出的微泡数量有限，且构造复杂，现已逐步淘汰。目前常用的压力溶气气浮方式是水泵-空压机加压溶气气浮方式，图 3-38、图 3-39、图 3-40 表示的不同工艺流程中采用的都是这种方式。空气由空压机供给，利用水泵将部分气浮出水提升到溶气罐，也有将压缩空气管接在水泵压水管上一起进入溶气罐的。加压到 0.3～0.55MPa，同时注入压缩空气使之过饱和，然后瞬间减压，骤然释放出大量微细气泡，因此气浮效果较好。水泵-空压机加压溶气气浮方式的优点是能耗相对较低，使用范围广泛，多用于污水（特别是含油污水）的处理，但空压机的噪声较大。

3) 电解凝聚气浮设备

电解凝聚气浮设备是利用不溶性阳极和阴极直接电解水，靠电解产生的氢气和氧气的微小气泡将已絮凝的悬浮物载浮至水面，从而达到分离的目的。

(3) 压力溶气罐

压力溶气罐的作用是使加压水与空气充分接触，促进空气溶解。溶气罐的形式多样，如图 3-62 所示。其中填充式溶气罐由于填料可加剧紊动程度，提高液相分散程度，不断更新液相与气相的界面，因而效率较高，使用普遍。影响填充式溶气罐效率的主要因素有：填料的种类和特性、填料层高度、罐内液位高度、布水方式和温度等。

填充式溶气罐的主要工艺参数包括：a. 过流密度：$2500\sim5000m^3/(m^2\cdot d)$；b. 填料层高度：$0.8\sim1.3m$；c. 液位的控制高度：$0.6\sim1.0m$（从罐底计）；d. 溶气罐承压能力：$>0.3MPa$。

填充式溶气罐中的填料有阶梯环、拉西环、波纹片卷等多种形式，其中阶梯环的溶气效率最高，拉西环次之，波纹片卷最低。推荐使用低能耗、空压机供气、阶梯环填料的喷淋式溶气罐，其构造形式如图 3-63 所示。

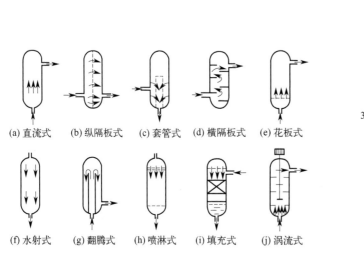

图 3-62　溶气罐的几种形式

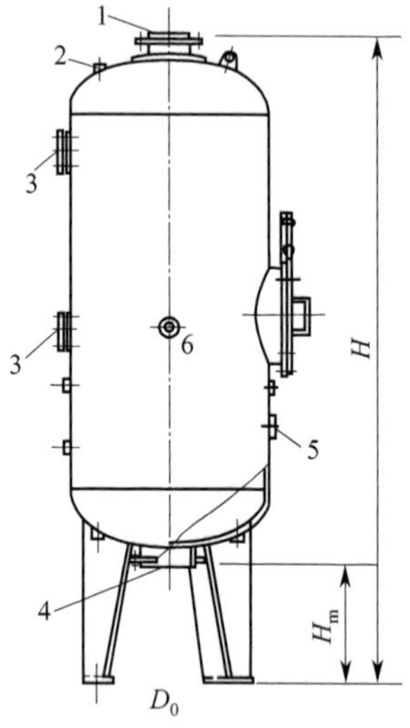

(a) 直流式　(b) 纵隔板式　(c) 套管式　(d) 横隔板式　(e) 花板式

(f) 水射式　(g) 翻腾式　(h) 喷淋式　(i) 填充式　(j) 涡流式

图 3-63　喷淋式填料罐结构形式

1—进水管；2—进气管；

3—观察窗（进出料孔）；

4—出水管；5—液位传感器；6—放气管

（4）溶气释放器

减压释放系统的作用是将来自压力溶气罐的溶气水减压，使溶于水中的空气以极细小的气泡释放出来。微气泡的直径大小和数量对气浮效果影响很大，一般要求气泡直径在 $20\sim100\mu m$ 范围内。

加压溶气气浮工艺中采用的减压释放设备有减压阀和专用释放器两类。减压阀可利用现成的截止阀，经济方便，但运行稳定性不够高。专用释放器是根据溶气释放规律制造的，国外应用的专用释放器有英国水研究中心开发的 WRC 喷嘴、针形阀等，国内应用的专用释放器主要有 TS 型、TJ 型和 TV 型三种（图 3-64），其中 TS 型溶气释放器是应用最为广泛的一种，其工作原理如图 3-65 所示。压力溶气水通过孔盒时，反复经过收缩、扩散、撞击、返流、挤压、旋涡等流态，在 0.1s 的瞬间，压力损失可高达 95% 左右，创造了既迅速又充分地释放出溶解空气的条件。经这种释放器后，可产生均匀稳定的雾状气泡，而且释放器出口流速低，不致打碎矾花。

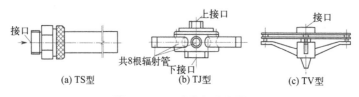

接口　上接口　接口

共8根辐射管　下接口

(a) TS型　(b) TJ型　(c) TV型

图 3-64　三种溶气释放器

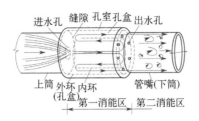

图 3-65　TS型溶气释放器工作原理

三种溶气释放器的基本结构与特性比较见表 3-10 所示。

表 3-10　三种溶气释放器的结构及其特性

名称	基本结构	特性
TS 溶气释放器	孔口-多孔室-小平行圆盘缝隙-管嘴	(1)在 0.15MPa 以上,可释放溶气量的 99%。释出的微气泡密集,直径为 20～40μm。 在 0.2MPa 压力下即能正常工作 (2)孔盒易堵塞,单个释放器出流量小,作用范围小
TJ 溶气释放器	孔口-单孔室-大平行圆盘缝隙-舌簧-管嘴	(1)在 0.15MPa 以上,可释放溶气量的 99%。释出的微气泡密集,直径为 20～40μm。 在 0.2MPa 压力下即能正常工作 (2)单个释放器出流量和作用范围较大,堵塞时可用水射器提起舌簧,清除堵塞物
TV 溶气释放器	孔口-单孔室-上下大平行圆盘缝隙	(1)在 0.15MPa 以上,可释放溶气量的 99%。释出的微气泡密集,直径为 20～40μm。 在 0.2MPa 压力下即能正常工作 (2)单个释放器出流量和作用范围较大,堵塞时可用压缩空气使下盘移动,清除堵塞物

(5) 气浮池

气浮池的功能是提供一定的容积和池表面,使微气泡与水中的悬浮颗粒能充分混合、接触、黏附,并进行气浮。根据水流流向,气浮池有平流式和竖流式两种基本形式。

平流式气浮池(图 3-66)是目前最常用的一种形式。气浮池一般为方形,与反应池(可用机械搅拌、折板、孔室旋流等池型)共壁相连,污水从下部进入反应池,完成与混凝剂的混合反应后,经挡板底部进入接触室,与溶气水接触混合。清水由分离室底部集水管集取,浮渣刮入集渣槽,实现固液分离。

平流式气浮池的优点是池身浅、造价低、结构简单、管理方便。缺点是分离部分的容积利用率不高,与后续处理构筑物在高程上配合较困难。

竖流式气浮池(图 3-67)也是一种常用的形式,反应后的污水从气浮池底部进入中心接触室,向上进入环形分离室,实现固液分离。竖流式气浮池的高度为 4～5m,其他工艺参数与平流式相同。优点是接触室在池中央,水流由接触室向四周扩散,水力条件比平流式好,便于与后续处理构筑物在高程上配合;缺点是与反应较难衔接,构造比较复杂,容积利用率较低。

除上述两种基本形式外,污水气浮处理工艺中应用的还有将气浮池与各种其他功能组成为一体的综合式一体化气浮池,如气浮-沉淀一体化气浮池(图 3-68)、气浮-过滤一体化气浮池(图 3-69)、气浮-反应一体化气浮池(图 3-70)。

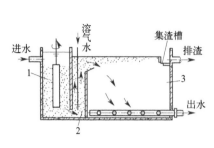

图 3-66 平流式气浮池

1—反应池；2—接触室；3—气浮池

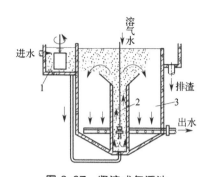

图 3-67 竖流式气浮池

1—反应池；2—接触室；3—气浮池

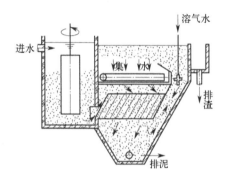

图 3-68 气浮-沉淀一体化气浮池

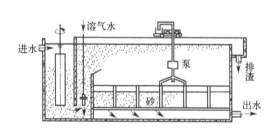

图 3-69 气浮-过滤一体化气浮池

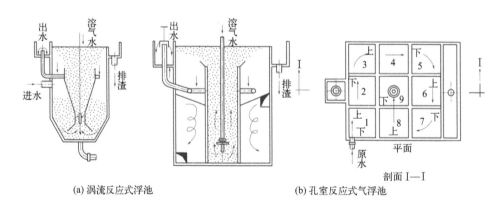

(a) 涡流反应式浮池　　　　　　(b) 孔室反应式气浮池

图 3-70 气浮-反应一体化气浮池

　　气浮-沉淀一体化气浮池的悬浮物去除率高，主要应用于浊度较高及水中含有一部分密度较大、不易进行气浮的杂质时，将高效同向流斜板置于分离区，先将部分易沉淀的重杂质去除，而不易沉淀的较轻杂质则由后续的气浮加以去除。这种气浮池结构紧凑，占地小，也能照顾后续构筑物的高程需要。

　　气浮-过滤一体化气浮池主要为充分利用气浮分离池的下部容积，在其中设置了滤池。滤池可以是普通快滤池，也可以是移动冲洗罩滤池，一般以后者的配合更为经济和合理。气浮池的刮泥机可以兼作冲洗罩的移动设备。气浮-过滤一体化气浮池由于设置了滤池，可使气浮集水更为均匀。

气浮-反应一体化气浮池可分为涡流反应式和孔室反应式两种形式。涡流反应式是在池中部切向进水，入口水流旋动较剧，由于反应区断面扩大，因而流速减缓，部分絮体沉淀。孔室反应式是将池体分隔成两部分，下部划分9格，外围8格为孔室旋流反应池，中央一格为气浮接触室。气浮-反应一体化气浮池的优点是部分絮凝颗粒沉于池底，减轻了气浮池的负荷。气浮池和反应池隔开，出水水质较好。

（6）刮渣机

污水中所含的悬浮物由于黏附有微细气泡后，其相对密度变得比水小得多，在气浮池内上浮至水面，即形成浮渣。为了保证气浮池的正常运行，需对这些浮渣定期或及时进行清除。用于清除浮渣的设备称为刮渣机。矩形气浮池大都采用桥式刮渣机（图 3-71），其集渣槽设在池的一端或两端；圆形气浮池一般推荐采用行星式刮渣机（图 3-72），其集渣槽设在径向。

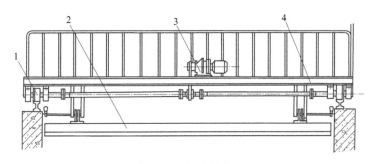

图 3-71 桥式刮渣机

1—行走部分；2—刮板；3—驱动机构；4—桁架

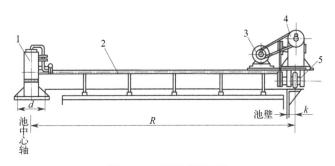

图 3-72 行星式刮渣机

1—中心管柱；2—行星臂；3—电机；4—传动部分；5—行走轮

3.5.3.2 工艺计算

（1）设计条件

① 用待处理污水进行气浮小试或现场试验，确定溶气压力、释气量和回流比（溶气水量与待处理水量之比）。无试验资料时，溶气压力采用 0.2～0.4MPa，释气量对接近生活污水的工业污水可取 40～45mL/L，回流比取 25%～50%。

② 根据试验结果选定混凝剂的种类和用量，确定混合及反应的方式和时间。为获得

充分的共聚与气浮效果，一般混合时间取 2~3min，反应时间 5~10min。

③ 根据对处理后水质的要求、气浮作业与前后处理构筑物的衔接、施工的难易程度等技术经济指标，确定气浮池的池型。气浮池的有效水深为 2.0~2.5m，长宽比一般为 1:1~1:1.5，以单格宽度不超过 10m、长度不超过 15m 为宜。水力停留时间一般为 10~20min，表面负荷为 5~10 $m^3/(m^2 \cdot h)$。

④ 反应池应与气浮池紧密相连，并注意水流的衔接，防止打碎絮体，进入气浮池的水流速度宜控制在 0.1m/s 以下。

⑤ 气浮室的尺寸应综合下列因素确定：水流的上升流速一般应控制在 10~20mm/s，水流在室内的停留时间应不小于 60s。气浮室的高度以 1.5~2.0m 为宜，平面尺寸应满足溶气释放器的要求。

⑥ 气浮分离室水流的下向流速一般取 1.5~3.0mm/s 为宜。在污水处理方面，固体浓度大于 100mg/L 时，取 1~1.5mm/s，以保证分离室表面负荷在 5.5~10.8$m^3/(m^2 \cdot h)$ 之间。分离室的深度一般取 1.5~2.5m。复核停留时间一般取 10~15min，有大量絮凝体的污水可延长至 20~30min。

⑦ 气浮池的排渣，一般设置专用刮渣机定期排渣。为使刮板移动速度不大于浮渣溢入集渣槽的速度，刮渣机行走速度应控制在 5~8cm/s。

⑧ 气浮池的集水应保持进、出水的平衡，以保持气浮池内的正常水位。一般采用穿孔集水管与出水井连通，集水管的最大流速应控制在 0.5m/s 左右。中小型气浮池在出水井的上部设置水位调节管阀，大型气浮池则设可控溢流堰板，以便升降水位、调节流量。

⑨ 压力溶气罐宜采用阶梯环、拉西环、规整填料等为填料，填料层高取 1~1.5m，罐高 2.5~3.0m。罐径按过水断面积负荷 100~200$m^3/(m^2 \cdot h)$ 计算。溶气罐的水力停留时间以 3min 计。溶气罐顶需设放气阀，以便定期将罐内顶部积存的受压空气放掉，否则会减少溶气罐的有效容积，而且会有大量气泡窜出，影响气浮效果。

⑩ 溶气释放器使水充分减压消能，保证溶入水中的气泡全部释放出来，防止气泡互相碰撞而增大，保证气泡的微细度；防止水流冲击，保证气泡与颗粒的黏附条件。释放器前管道的流速应控制在 1m/s 以下，释放器出口的流速控制在 0.4~0.5m/s，每个释放器的作用直径一般为 30~110cm。

⑪ 气浮池的形式有多种，常用的有平流式气浮池、竖流式气浮池以及将气浮池与混凝反应、出水沉淀、出水过滤等综合为一体的综合气浮池等。在实际应用时应根据污水水质、水温、建造条件（如地形、用地面积、投资、建材等）及管理水平等综合考虑。

（2）工艺计算

1）气固比

气固比是设计加压溶气气浮系统时最基本的参数，反映了溶解空气量（A）与原水中悬浮固体含量（S）的比值，即

$$\alpha = \frac{A}{S} = \frac{经减压释放的溶解空气总量}{原水带入的悬浮固体总量} \tag{3-164}$$

根据被处理污水中污染物的不同，气固比 α 有两种不同的表示方法：当分离乳化油等密度小于水的液态悬浮物时，α 常用体积比表示；当分离密度大于水的固态悬浮物时，α 采用质量比计算。当 α 采用质量比时，经减压后理论上释放的空气量 A 可由下式计算：

$$A = \gamma C_a (f-1) R/1000 \tag{3-165}$$

式中　A——减压至 1atm（1atm＝101325Pa）时理论上释放的空气量，kg/d；

　　　γ——空气容重，g/L，见表 3-11；

　　　C_a——一定温度下，1atm 时的空气溶解度，mL/L，见表 3-11；

　　　f——加压溶气系统的溶气效率，为实际空气溶解度与理论空气溶解度之比，与压力溶气罐的形式等因素有关；

　　　R——压力水的回流量或加压溶气水量，m³/d。

表 3-11　空气容重及在水中的溶解度

温度/℃	空气容重/(mg/L)	溶解度/(mL/L)	温度/℃	空气容重/(mg/L)	溶解度/(mL/L)
0	1252	29.2	30	1127	15.7
10	1206	22.8	40	1092	14.2
20	1164	18.7			

气浮的悬浮固体干重为

$$S = QC_s \tag{3-166}$$

式中　S——悬浮固体的干重，kg/d；

　　　Q——气浮池的设计能力，m³/d；

　　　C_s——污水中的悬浮颗粒浓度，kg/m³。

因此，气固比 α(kg/kg) 可写成

$$\alpha = \frac{A}{S} = \frac{\gamma C_a (f-1) R}{Q C_s \times 1000} \tag{3-167}$$

参数 α 的选择影响气浮效果（如出水水质、浮渣浓度等），应针对所处理的污水进行气浮试验后确定。气固比的确定可采用间歇实验，如图 3-73 所示。

试验表明，参数 α 对气浮效果的影响很大。图 3-74 为三种污水的气浮试验结果，可以看出，对于同种污水，α 值增大，出水悬浮物浓度降低，浮渣固体含量提高；而对于不同的污水，其气浮特性不同。因此，合适的 α 值应由试验确定。如无资料或无试验数据时，α 一般可选用 0.05～0.06，污水中悬浮固体含量高时，可选用上限，低时可采用下限。剩余污泥气浮浓缩时一般采用 0.03～0.04。

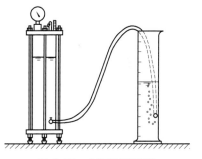

图 3-73　气浮间歇实验

污水中悬浮固体总量应包括：污水中原有的呈悬浮状的物质量 S_1，因投加化学药剂使污水中呈乳化状的物质、溶解性的物质或胶体状物质转化为絮状物的增加量 S_2，以及因加入的化学药剂所带入的悬浮物质量 S_3，即

$$S = S_1 + S_2 + S_3 \tag{3-168}$$

2）气浮所需空气量 Q_g（m³/h）

$$Q_g = QR' a_c \psi / 1000 \tag{3-169}$$

式中　Q——气浮池的设计水量，m³/h；

　　　R'——试验条件下的回流比，%；

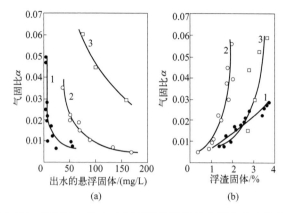

图 3-74　气固比与出水中悬浮固体和浮渣中固体含量的关系

曲线 1—污泥容积指数为 85 的活性污泥混合液；曲线 2—污泥容积指数为 400 的活性污泥混合液；曲线 3—造纸污水

a_c——试验条件下的释气量，L/m^3；

ψ——水温校正系数，取 $1.0 \sim 1.3$（主要考虑水的黏度影响，试验条件下的水温与冬季水温相差大者取高值）。

空气溶解在水中需要一个过程，过程的快慢与水的流态有关。在静止或缓慢流动的水流中，空气的扩散溶解过程相当缓慢。空气的溶解量与加压时间的关系如图 3-75 所示。生产上空气在溶气罐内的停留时间一般采用 $2 \sim 4min$，水中空气含量约为饱和含量的 $50\% \sim 60\%$。设计时空气量应按 25% 的过量考虑，留有余地，保证气浮效果。

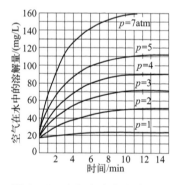

图 3-75　空气在水中的溶解量与加压时间的关系（20℃）

3）加压溶气水量 Q_p

气浮所需的空气量 Q_g 全部溶于水中，得到的水即为加压溶气水，其水量 Q_p 可按下式计算：

$$Q_p = \frac{Q_g}{\eta K_T} \tag{3-170}$$

式中　Q_p——加压溶气水量，m^3/h；

　　　K_T——溶解度系数，根据水温查表 3-12；

　　　η——溶气效率，用阶梯环作填料罐可按表 3-13 查得。

表 3-12　不同温度下的 K_T 值

水温/℃	0	10	20	30	40
K_T	3.77×10^{-2}	2.95×10^{-2}	2.43×10^{-2}	2.06×10^{-2}	1.79×10^{-2}

表 3-13　阶梯环填料罐（层高 1m）的水温、压力与溶气效率的关系

水温/℃	5			10			15			20			25			30		
溶气压力/MPa	0.2	0.3	0.4~0.5	0.2	0.3	0.4~0.5	0.2	0.3	0.4~0.5	0.2	0.3	0.4~0.5	0.2	0.3	0.4~0.5	0.2	0.3	0.4~0.5
溶气效率/%	76	83	80	77	84	81	80	86	83	85	90	90	88	92	92	93	98	98

(3) 气浮池的计算

气浮池的有效容积和面积可分别根据水力停留时间和表面负荷进行计算，但在回流加压溶气流程中，应考虑加压溶气水回流量使气浮池处理水量的增加。

1）接触室表面积 A_c

选定接触室中水流的上升流速后，按下式计算：

$$A_c = \frac{Q + Q_p}{v_c} \tag{3-171}$$

式中　A_c——接触室的表面积，m^2；

　　　Q——污水的设计流量，m^3/h；

　　　Q_p——加压溶气水的回流量，m^3/h；

　　　v_c——接触室中水流的上升流速，m/h。

接触室的容积一般应按停留时间大于 $60s$ 进行复核。接触室的平面尺寸如长、宽的确定应考虑施工的方便和释放器的合理布置等因素。

2）分离室表面积 A_s

选定分离速度（分离室的向下平均水流速度）（v_s）后按下式计算：

$$A_s = \frac{Q + Q_p}{v_s} \tag{3-172}$$

式中　A_s——分离室的表面积，m^2；

　　　Q——污水的设计流量，m^3/h；

　　　Q_p——加压溶气水的回流量，m^3/h；

　　　v_s——分离室中的向下平均水流流速，m/h。

对于矩形池，分离室的长宽比一般取 $(1\sim2):1$。

3）气浮池的净容积 W

选定池的平均水深 H（一般指分离池深），气浮池的净容积可按下式计算：

$$W = (A_c + A_s)H \tag{3-173}$$

式中　W——气浮池的净容积，m^3；

　　　A_c——接触室的表面积，m^2；

　　　A_s——分离室的表面积，m^2；

　　　H——分离池的水深，m。

同时以池内停留时间（t）进行校核，一般要求 t 为 $10\sim20min$。

4）溶气罐直径 D_d

选定过流密度（I）后，溶气罐的直径可按下式计算：

$$D_d = \sqrt{\frac{4Q_p}{\pi I}} \tag{3-174}$$

式中　D_d——溶气罐的直径，m；

　　　Q_p——加压溶气水的回流量，m^3/h；

　　　I——溶气罐的过流密度，$m^3/(m^2 \cdot d)$，一般对于空罐，I 选用 $1000\sim2000 m^3/(m^2 \cdot d)$，对填料罐，$I$ 选用 $2500\sim5000 m^3/(m^2 \cdot d)$。

5）溶气罐高度 Z

$$Z = 2Z_1 + Z_2 + Z_3 + Z_4 \tag{3-175}$$

式中 Z_1——罐顶、底封头的高度（根据罐直径而定），m；

         Z_2——布水区高度，m，一般取 0.2～0.3m；

         Z_3——贮水区高度，m，一般取 1.0m；

         Z_4——填料层高度，m，当采用阶梯环时，可取 1.0～1.3m。

6）空压机的额定气量 $Q'_g(\mathrm{m}^3/\mathrm{min})$

$$Q'_g = \psi' \frac{Q_g}{60 \times 1000} \tag{3-176}$$

式中 ψ'——安全系数，一般取 1.2～1.5。

第4章

离心分离技术与设备

高速旋转的物体能产生离心力，利用离心力分离污水中杂质的方法称为离心分离法，所用的设备称为离心分离机或离心脱水机。

4.1 技术原理

含悬浮物（或乳化油珠）的污水在高速旋转时，由于颗粒和水的质量不同，因此受到的离心力大小也不同，质量大的颗粒所受到的离心力也大，被甩到外围；质量小的颗粒受到的离心力也小，则留在内围，然后通过不同的出口分别引出，从而使污水中的悬浮颗粒（或乳化油）得以分离。

在离心力场中，水中颗粒受到的净离心力为：

$$F_c = (m_s - m_1)\frac{v^2}{r} = (\rho_s - \rho_1)\Delta V \frac{v^2}{r} = (\rho_s - \rho_1)\Delta V \omega^2 r \tag{4-1}$$

式中 F_c——颗粒在水中所受到的净离心力，N；

  m_s，m_1——污水中杂质颗粒的质量与水的质量，kg；

  ρ_s，ρ_1——污水中杂质颗粒的密度与水的密度，kg/m³；

  ΔV——颗粒的体积，m³；

  v——颗粒旋转时沿圆周的线速度，m/s；

  r——颗粒的旋转半径，m；

  ω——角速度，s⁻¹。

若 F_c 为正值，表示离心沉降，F_c 为负值，表示离心上浮。

同一颗粒在水中所受的净重力 F_g 为：

$$F_g = (m_s - m_1)g = (\rho_s - \rho_1)\Delta V g \tag{4-2}$$

式中 F_g——颗粒在水中所受的净重力，N；

  g——重力加速度，m/s²。

定义离心力和重力之比称为分离因数 α，从而得到分离因数的计算式：

$$\alpha = \frac{F_c}{F_g} = \frac{(\rho_s - \rho_1)\Delta V \dfrac{v^2}{r}}{(\rho_s - \rho_1)\Delta V g} = \frac{v^2}{rg} = \frac{\omega^2 r}{g} \approx \frac{rn^2}{900} \tag{4-3}$$

式中 α——分离因数；

n——转速，r/min。

由式(4-3)可知，分离因数 α 值越大，不同颗粒越易分离。如果颗粒的旋转半径为 r = 0.1m，当转速 n = 500r/min 时，分离因数 α = 28，即颗粒所受的离心力是所受重力的 28 倍；而当转速 n = 1800r/min 时，分离因数 α = 110，即颗粒所受的离心力是所受重力的 110 倍。可见，进行离心分离时，离心力对悬浮颗粒的作用远远超过重力或压力，故离心分离可强化悬浮液和乳浊液的分离。

污水中的颗粒在净离心力的作用下产生径向加速度运动。随着颗粒运动速度的增加，颗粒所受到的来自流体的阻力也随之增加：

$$F_D = C_D \frac{\pi d_p^2}{4} \rho_1 \frac{u^2}{2} \tag{4-4}$$

式中 F_D——颗粒运动所受阻力，N；

   C_D——阻力系数，与雷诺数 Re 有关；

   ρ_1——水的密度，kg/m^3；

   d_p——颗粒的直径，m；

   u——颗粒的径向运动速度，m/s。

当 F_c 与 F_D 相等时，颗粒径向运动速度保持稳定不变。根据颗粒的受力关系：

$$F_c = F_D$$

即

$$(\rho_s - \rho_1) \frac{\pi d_p^3}{6} \omega^2 r = C_D \frac{\pi d_p^2}{4} \rho_1 \frac{u^2}{2}$$

可以得到颗粒径向运动速度的通式：

$$u = \sqrt{\frac{4}{3} \frac{\omega^2 r}{C_D} \frac{\rho_s - \rho_1}{\rho_1} d_p} \tag{4-5}$$

对于 Re < 1 的颗粒运动，存在关系 C_D = 24/Re，代入上式可以得到颗粒径向运动的速度计算式：

$$u = \frac{1}{18} \frac{\rho_s - \rho_1}{\mu} \omega^2 r d_p^2 \tag{4-6}$$

式中 μ——水的黏度，Pa·s。

把式(4-6)与重力沉淀的颗粒沉降速度公式（斯托克斯公式）相比，可以看出离心分离与重力沉淀的速度比值就等于分离因数 α。对于 α 远大于 1 的离心处理，颗粒的离心分离速度远大于重力分离。

对于其他 Re 条件下的离心颗粒运动，由相应的 C_D 关系，也可以求得相对应的离心条件下颗粒的径向运动速度计算式。

4.2 工艺过程

污水离心分离是利用离心作用原理，将污水通过中心进料管引入转鼓内，在离心力的作用下很快分为两层，较重的固相沉积在转鼓内壁上形成沉渣层，而较轻的液相则形成外环分离液层，沉渣脱水后由出渣口甩出，分离液从溢流口排出，从而完成污水的固液分离过程。一般地，离心脱水装置自成系统，运行时不需要过多监视，干度较好，但需要特别维护，一般适用于连续运行的大、中型污水处理厂，用于含固量较高污水的处理。

　　常用工艺流程如图 4-1 所示。含固污水经污水泵送至离心分离机。泵的出口管路上设有流量计进行流量计量，结合污水的浓度，由计算机控制高分子絮凝剂——聚丙烯酰胺溶液（投加浓度预先设定）的投加量，使污水中的小分子胶体能结成粗大的絮凝团，促进固液分离。分离后的固渣堆集外运，分离出的水外排，但应做好水质监测，必须符合相关排放标准。

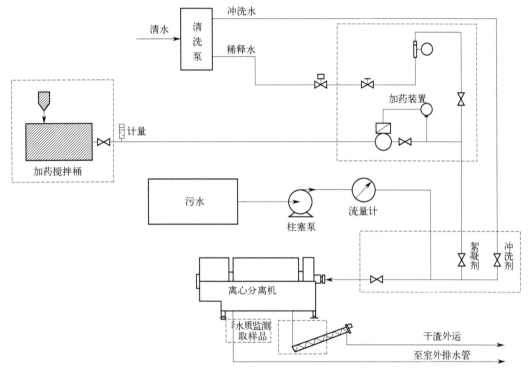

图 4-1　污水固液分离处理流程

　　采用离心分离时，事先应对污水采用高分子混凝剂进行调理。当污水中有机物含量高时，一般选用离子度低的阳离子型有机高分子混凝剂；当污水中无机物含量高时，一般选用离子度高的阴离子型有机高分子混凝剂。混凝剂的投加量与污水的性质有关，应根据实验来确定。

　　离心分离过程中，经有机高分子絮凝剂调理等前处理的污水在离心力的作用下，污水中所含比重较大的固体颗粒黏附在旋转圆筒的内壁上，并随螺旋状导流叶片移到出口处排出。脱水后固渣的含固率可达到 $65\%\sim75\%$。

4.3　过程设备

　　离心分离设备按离心力产生的方式可分为两种类型：一类是由水流自身旋转产生离心力的水力旋流器，或称为旋液分离器，它可以分为压力式和重力式两种；另一类是由容器旋转带动分离器内的污水转动而产生离心力的高速离心机，主要用于污水的除渣处理。利用离心分离法除去污水中的悬浮物时，如果悬浮物的密度比较大，采用一般的水力旋流器即可；如果悬浮物的密度较小，如污水中的有机悬浮物，则应采用高速离心沉降机进行分离。

污水处理中应用的离心分离设备按处理目的有两类：一类是离心分离设备，用于将污水中所含的固体杂质从污水中分离出来，其表现是将固体与污水彻底分离，主要用于含固率不太高的污水；一种是离心脱水设备，用于将悬浮物料中的水分离出来而使固体含量进一步浓缩，主要用于含固率较高的污水。

4.3.1 水力旋流器

(1) 压力式水力旋流器

压力式水力旋流器的构造是：上部为圆筒形，下部为锥形，顶部设一个中心连通管，进水管与上部的圆筒部分相切接入。其结构与工作原理如图 4-2 所示。

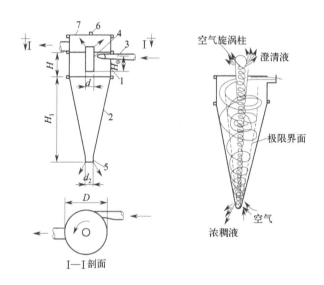

图 4-2　压力式水力旋流器

1—圆筒；2—圆锥体；3—出水管；4—上部清液排出管；5—底部浓液排出管；6—放气管；7—顶盖

压力式水力旋流器的运行方式是：水泵将水由逐渐收缩的管口沿切线方向高速（约 $6\sim10\mathrm{m/s}$）射入水力旋流器上部的圆筒，水沿器壁先向下旋转运动（称为一次涡流），然后再向上旋转（称为二次涡流），通过中心连通管，再从上部清液排出管排出澄清液。密度比水大的悬浮颗粒在离心力的作用下随一次涡流被甩向器壁，并在其本身重力的作用下沿器壁向下滑动，随浓液从底部排出。旋流器的中心还上下贯通有空气旋涡柱，空气从下部进入，从上部排出。

压力式水力旋流器内水的旋转动量由进口管压力水的流速所提供，由于过高流速条件下的水力损失很大，进水管口的流速一般在 $6\sim10\mathrm{m/s}$。根据式(4-3)，在旋转流速确定的条件下，离心力与旋转半径成反比，因此，压力式水力旋流器的直径一般在 500mm 以内。

压力式水力旋流器可用于纸浆、矿浆、洗毛污水的除砂处理，轧钢污水的除氧化铁皮处理等。压力式水力旋流器单台设备的处理水量大，但处理能耗较高，且设备内壁磨损严重。

（2）重力式水力旋流器

又称水力旋流沉淀池，其构造如图 4-3 所示。污水由切线方向靠重力进入池内，形成一定的旋流，在离心力及重力作用下，比水重的颗粒物向池壁和池底运动，并在池底集中，定期用抓斗抓出。

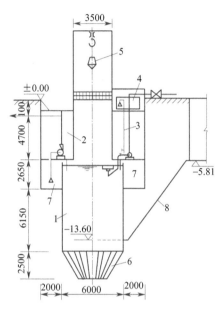

图 4-3　水力旋流沉淀池

1—重力式水力旋流器；2—水泵室；3—集油槽；4-油泵室；
5—抓斗；6—护壁钢轨；7—吸水井；8—进水管（切线方向进入）

通过对该池型分离因数的计算可以发现，该池中的离心作用有限，分离作用主要靠重力沉淀。

4.3.2　过滤离心机

过滤离心机的工作原理是利用旋转的转鼓带动鼓内物料作高速旋转时产生的离心力将两种密度不同且互不相溶的液体与固体颗粒的悬浮液进行分离。

离心机是一种应用最广的分离机械，可用于固液分离、液液分离，种类很多。污水处理常用的离心机按分离因数 α 分类，有低速离心机（$\alpha < 1500$）、中速离心机（$\alpha = 1500 \sim 3000$）和高速离心机（$\alpha > 3000$）；按工作原理可分为过滤式离心机和沉降式离心机，其中过滤式离心机按操作形式又分为间歇式过滤离心机和连续式过滤离心机，可根据需要选用定型产品。

4.3.2.1　间歇式过滤离心机

间歇式过滤离心机的结构是：在立式外桶内设有一个绕垂直轴旋转的转鼓，转鼓壁上有很多圆孔，转鼓内衬以滤布。污水由上部投入鼓内，在离心力的作用下冲向鼓壁，水穿过滤布流出鼓外，固体颗粒则被滤布截留在鼓内，从而完成固液分离过程，停机后可将滤渣从鼓内取出。其结构示意图如图4-4所示。

间歇式过滤离心机的操作特点是间歇进料、间歇卸料。按结构形式可分为三足离心机、上悬式离心机、卧式刮刀卸料离心机和翻袋式离心机。按卸料方式又可分为人工卸料、气力卸料、吊袋卸料、刮刀卸料、重力卸料等。

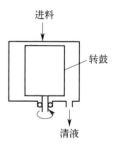

图4-4　间歇式过滤离心机

（1）三足式离心机及平板式离心机

三足式离心机的结构是底盘、外壳及装在底盘上的主轴，转鼓用三根摆杆悬挂在三根支柱上的球面座上，摆杆上有缓冲弹簧，离心机由装在外壳侧面的电动机通过三角皮带驱动。平板离心机是三足式离心机的改型，采用四点阻尼弹性支承系统。常见的三足式离心机按出料方式可分为上卸料和下卸料两种；按构造特点可分为普通式、刮刀式和吊袋式；按照工作原理可分为过滤式和沉降式。

三足式离心机是具有固定过滤床的间隙操作离心机，主要优点是对物料的适应性非常强，分离物料的颗粒尺寸分为大、中、小。由于过滤、洗涤工序时间可以任意控制，因此可通过调整各工序的延续时间，用于分离难易程度不同的各种悬浮液，并且满足不同的滤饼洗涤要求。在结构上由于采用弹性悬挂支撑结构，能够减轻由于负载不均匀引起的机器振动，因此离心机运行较平稳。缺点是间歇操作，每个循环周期较长，生产能力较小，人工上部卸料机型的劳动强度大，一般只适用于小批量生产。

（2）上悬式离心机

上悬式离心机是一种间歇操作的立式离心机。转鼓主轴的上端悬挂在支架横梁上，转鼓装在细长主轴下端。其特点在于主轴的支点远高于转动部件的质量中心，轴本身又有较大的挠性，使转动部件具有自动对中性能，保证离心机运转平稳。

上悬式离心机均采用下部卸料，卸料方式有重力卸料、刮刀卸料及离心卸料，操作循环包括加料、分离、洗涤、再次分离、卸料、冲洗滤布等工序，其中加料和卸料均在低速下进行。

上悬式离心机适用于分离含中等颗粒（0.1～1.0mm）和细颗粒（0.01～0.1mm）固相的悬浮液，广泛用于化工、制糖、轻工、环保等领域。

（3）卧式刮刀卸料离心机

卧式刮刀卸料离心机的结构是卧式转鼓安装在水平的主轴上，由液压传动机构驱动转鼓高速旋转，过滤后转鼓内的滤饼由卸料刮刀刮下，并沿排料斜槽（或螺旋输送器）排出离心机。卸料方式分为机械刮刀卸料和虹吸刮刀卸料。卸料刮刀按刮刀切入滤饼的方式分径向移动式和旋转式两种；按形状分为宽刮刀和窄刮刀两种，窄刮刀适用于黏稠的物料。

卧式刮刀卸料离心机的特点是连续运转、间歇操作，控制方式为自动控制或手动控制。最大优点是对物料适应性强，对悬浮液浓度的变化及进料量的变化也不敏感，过滤时间、洗涤时间均可自由调节；在全速下完成进料、分离、洗涤、脱水、卸料及滤布再生等工序，单次循环时间短，处理量大，并可获得较干的滤渣和良好的洗涤效果。缺点是刮刀无法刮尽转鼓上的滤渣，所以不能用于滤布无法清洗、再生的物料；对固相颗粒破坏严重；电机负荷不均匀（有高峰负荷）；刮刀磨损大；振动较大。

使用卧式刮刀离心机时，必须确保工艺系统的进料量稳定、进料中的固相浓度稳定，否则将会使离心机产生较大的振动和噪声，影响离心机的使用效果或产生不安全因素。

（4）翻袋式离心机

翻袋式离心机是将转鼓的结构分成轴向固定部分及轴向水平移动部分。滤袋的两端分别固定于离心转鼓的轴向固定部分和轴向水平移动部分，这样水平移动部分的轴向运动可以翻转滤袋，物料在离心作用下被甩离滤袋并保证滤袋上不留任何残余物料。

翻袋式离心机的主要优点是在离心脱水的同时，可对加工区域（转鼓）加压以降低滤饼的含水量，提供了在加压条件下对滤饼进行洗涤的可能性。没有液压装置，适合于对环境清洁及无菌有很高要求的产品过滤。由于翻袋式离心机在下料时没有与任何辅助工具和物料接触（如刮刀），所以能保证物料晶体的完整。翻袋式离心机可以在完全密封的情况下下料，确保了完全密封的加工区域。

上述各种过滤离心机的共同特点是工作过程间歇操作，每个操作周期较长，因此非生产时间相对较长，导致生产能力较小，操作工人的劳动强度大，一般只适用于小批量生产，在污水处理行业的应用日趋减少，目前已逐步被连续式过滤离心机替代。

4.3.2.2 连续式过滤离心机

连续式过滤离心机是连续进料、连续排出滤料、滤饼连续或脉动排出机外的过滤式离心机。因连续式过滤离心机的处理量大、工人劳动强度低、生产效率高，因此在污水处理领域中得到了广泛的应用。

按照卸料方式，连续式离心机可分为活塞推料、螺旋卸料、离心卸料、振动卸料和进动卸料等形式。

（1）活塞推料离心机

活塞推料离心机是一种连续加料、脉动卸料的卧式过滤式离心机。该离心机的转鼓位于主轴端部，其内圆柱面上装有滤网。主轴全速运转后，悬浮液通过进料管进入转鼓上的分配盘，由于离心力的作用，悬浮液均匀地分布在内转鼓的滤网上，液相经滤网孔和鼓壁滤孔被甩出，而固相则被滤网截留形成滤渣层。由于推料器的往复推动，滤饼间歇向前移动，最后从转鼓端部经集料槽卸出。

活塞推料离心机分为单级、双级、多级以及柱锥复合式等多种类型。单级活塞离心机主要是向大产量发展，已经出现了大直径转鼓和双转鼓活塞离心机。工业上使用最多的是双级活塞推料离心机。

活塞推料离心机的主要优点是操作连续，生产能力大，滤饼回收效率高。由于可对滤饼进行充分的洗涤，洗涤效率高，得到的滤饼含液量低；另外，离心机运行平稳，能耗低。缺点是只能分离含有中、粗颗粒的易过滤悬浮液，并且对悬浮液浓度的波动较敏感。

一般认为，为保证活塞推料离心机正常工作，悬浮液的浓度（体积分数）应大于20%。料液中的固相浓度越高，生产能力越大。在实际生产中，对于颗粒浓度较稀的料液一般要采用预增浓设备。

污水处理领域中应用最多的活塞推料离心机是转筒式离心机，由转筒（通常一端渐细）、旋转输送器、覆盖在转筒和输送器上的箱盒、重型锌铁基础、主驱动器和后驱动器等组成。主驱动器驱动转筒,后驱动器则控制传输器速度。转筒离心装置有同向流和反向流两种形式。在同向流结构中,固体和液体在同一方向流动,液体被安装在转筒上的内部滗除设备或排放口去除;在反向流结构中,液体和固体运动方向相反,液体溢流出堰盘。图 4-5 是反向流转筒离心装置。

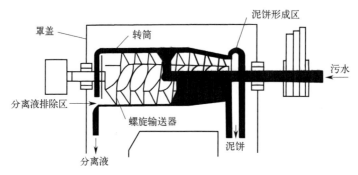

图 4-5　反向流转筒离心装置

转筒式离心机的特点是结构紧凑,附属设备少,能长期自动连续运行。缺点是噪声大、脱水后滤渣的含水率较高、滤渣中的沙砾易磨损设备。

(2) 螺旋卸料离心机

螺旋卸料过滤离心机主要由高速旋转的转鼓、与转鼓转向相同但转速略低的螺旋和差速器等部件组成。差速器的作用是使转鼓和螺旋之间形成一定的转速差。当物料进入离心机转鼓腔后,由于螺旋和转鼓的转速不同,二者存在相对运动(即转速差),把密度大、沉积在转鼓壁上的固相颗粒推向转鼓小端出口处排出,分离出的密度小的液相则从转鼓的另一端排出。螺旋卸料过滤离心机的结构有立式和卧式两种,卧式的占地面积较大,但密封性好,检修和维护方便。

螺旋卸料过滤离心机的优点是生产能力大,能耗低;脱水效率高、滤饼的含液量也较低;对悬浮液的浓度波动不敏感,可分离较黏的物料,但对差速器的精度要求高。其缺点是固相颗粒磨损较大,部分细颗粒固体会漏入滤液,影响滤液的澄清度,滤饼难以进行充分洗涤。

螺旋卸料离心机的转鼓半锥角较大(一般大于或等于 20°)时,适宜处理较粗的颗粒;半锥角较小(一般小于 20°)时,多用于处理颗粒较细的分散物料。

螺旋卸料过滤离心机适用于分离含粗颗粒固体(其中大于 0.2mm 的颗粒占大多数)的悬浮液,悬浮液的浓度(质量分数)应高于 40%。悬浮液浓度过低会影响生产能力,并使滤液的含固量升高。

螺旋卸料过滤离心机中用得最多的是卧式螺旋卸料沉降离心机,主要由转鼓、带空心转轴的螺旋输送器、差速器等组成。污水由空心转轴输入转鼓内,在高速旋转产生的离心力作用下,污水中相对密度大的固相颗粒,离心力也大,迅速沉降在转鼓的内壁上,形成固相层(因呈环状,称为固环层),而相对密度小的水分,离心力也小,只能在固环层内圈形成液体层(称为液环层)。固环层的滤渣在螺旋输送器的推移下,被输送到转鼓的锥端,经出口连续排出;液环层的分离液由圆柱端堰门溢流,排至转鼓外,达到分离的目的。

实际应用中,螺旋卸料沉降离心机发展了很多的系列,适用于城镇市政污水及各种工业污水处理中的固液分离。按照物料在转鼓内的流动方式可分为逆流式和并流式两种。图 4-6 所示为 LW(D) 系列卧式螺旋卸料沉降离心机的外形及结构示意图。该机可自动显示主要技术参数，实现一机多用（并流型和逆流型复合一体），对物料可进行一种或多种液相的澄清，悬浮液的固/液分离及固相脱水和粒度分级等，具有分离性能高、可靠性高、结构紧凑等优点，能较好地满足污水处理的需要。

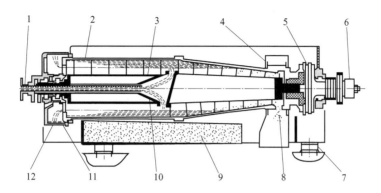

图 4-6　LW（D）系列卧式螺旋卸料沉降离心机的外形及结构示意图

1—进料口；2—转鼓；3—螺旋推料器；4-挡料板；5—差速器；6—扭矩调节；

7—减震垫；8—沉渣；9—机座；10—布料器；11—积液槽；12—分离液

（3）离心卸料离心机

又称锥篮离心机，分立式和卧式两种。转鼓呈截头圆锥形，内壁装有滤网，由电动机带动转鼓高速旋转。悬浮液通过进料管经过布料器后，在一定角速度下均布于转鼓小端滤网上。在离心力的作用下，液相经滤网和转鼓壁上小孔排出转鼓；固体颗粒在滤网上形成滤饼，并在离心力的分力作用下向转鼓大端滑动，最后排出转鼓。

离心卸料离心机的特点是能耗低，物料运动过程中，随着所在位置的转鼓半径增大，分离因数逐渐增大，因此分离效率较高，生产能力大，但对物料特性和悬浮液浓度的变化都很敏感，适应性差；不同的物料需要不同锥角的转鼓分离，滤饼在转鼓中的停留时间难以控制；滤饼的洗涤效果不佳。

离心卸料离心机的适用范围与固体颗粒的大小有关，固体颗粒大于 $30\mu m$ 的都能得到较好的分离效果。

（4）振动卸料离心机

振动卸料离心机是附加了轴向振动或固相振动的离心卸料离心机，由旋转部分、激振器、筛篮、机体和润滑系统等组成，也分为卧式和立式两种结构。过滤时物料经入料管沿筛座进入筛篮的底部，筛篮内的物料受离心力作用紧贴筛面，在振动力的作用下，料层均匀地向筛篮大端移动，脱水后的物料从筛篮大端甩出，落入机壳下部的排料口，向下排出。物料中的水在离心力作用下，透过料层和筛缝甩向机壳四周并沿内壁流向排水口排出。振动卸料离心机滤网一般采用条网，转鼓直接由条网组焊而成。

振动卸料离心机的优点是处理量大，脱水效果好，能耗低，固体颗粒破碎小；缺点是受本身结构限制，其分离因数较低。振动卸料离心机适于分离含粗颗粒大于 $200\mu m$、悬浮液浓度高于 30% 的物料。

（5）进动卸料离心机

进动卸料离心机也称摆式离心机，其卸料方式是通过转鼓运动将滤饼连续排出机外。

进动卸料离心机的转鼓不仅做自转运动，还做公转运动。由于自转与公转有转速差，卸料区在转鼓上连续变换位置，转鼓大端依次轮流在局部弧段上卸料。进料卸料离心机也有立式和卧式两种结构。

与其他离心机相比，进动卸料离心机只需要较小的分离因数就能达到与其他离心机相同的分离效果。其主要优点是生产能力增大，结构较简单，对物料的适应性好；滤饼在滤网上的停留时间可在一定范围内调节，适用的范围较广，滤饼的含液量较低，固体颗粒破碎程度小；噪声和振动较小。其缺点是滤料不能进行充分洗涤，滤液和洗液不容易分开。

采用进动卸料离心机分离的悬浮液浓度（质量分数）应大于 55%，所含固相颗粒尺寸为 0.1~20mm。

4.3.2.3 沉降式离心机

（1）三足式沉降离心机

三足式沉降离心机主要是将三足式过滤机的过滤式转鼓换成沉降式转鼓，并增加撇液管装置，其他结构与三足式过滤离心机相同。三足式沉降离心机的卸料方式是人工卸料或刮刀卸料。加料是在转鼓达到全速后进行，方法有两种：第一种是将悬浮液引入转鼓直至转鼓加满，悬浮液沉降分离后用撇液管撇除清液，沉渣在低速下用刮刀卸料或停车后人工卸料；第二种是将悬浮液连续加入转鼓，清液经拦液板溢流（或用撇液管连续撇出）。当转鼓内沉渣沉积较多而影响分离时停止加料，残留在转鼓内的液体用撇液管撇出，然后用人工或刮刀卸出沉渣。

（2）螺旋卸料沉降离心机

螺旋卸料沉降离心机的结构原理与螺旋过滤离心机结构相同，只是采用无孔转鼓。该机型的主要优点是可以自动连续操作，由于不需要滤布，更适合于分离对滤布再生有困难的物料；结构紧凑，容易实现结构上的密闭，密闭式机器可在一定的正压下操作；单机生产能力大，操作费用低，占地面积小。缺点是沉渣的含渣量一般较高；虽能对沉渣进行洗涤，但洗涤效果不好；结构复杂，机器造价较高。

螺旋卸料沉降离心机是一种使用面很广的离心机，可用于固体脱水、液体澄清、固体颗粒按粒度分级以及浓度、颗粒度变化范围较大的悬浮液，滤饼亦可洗涤。该机具有连续操作、处理量大、电耗低的特点，被广泛用于化工、食品、环保、轻工、采矿等领域。立式沉降离心机更适合于有密闭、防爆要求的场合。

（3）卧式刮刀卸料沉降离心机

卧式刮刀卸料沉降离心机的结构与卧式刮刀卸料过滤离心机结构相似，主要不同之处在于采用沉降式转鼓，并且离心机装有撇液管装置。

（4）盘式离心机

盘式离心机是一种用于固-液分离或液-液分离的设备，运行时连续进料，连续出料，机内设有多层分离盘，其原理与斜板沉淀池的原理相似，可以提高分离效率。盘式离心机的结构示意图如图 4-7 所示。

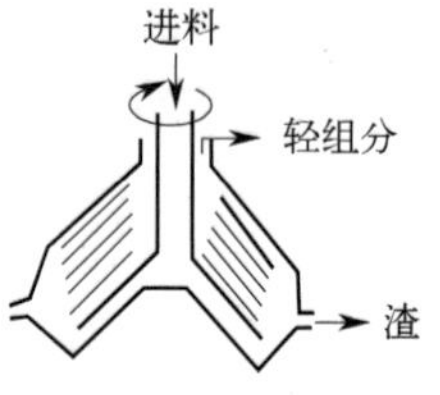

图 4-7 盘式离心机
结构示意图

第5章

压力差分离技术与设备

压力差分离技术是采用某种多孔物质作为过滤介质，利用过滤介质上下游两侧的压力差而使污水中的悬浮颗粒截留而去除的，操作过程称为过滤。

工业上常用的过滤介质主要有以下几类：

① 织物介质：又称滤布，包括由棉、毛、丝、麻等天然纤维及各种合成纤维制成的织物，以及由玻璃丝等织成的网。织物介质在过程工业中应用最为广泛。

② 粒状介质：包括细砂、木炭、硅藻土等细小坚硬的颗粒状物质。

③ 多孔固体介质：是具有很多微细孔道的固体材料，如多孔陶瓷、多孔塑料和多孔金属制成的管或板。此类介质耐腐蚀，孔道细微，适用于处理只含少量细小颗粒的腐蚀性悬浮液及其他特殊场合。

根据过滤的原理和所用过滤介质的不同，水处理所涉及的各项过滤技术可以分成两大类：滤池过滤和机械过滤。滤池过程是以填充于滤池内的滤料颗粒作为过滤介质进行的过滤，机械过滤是以某种多孔物质为过滤介质进行的过滤，常用的过滤介质是各种滤布。如果所用过滤介质不是滤布而是具有特殊性能的膜，该过程则称为膜过滤或膜分离。可以说，膜过滤是机械过滤的一种特殊方式。

5.1 滤池过滤技术与设备

滤池过滤是以填充于滤池内的滤料颗粒为过滤介质，污水中固体颗粒的沉积发生在较厚的粒状过滤介质床层内部，颗粒去除的工作机理是接触凝聚和机械筛除，以接触凝聚为主。污水中的颗粒直径小于床层孔道直径，当颗粒随流体在床层内的曲折孔道穿过时与滤料颗粒进行接触凝聚，水中颗粒黏附在滤料颗粒上而被去除。

5.1.1 技术原理

根据滤池过滤速度的不同，过滤操作可分为两大类：慢速过滤（又称表面滤膜过滤）和快速过滤（又称深层过滤）。

慢速过滤的滤速通常低于 10m/d，它是利用在砂层表面自然形成的滤膜去除水中的悬浮物杂质和胶体，同时由于滤膜中微生物的生物化学作用，水中的细菌、铁、氨等可溶性物质以及产生色、臭、味的微量有机物可被部分去除。但由于慢速过滤的生产效率低，设备占地面积大，目前基本都被快速过滤技术所取代。

快速过滤是把滤速提高到 10m/d 以上，使水快速通过颗粒滤层，在滤层内部发生固体颗粒的沉积，从而去除水中的悬浮物杂质。快速过滤的前提条件是必须先投加混凝剂。投加混凝剂后，水中胶体的双电层得到压缩，容易被吸附在砂粒表面或已被吸附的颗粒上，即接触黏附作用。快速过滤目前在水处理中得到了广泛应用。

一个完整的快滤池的组成要素包括：滤料、滤饼和助滤剂。

（1）滤料

滤料也叫过滤介质，是滤饼的支承物，应具有足够的机械强度和尽可能小的流动阻力。过滤介质中微细孔道的直径稍大于一部分悬浮颗粒的直径，所以过滤之初会有一些细小颗粒穿过介质而使滤液浑浊，此种滤液应送回滤浆槽重新处理。过滤开始后，颗粒会在孔道中迅速发生"架桥现象"，如图 5-1 所示，使得尺寸小于孔道直径的细小颗粒也被拦住，滤饼开始生成，滤液也变得澄清，此时过滤才能有效地进行。可见，真正发挥分离作用的主要是滤饼层，而不是过滤介质。

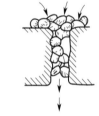

图 5-1 "架桥"现象

（2）滤饼

滤饼是由被截留下来的颗粒垒积而成的固定床层，其厚度与流动阻力随着过滤的进行逐渐增加。如果构成滤饼的颗粒是不易变形的坚硬固体，如硅藻土坯、碳酸钙等，当滤饼两侧压强差增大时，颗粒形状和颗粒间隙都没有显著变化，单位厚度床层的流动阻力可以认为恒定，称为不可压缩性滤饼。反之，如果滤饼是由某些胶体物质构成，当两侧压强差增大时，颗粒形状和颗粒间隙会发生显著的改变，单位厚度滤饼的流动阻力增大，称为可压缩性滤饼。

（3）助滤剂

对于可压缩性滤饼，当过滤压强差增大时，颗粒间的孔道变窄，有时因颗粒过于细密而将通道堵塞。对于这种情况，可将质地坚硬而能形成疏松床层的某种固体颗粒预先涂于过滤介质上，或混入悬浮液中，以形成较为疏松的滤饼，使滤液得以畅流。这种预涂或预混的粒状物质称为助滤剂。对助滤剂的基本要求如下：

① 能够形成多孔床层，使滤饼有良好的渗透性和较小的流动阻力。

② 具有化学稳定性，不与悬浮液发生化学反应，也不溶解于溶液之中。

③ 在操作压差范围内，具有不可压缩性，以保持较高的空隙率。

5.1.2 工艺过程

滤池的过滤方式一般有以下三种：

（1）等水头等速过滤

当滤池过滤速度和水位保持不变时，称为"等水头等速过滤"，普通快滤池即属于等水头等速过滤的滤池（图 5-2）。随着过滤的进行，滤层内截留的杂质量逐渐增加，在等速过滤状态下，水力损失随时间逐渐增加，滤池内的水位自然会逐渐上升，但是为了维持在等水头状态下的等速过滤，需要在出口处设置滤速控制阀，以调节滤速和水位恒定。

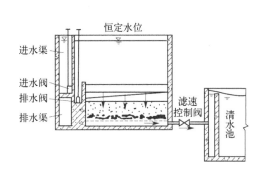

图 5-2　等水头等速过滤

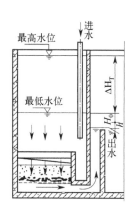

图 5-3　变水头等速过滤

（2）变水头等速过滤

随着过滤的进行，在等速过滤状态下，滤层的水力损失随时间而逐渐增加，由于自由进水，滤池内的水位会自动上升，以保持过滤速度不变，见图 5-3。当水位上升至最高允许水位时，过滤停止以待冲洗，这种方式称为"变水头等速过滤"，虹吸滤池和无阀滤池均属变水头等速过滤的滤池。滤池的最高水位和最低水位的差值 ΔH_T 为从清洁滤层状态开始增加的最大滤层水力损失，由截留在滤层中的杂质颗粒所引起。h 为配水系统、承托层及管渠的水力损失之和。

（3）等水头变速过滤

在过滤过程中，如果过滤水力损失始终保持不变，随着滤层内部空隙被杂质颗粒所堵塞，空隙率逐渐减小，滤速必然会逐渐减小，这种情况称为"等水头变速过滤"或者"等水头减速过滤"。这种变速过滤方式在普通快滤池中一般不可能出现，因为，一级泵站流量基本不变，即滤池的进水总流量基本不变，因此，根据水流进、出平衡关系，滤池的出水总流量是不可能减少的。不过，在分格数很多的移动冲洗罩滤池中，每个滤池的工作状态有可能达到近似的"等水头变速过滤"状态。

设 4 座滤池组成 1 个滤池组，进入滤池组的总流量不变。当滤池组进水渠相互连通，且每座滤池的进水阀均处于滤池最低水位以下（图 5-4）时，减速过滤按如下方式进行：由于进水渠相互连通，4 座滤池内的水位或总水力损失在任何时间基本上都是相等的，因此，最干净的滤池滤速最大，截污最多的滤池滤速最小。在整个过程中，4 座滤池的平均滤速始终不变以保持滤池组总的进、出流量平衡。但对某一座滤池而言，其滤速随着过滤时间的增加而逐渐降低。最大滤速发生在该座滤池刚冲洗完毕投入运行的初期，而后滤速呈阶梯形下降。图 5-5 表示其中某一座滤池的滤速变化。折线的每一突变表明其中某座滤池刚冲洗干净投入过滤。如果一组滤池的滤池数很多，则相邻两座滤池的冲洗间隔时间很短，阶梯式下降折线将变为近似连续下降曲线。

在变速过滤中，当某一座滤池刚冲洗完毕投入运行时，其滤速最高。为防止出水水质恶化，往往在出水管上装设流量控制设备，保证过滤周期内的滤速比较均匀，以控制清洁滤池的起始滤速。因此，在实际操作中，滤速变化较上述分析还要复杂些。

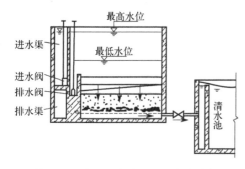

图 5-4　减速过滤（一组 4 座滤池）

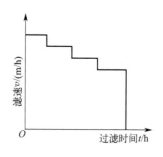

图 5-5　一座滤池滤速变化（一组共 4 座滤池）

5.1.2.1　快滤池的工作过程

快滤池的运行过程主要是过滤和冲洗两个过程的交替循环。过滤是截留杂质、生产清水的过程；冲洗是把截留的杂质从滤层中洗去，使之恢复过滤能力。

（1）过滤

过滤开始时，污水自进水管（浑水管）经集水渠、冲洗排水槽分配进入滤池，在池内自上而下通过滤层、承托层（垫层），由配水系统收集，经清水管排出。经过一段时间后，滤层逐渐被杂质所堵塞，滤层空隙不断减小，水流阻力逐渐增大至极限值，以致出水量锐减。另外，由于水流的冲刷力又会使一些已截留的杂质从滤料表面脱落下来而被带出，影响出水水质。此时应停止过滤，进行冲洗。

（2）冲洗

冲洗时，关闭浑水管及清水管，开启排水阀和冲洗进水管，冲洗水自下而上通过配水系统、承托层、滤层，并由冲洗排水槽收集，经集水渠内的排水管排走。在冲洗过程中，冲洗水流逆向进入滤层，使滤层膨胀、悬浮，滤料颗粒之间相互摩擦、碰撞，附着在滤料表面的杂质被冲刷下来，由冲洗水带走。从停止过滤到冲洗完毕，一般需要 20～30min，在这段时间内，滤池停止生产。冲洗所消耗的清水约占滤池生产水量的 1%～3%。

滤池经冲洗后，过滤和截污能力得以恢复，又可重新投入运行。如果开始过滤的出水水质较差，则应排入下水道，直到出水合格为止，这称为初滤排水。

5.1.2.2　快滤池的工作周期

随着过滤的进行，理想情况下滤池的水力损失和滤后出水浊度的变化如图 5-6 所示。当滤池的水力损失达到最大允许值（2.5～3.0m）或出水浊度超过标准时，则应停止过滤，对滤池进行冲洗。从过滤开始到过滤终止的运行时间称为滤池的过滤周期，一般应大于 8～12h，最长可达 48h 以上。冲洗操作包括反冲洗和其他辅助冲洗方法，所需的时间称为滤池的冲洗周期。过滤周期和冲洗周期以及其他辅助时间之和称为滤池的工作周期或运转周期。滤池的生产能力可用工作周期中得到的净清水量除以工作周期表示，所以提高滤池的生产能力应在保证出水水质的前提下，设法提高滤速，延

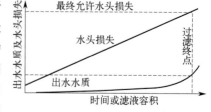

图 5-6　过滤水力损失与出水
水质随过滤时间的变化

长过滤周期，缩短冲洗周期和减少冲洗水量的消耗。

5.1.2.3 滤层内的杂质分布情况

图 5-7 表示滤层中的杂质分布情况。滤层含污量是指单位体积滤层中所截留的杂质量，单位为 g/cm^3 或 kg/m^3。由图 5-7 可见，滤层中所截留的杂质颗粒在滤层深度方向变化很大。滤层含污量在上部最大，随着滤层深度的增加而逐渐减少。这是因为，滤料经反冲洗后，滤层因膨胀而分层，表层滤料粒径最小，黏附比表面积最大，截留悬浮杂质量最多，而空隙尺寸又最小。因此，过滤到一定时间后，表层滤层的空隙逐渐被堵塞，甚至产生筛滤作用而形成泥膜，使过滤阻力剧增。其结果是，在一定的过滤水头下滤速减小（或在一定滤速下水力损失达到极限值），或者因滤层表面受力不均匀而使泥膜产生裂缝，大量水流自裂缝中流出，以致悬浮杂质穿过滤层而使出水水

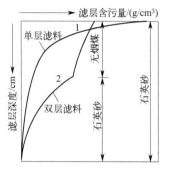

图 5-7 滤层含污量变化

质恶化。当上述两种情况之一出现时，过滤被迫停止。此时，下层滤料截留悬浮杂质的作用远未得到发挥，出现如图 5-7 所示的滤层含污量沿滤层深度方向分布不均的现象。在一个过滤周期内，如果按整个滤层计，单位体积滤料中的平均含污量称为"滤层含污能力"，单位仍以 g/cm^3 或 kg/m^3 计。图 5-7 中曲线与坐标轴所包围的面积除以滤层总厚度即为滤层含污能力。在滤层厚度一定时，此面积愈大，滤层含污能力也愈大。如果悬浮颗粒量在滤层深度方向变化愈大，表明下层滤料的截污作用愈小，就整个滤层而言，含污能力愈小，反之亦然。

为了改变上细下粗的滤层中杂质分布严重不均匀的现象，提高滤层的含污能力，出现了双层滤料、三层滤料或混合滤料及均质滤料等滤层组成。

(1) 双层滤料组成

上层采用密度较小、粒径较大的轻质滤料（如无烟煤），下层采用密度较大、粒径较小的重质滤料（如石英砂）。由于两种滤料间存在密度差，在一定的反冲洗强度下，反冲后轻质滤料仍在上层，重质滤料位于下层。虽然每层滤料的粒径仍由上而下递增，但就整个滤层而言，上层的平均粒径大于下层的平均粒径。实践证明，双层滤料的含污能力较单层滤料约高 1 倍以上。在相同滤速下，过滤周期增长；在相同过滤周期下，滤速可提高。图 5-7 中的曲线 2（双层滤料）与坐标轴所包围的面积大于曲线 1（单层滤料），表明在滤层厚度相同、滤速相同时，前者的含污能力大于后者，间接表明前者的过滤周期长于后者。

(2) 三层滤料组成

上层为大粒径、小密度的轻质滤料（如无烟煤），中层为中等粒径、中等密度的滤料（如石英砂），下层为小粒径、大密度的重质滤料（如石榴石）。各层滤料的平均粒径由上而下递减。如果三层滤料经反冲洗后在整个层中适当混杂，即滤层的每一横断面上均有煤、砂、重质矿石三种滤料存在，则称"混合滤料"。尽管称之为混合滤料，但绝非三种滤料在整个滤层内完全均匀地混合在一起，上层仍以煤粒为主，掺有少量的砂、石；中层仍以砂粒为主，掺有少量的煤、石；下层仍以重质矿石为主，掺有少量的砂、煤。平均粒

径仍由上而下递减。这种滤料组成不仅含污能力大，且因下层重质滤料的粒径较小，对保证滤后出水水质有很大作用。

（3）均质滤料组成

指沿整个滤层深度方向的任一横断面上，滤料组成和平均粒径均匀一致。要做到这一点，必要的条件是反冲洗时滤层不能膨胀。当前应用较多的气水反冲滤池大多属于均质滤料滤池。这种均质滤层的含污能力大于上细下粗的级配滤层。

总之，滤层组成的改变改善了单层级配滤层中的杂质分布状况，提高了滤层的含污能力，降低了滤层中水力损失的增长速率。无论采用双层、三层或均质滤料，滤池的构造和工作过程与单层滤料滤池均无大的差别。在过滤过程中，滤层中悬浮杂质的截留量随过滤时间和滤层深度而变化的规律，以及由此而导致的水力损失变化规律，还无法完全用数学方法表达，因此滤池的设计和操作仍需根据实验或经验来确定。

5.1.3 过程设备

滤池过滤过程的主要设备是滤池。滤池的类型很多，除了最常用的普通快滤池外，还有虹吸滤池、重力式无阀滤池、移动式冲洗罩滤池、上向流滤池、V型滤池和压力滤池等。

5.1.3.1 普通快滤池

普通快滤池一般建成矩形的钢筋混凝土池子，通常情况下宜双行排列，当池个数较少时（特别是个数成单的小池子），可采用单行排列。图 5-8 为普通快滤池构造示意图，包括集水渠、洗砂（冲洗）排水槽、滤层、承托层（也称垫层）及配水系统五个部分。两行滤池之间布置管道、阀门及一次仪表部分，称为管廊，主要管道包括浑水进水、清水出水、冲洗来水、冲洗排水（或称污水渠）等管道。管廊的上面为操作室，设有控制台。快滤池常与全厂的化验室、消毒间、值班室等建在一起成为全厂的控制中心。

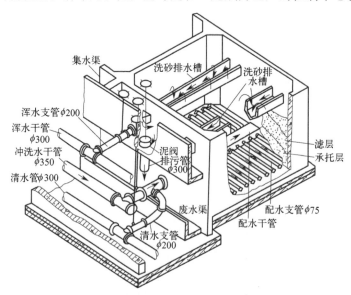

图 5-8　普通快滤池构造剖视图（箭头表示冲洗水流方向）

（1）滤料

滤料的种类很多，使用最早和应用最广的滤料是天然的石英砂，其他常用的滤料还有无烟煤、石榴石、磁铁矿、金刚砂等。此外还有人工制造的轻质滤料（如聚苯乙烯发泡塑料颗粒等）。

（2）承托层

承托层的作用有两个：a. 阻挡滤料进入配水系统中；b. 在反冲洗中均匀配水。当单层或双层滤池采用管式大阻力配水系统时，承托层采用天然卵石或砾石，其粒径和厚度如表 5-1 所示。

表 5-1　单层或双层滤料滤池大阻力配水系统承托层粒径和厚度

层次（自上而下）	粒径/mm	厚度/mm
1	2～4	100
2	4～8	100
3	8～16	100
4	16～32	本层顶面高度至少应高出配水系统孔眼 100

三层滤料滤池，由于下层滤料粒径小而重度大，承托层必须与之相适应，即上层应采用重质矿石，以免反冲洗时承托层移动，见表 5-2。

表 5-2　三层滤料滤池承托层材料、粒径和厚度

层次（自上而下）	材料	粒径/mm	厚度/mm
1	重质矿石（如石榴石、磁铁矿等）	0.5～1.0	50
2	重质矿石（如石榴石、磁铁矿等）	1～2	50
3	重质矿石（如石榴石、磁铁矿等）	2～4	50
4	重质矿石（如石榴石、磁铁矿等）	4～8	50
5	砾石	8～16	100
6	砾石	16～32	本层顶面高度至少应高出配水系统孔眼 100

注：配水系统如用滤砖且孔径为 4mm 时，第 6 层可不设。

采用小阻力配水系统时，根据配水系统的具体情况可不设承托层或者适当铺设一些粗砂或细砾石。

（3）配水系统

配水系统的主要作用是保证进入滤池的冲洗水能够均匀分配在整个滤池面积上，在过滤时也起均匀集水的作用。通常采用的配水系统有：a. 由干管和穿孔支管组成的大阻力配水系统，其水力损失高于 3m；b. 由滤球式、管板式及二次配水滤砖式等组成的中阻力配水系统，其水力损失为 0.5～3m；c. 豆石滤板、格栅、滤头等小阻力配水系统，$1m^2$ 滤板配置 36～50 个滤头。小阻力配水系统适用于面积较小的滤池，面积较大不易做到配水均匀。而大阻力配水系统，不论面积大小不一都可以利用。

1）大阻力配水系统

快滤池中常用的穿孔管式配水系统就是大阻力配水系统，如图 5-9 所示。在池底中心位置设有一根干管或干渠，在干管或干渠的两侧接出若干根相互平行的支管。支管埋在承托层中间，距池底有一定高度，下方开两排小孔，与中心线成 45°交错排列，如图 5-10 所示。支管上孔的间距由孔的总面积及孔径决定，孔的总面积与滤池面积之比称为开孔比，一般为 0.2%～0.25%，孔距为 75～200mm。为排除配水系统中可能进入的空气，在干

管的末端设有排气管。冲洗时，水流自干管起端进入后，流入各支管，由支管孔口流出，再经承托层和滤层流入排水槽。

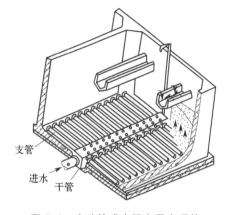

图 5-9　穿孔管式大阻力配水系统

图 5-10　穿孔支管孔口位置

除穿孔管式大阻力配水系统外，其他的管式大阻力配水系统如图 5-11 所示。

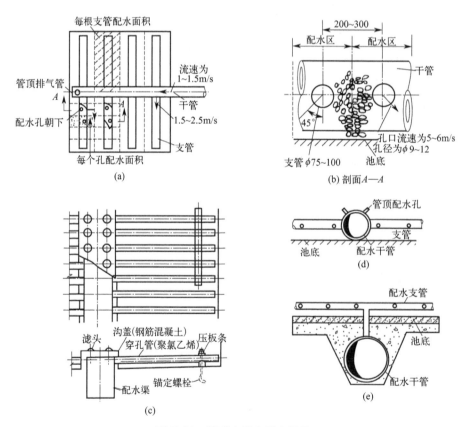

图 5-11　管式大阻力配水系统

大阻力配水系统的优点是配水均匀性较好，工作可靠，但结构较复杂；孔口水力损失大，冲洗时动力消耗大；管道易结垢，增加检修困难。

2）中阻力配水系统

介于大阻力配水系统和小阻力配水系统之间的是中阻力配水系统，主要有滤球式、管板式及二次配水滤砖式配水系统，如图 5-12 所示。

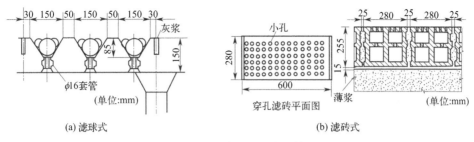

(a) 滤球式　　　　　　　　　　(b) 滤砖式

图 5-12　中阻力配水系统

3）小阻力配水系统

孔口阻力与孔口总面积或开孔比成反比，开孔比越大，阻力越小。一般规定：开孔比 $\alpha=0.2\%\sim0.25\%$ 的为大阻力配水系统；$\alpha=0.60\%\sim0.80\%$ 的为中阻力配水系统；$\alpha=1.0\%\sim1.5\%$ 的为小阻力配水系统。与大阻力配水系统相比，小阻力配水系统要求的冲洗水头低，结构简单，但配水的均匀性较差，常用于面积较小的滤池，如虹吸滤池等。常用的小阻力配水系统有以下几种。

① 钢筋混凝土穿孔（或缝隙）滤板

在钢筋混凝土板上开圆孔或条式缝隙，板上铺设一层或两层尼龙网。板上开孔比和尼龙网孔眼尺寸不尽一致，视滤料粒径、滤池面积等具体情况而定。图 5-13 为滤板式小阻力配水系统。图 5-14 所示的滤板尺寸为 980mm×980mm×100mm，每块板的孔数为 168 个。板面开孔比为 11.8%，板底为 1.32%。板上铺设尼龙网一层，网眼规格可为 30～50 目。

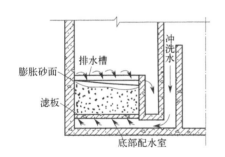

图 5-13　小阻力配水系统

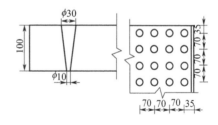

图 5-14　钢筋混凝土穿孔滤板

这种配水系统造价较低，配水均匀性较好，孔口不易堵塞，强度高，耐腐蚀。但施工中必须注意尼龙网接缝应搭接好，且沿滤池四周应压牢，以免尼龙网被拉开。尼龙网上可适当铺设一些卵石。

② 穿孔滤砖

图 5-15 所示为二次配水的穿孔滤砖。滤砖尺寸为 600mm×280mm×250mm，用钢筋混凝土或陶瓷制成。铺设时，各砖的下层相互连通，起到配水渠的作用；上层各砖单独配水，用板分隔互不相通。开孔比为：上层 1.07%，下层 0.7%。穿孔滤砖的上下层为整体，反冲洗水的上托力能自行平衡，不致使砖浮起，因此所需的承托层厚度不大，只需防止滤料落入滤砖的配水孔即可，从而降低了滤池高度。二次配水穿孔滤砖的配水均匀性好，但价格较高。

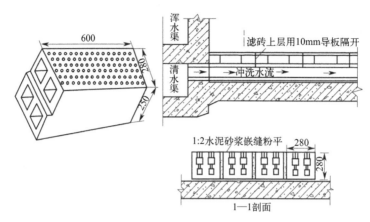

图 5-15　穿孔滤砖

图 5-16 所示是另一种二次配水、配气的穿孔滤砖，称为复合气水反冲洗滤砖，既可单独用于水反冲洗，也可用于气水联合反冲洗。水、气流方向如图 5-16 中的箭头所示。倒 V 形斜面开孔比和上层开孔比均可按要求制造，一般上层开孔比小（0.5%～0.8%），斜面开孔比稍大（1.2%～1.5%）。该滤砖一般可用 ABS 工程塑料一次注塑成型，加工精度易控制，安装方便，配水均匀性较好，但价格较高。

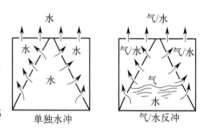

图 5-16　复合气水反冲洗配水滤砖

③ 滤头

小阻力配水系统中，由于配水系统和出水孔眼的水力损失较低，一般不宜采用穿孔管系统，而是采用穿孔滤板、滤砖和滤头等。图 5-17 所示为小阻力配水系统中常用的 4 种滤头。

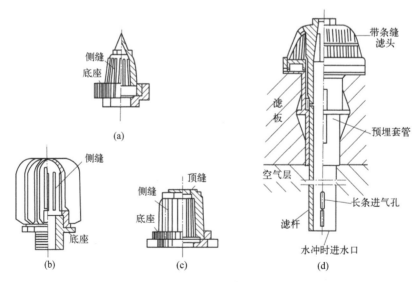

图 5-17　小阻力配水系统中常用的 4 种滤头

滤头由具有缝隙的滤帽和滤柄组成，有短柄和长柄两种。短柄滤头用于单独水反冲洗滤池，长柄滤头用于气水联合反冲洗滤池，如图 5-18 所示。滤帽上开有许多缝隙，缝宽在 0.25～0.4mm 范围内，以防滤料流失。滤柄的直管上开 1～3 个小孔，下部有一条直缝。当气水同时反冲洗时，在混凝土滤板下面的空间内，上部为气，形成气垫，下部为水。气垫厚度与气压有关，气压越大，气垫厚度越大。气垫中的空气先由直管上部小孔进入滤头。当气垫厚度增大时，部分空气由直管下部的直缝上部进入滤头。反冲水则由滤柄下端及直缝上部进入滤头，气和水在滤头内充分混合后，经滤帽缝隙均匀喷出，使滤层得到均匀反冲洗。滤头布置数一般为 50～60 个/m²，开孔比约为 1.5%。

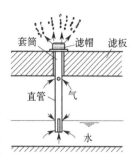

图 5-18　气水同时反冲洗时长柄滤头工况示意图

(4) 冲洗方式

冲洗的目的是清除截留在滤料空隙中的悬浮杂质，使滤池恢复过滤能力。冲洗方式有如下几种：

1) 高速水流反冲洗

以大于 30～35m/h 的高速水流反向冲洗滤层，使整个滤层处于流态化状态，膨胀度达到 20%～50%。截留在滤层中的悬浮杂质在水流剪力和滤料颗粒碰撞摩擦的双重作用下，从滤层中脱落下来，然后随冲洗水流被带出滤池。冲洗效果取决于冲洗强度。冲洗强度过小，滤层空隙中的水流剪力小；冲洗强度过大，滤层膨胀度过大，滤层空隙中水流剪力也会降低，同时滤料颗粒之间的碰撞几率减少。因此，冲洗强度过大或过小，滤池的冲洗效果均会降低。

2) 气、水反冲洗

高速水流反冲洗虽然具有操作方便，设备简单的优点，但耗水量大，反冲洗结束后，滤层出现明显的分层现象。采用气、水反冲洗方法不仅可以提高冲洗效果，还可节省冲洗水量，避免滤层过度膨胀，不产生或不明显产生上细下粗的分层现象，从而提高滤层的含污能力。

在气、水反冲洗中，利用上升空气气泡的振动可有效地将附着于滤料表面的悬浮杂质擦洗下来，然后再随反冲洗水排出池外。由于气泡对滤料颗粒表面悬浮杂质的擦洗、脱落力量强，因此可降低水冲洗强度，即采用"低速反冲"，节省冲洗水量。

气、水反冲洗操作具有以下几种：a. 先用空气反冲，再用水反冲；b. 先用气-水同时反冲，再用水反冲；c. 先用空气反冲，然后用气-水同时反冲，最后再用水反冲。

气、水反冲洗的操作方式、冲洗强度和冲洗时间，视滤料的规格和水质水温等因素确定。一般地，气冲强度（包括单独气冲和气-水同时反冲）在 10～20L/(m²·s) 之间。水冲洗强度根据操作方式而异：气-水同时反冲时，水冲强度一般在 3～4L/(m²·s) 之间；单独反冲时，采用低速反冲，水冲强度为 4～6L/(m²·s) 之间，采用较高冲洗强度时，水冲强度为 6～10L/(m²·s) 之间（通常为第一种操作方式）。反冲时间与操作方式也有关，总的反冲时间一般在 6～10min。

气、水反冲洗需要增加气冲设备，池子结构和冲洗操作也较复杂。

3) 表面辅冲加高速水流反冲洗

在滤层表面以上设置表面冲洗装置，在高速水流反冲洗的同时辅以表面冲洗，利用表面冲洗装置的喷嘴或孔眼产生的射流使滤料表面的悬浮杂质更易于脱落，提高冲洗效果，并减少冲洗水量。

表面冲洗装置分旋转管式和固定管式两种。旋转管装在滤层表面以上 5cm 的高度，用射流的反力使喷水管旋转。固定冲洗管设在滤层表面以上 6～8cm 的高度，管道与冲洗排水槽平行，比旋转管式的冲洗强度大，但管材耗用多，因此应用较少。

4）冲洗水的排除

反冲洗时，冲洗水要均匀分布在滤池面积上，并由冲洗排水槽两侧溢入槽内，各条槽内的污水汇集到污水渠，再由污水渠末端排水竖管排入下水道，如图 5-19 所示。

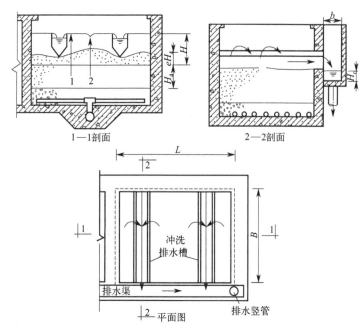

图 5-19　滤池冲洗水的排除

（5）表面冲洗装置

表面冲洗装置的作用是冲洗泥球，有固定式和旋转式两种。固定式的喷管置于排水槽下，旋转式是利用喷出的压力水的反作用推动喷管转动，同时利用喷管旋转产生的搅拌作用破坏滤层的泥球，如图 5-20 所示。

（6）管廊布置

集中布置滤池的管渠、配件、阀门及一次仪表等设备的场所称为管廊。管廊中的主要管道有浑水进水管、清水出水管、冲洗来水管及冲洗排水管。管廊布置应力求紧凑、简捷，要留有设备及管配件安装、维修的必要空间，要有良好的防水、排水、采光及通风、照明设备，要便于与滤池操作室联系。

管廊的布置与滤池的个数和排列有关。滤池数少于 5 个时宜用单行排列，管廊位于滤池的一侧。超过 5 个时宜用双行排列，管廊夹在两排滤池中间。后者的布置较紧凑，但采光、通风不如前者，检修也不方便。

管廊中管道的布置有多种，常见的有如下几种：

① 进水、清水、冲洗水和排水渠全部布置于管廊内，如图 5-21（a）所示。这种布置方式的优点是：渠道结构简单，施工方便，管渠集中紧凑，但管廊内管件较多，通行和检

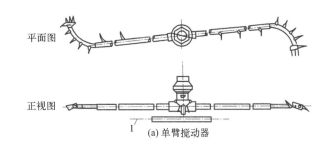

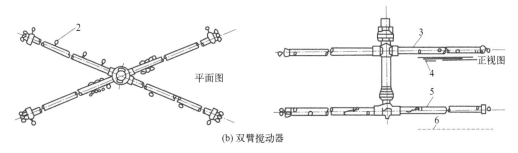

图 5-20　典型的表面冲洗搅动器

1—滤料表面；2—喷嘴橡皮帽；3—滤料表面上的臂；4—滤料面；5—浸没管；6—砂粒无烟界面

修不太方便。

② 冲洗水和清水渠布置于管廊内，进水和排水以渠道形式布置于滤池另一侧，如图 5-21(b) 所示。这种方式可节省管件及阀门，管廊内管件简单，施工和检修方便，但造价较高。

③ 进水、冲洗水及清水管均采用金属管道，排水渠单独设置，如图 5-21(c) 所示。这种方式通常用于小水厂或滤池单行排行。

(7) 设计计算

普通快滤池通常指图 5-21 所示的具有 4 个阀门的快滤池，其设计计算内容如下。

1) 滤速选择与滤池总面积计算

设计滤池时，首先需要选择合适的过滤速度，然后再根据设计水量计算出所需要的滤池总面积。滤池的过滤速度可分为两个：一个是正常工作条件下的滤速，一个是强制滤速（指在某些滤池因为冲洗、维修或其他原因不能工作时，其余滤池超过正常负荷情况下的滤速）。一般指的滤速是正常条件下的滤速。在确定滤速的大小时，要综合考虑滤池进出水的浊度、滤料及池子个数等因素。一般情况下，滤池个数较多时，可以选择较高的滤速。如果要保留滤池有适当的潜力，或者水的过滤性能还未完全掌握，滤池数目较少时，应采用偏低的滤速。

根据不同滤层，滤速的选择可参考相关资料。滤速确定后，根据设计水量计算滤池的总面积 F：

$$F = \frac{Q}{v} \tag{5-1}$$

式中　F——滤池总面积，m^2；

　　　Q——设计水量（包括厂自用水量），m^3/s；

　　　v——设计滤速，m/s。

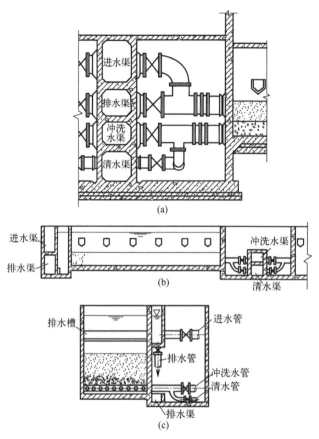

图 5-21 普通快滤池的管廊布置

2) 单池面积和滤池深度

滤池总面积定后，就需要确定滤池个数和单池面积。

选择滤池个数时，需综合考虑下列两个因素：

① 从运转的观点来说，池数多，当一个池子因冲洗或维修而停止运行时，其他池子所增加的滤速不大，因此对出水水质的影响较小。另外，运转上的灵活性也比较大。但如池子太多，也会引起频繁的冲洗工作，给运转管理带来不便。

② 从滤池造价的观点来说，每个滤池的面积越大，则单位面积滤池的造价越低。

滤池个数应综合考虑运行的灵活性及基建与运行费用的经济性来确定，但一般不能少于 2 个。滤池总面积与滤池个数的关系如表 5-3 所示，可供参考。

表 5-3 滤池总面积与滤池个数的关系

滤池面积 A/m^2	滤池个数 n	滤池面积 A/m^2	滤池个数 n
<30	2	150	4～6
30～50	3	200	5～6
100	3～4	300	6～8

确定滤池个数后，就可按下式计算单池面积：

$$f = \frac{F}{n} \tag{5-2}$$

式中　f——单个滤池的面积，m^2；

n——滤池的个数，个，不少于 2 个。

根据一个或两个滤池停产检修的情况，还应以强制滤速进行校核。

3）滤池实际工作时间

$$T = T_0 - t_0 - t_1 \tag{5-3}$$

式中　T_0——滤池工作周期，h；

t_0——滤池休闲时间，h；

t_1——滤池反冲洗时间，h。

4）滤池长（L）宽（B）比

当 $f \leq 30m^2$ 时，L/B 为 $1:1$；当 $f > 30m^2$ 时，L/B 为 $1.25:1 \sim 1.5:1$；采用旋转管式表面冲洗装置时，L/B 为 $1:1$、$2:1$ 或 $3:1$。

5）滤池深度

滤池深度包括：

① 保护高：$0.25 \sim 0.3m$。

② 滤层表面以上水深：$1.5 \sim 2.0m$。

③ 滤层厚度：见表 5-1。

④ 承托层厚度：见表 5-2。

滤池总深度一般为 $3.0 \sim 3.5m$。单层砂滤池的深度一般稍小，双层和三层滤料滤池的深度稍大。

6）过滤水头损失

水流通过干净滤层的水头损失可按下式计算：

$$\frac{h'}{L_0} = \frac{5\mu v}{g\rho} \frac{(1-\varepsilon_0)^2}{\varepsilon_0^3} \left(\frac{6}{\varphi}\right)^2 \sum_{i=1}^{n} \frac{P_i}{d_i^2} \tag{5-4}$$

式中　L_0——滤层厚度，m；

ε_0——干净滤层的孔隙比；

φ——滤料的球形度系数，其值约为 1；

ρ——水的密度，kg/m^3；

μ——水的动力黏度系数，$kg/(m \cdot s)$；

v——滤速，m/s；

P_i——平均粒径为 d_i 的第 i 层滤料的质量与滤料总质量的比值；

g——重力加速度，m/s^2。

随着过程的进行，滤层截留颗粒物增多，孔隙比减小，水力损失和出水浓度逐渐上升。纳污后滤层的水力损失可用 $\varepsilon_0 - \sigma$ 代表上式中的 ε_0，仍用上式计算。σ 是单位体积滤料中截留的悬浮物总体积。也可以在干净滤层水力损失上叠加一个随 σ 或 t 增大而增大的阻力项 $\Delta h'$，如

$$\Delta h' = \frac{kvC_0t}{1-\varepsilon_0} \tag{5-5}$$

即

$$h = h' + \Delta h' \tag{5-6}$$

式中　k——经验系数；

C_0——进水悬浮物浓度；

t——过滤时间，s。

7）反冲洗水头

反冲洗所需水头等于滤层、垫层、配水系统及管路的水力损失之和，并留有一定的富余水头。

① 大阻力配水系统的孔眼水力损失

$$h_2=\left(\frac{q}{10\mu\alpha}\right)^2\frac{1}{2g}\tag{5-7}$$

式中　q——反冲洗强度，L/(s·m²)，过滤一般的悬浮物，$q=12\sim15$L/(s·m²)，过滤油质悬浮物，$q=20$L/(s·m²)；

　　　　α——反冲洗水配水管孔眼总面积与滤池面积之比，一般为 0.2～0.25；

　　　　μ——孔口流量系数，与孔眼直径和管壁厚的比值有关，其值见表 5-4；

　　　　g——重力加速度，m/s²，9.81m/s²。

表 5-4　孔口流量系数 μ

孔眼直径/管壁厚	1.25	1.5	2.0	3.0
μ	0.76	0.71	0.67	0.62

大阻力配水系统的干管截面积为支管总截面积的 1.5～2 倍，干管末端顶部设直径为 40～50mm 的排气管。支管长与直径之比＜60，支管上开向下成 45°的配水孔，相邻两孔的方向错开，孔间距为 75～200mm。支管底部与池底的距离不小于干管半径。

采用二次配水滤砖的水力损失 $h_2=0.195q^2$；采用豆石滤水板等小阻力配水，其水力损失取经验值 0.25～0.4m。采用滤头时，1m² 滤池安装 40～60 个，总缝隙面积为滤池面积的 0.5%～2%。也可采用间距为 10mm 的钢制栅条。

② 垫层水力损失 h_3

$$h_3=0.022H_1q\tag{5-8}$$

式中　H_1——垫层高度，m。

③ 滤层水头损失 h_4 与富余水头 h_5

$$h_4=\left(\frac{\rho_g}{\rho}-1\right)(1-\varepsilon_0)L_0\tag{5-9}$$

在工程实践中，常取经验值 $h_4+h_5=2\sim2.5$m。

8）反冲洗

① 膨胀度 e

$$e=\frac{L-L_0}{L_0}\tag{5-10}$$

式中　L——膨胀后的滤层厚度；

　　　　L_0——膨胀前的滤层厚度。

膨胀度测定简单，常作为反冲洗操作的空转指标。e 太低，水力剪切力小；e 过高，颗粒碰撞次数少，还会冲动垫层及流失滤料，因此 e 应适当。对于砂滤池，最佳膨胀度为 $e=(1.2\sim2.5)\varepsilon_0$。

② 反冲洗强度 q

反冲洗强度 q 与滤料粒径、水温、孔隙比和要求的膨胀度有关，可用下式计算或取经验值：

$$q = 100 \frac{d_e^{1.31}}{\mu^{0.54}} \frac{(e + \varepsilon_0)^{2.31}}{(e + 1)^{1.77} (1 - \varepsilon_0)^{0.54}} \tag{5-11}$$

式中　q——反冲洗强度，$L/(s \cdot m^2)$；

　　　d_e——滤料的体积当量直径，cm；

　　　μ——水的动力黏度系数，$g/(cm \cdot s)$。

供给滤料反冲洗水的方式有冲洗水泵和冲洗水塔。前一种方式投资较省，但操作较麻烦，短时间内电耗和负荷大；后者造价较高，但操作简单。有有利地形时，建水塔反冲洗较好。

9）排水槽和排水渠

① 矩形滤池中排水槽的高度和间距应满足条件：

$$\frac{u_1}{u_2} < \frac{S_1}{S_2} < \pi \tag{5-12}$$

式中　u_1——浊度颗粒的沉降速度，m/s；

　　　u_2——反冲洗强度＋表面冲洗强度，m/s；

　　　S_1——两排水槽的中心间距，m，$S_1 = 1.5 \sim 2.2$m；

　　　S_2——从膨胀滤层表面到排水槽上缘的距离，m。

② 排水槽末端的断面面积 ω

$$\omega = \frac{qf}{1000nv} \tag{5-13}$$

式中　n——每个滤池排水槽的数目；

　　　v——排水槽出口处的流速，m/s，一般采用 0.6m/s。

一般情况下，$\omega \leqslant 0.25$m^2。

③ 矩形断面集水渠内始端的水深 H_q

$$H_q = 0.808 \left(\frac{q_w}{B} \right)^{2/3} \tag{5-14}$$

式中　q_w——滤池总冲洗水流量，m^3/s；

　　　B——渠宽，m。

集水渠的高度可按 $H_q + 0.2$m 计算。

5.1.3.2　虹吸滤池

虹吸滤池一般由 6～8 格滤池组成一个整体，通称"一组滤池"。其滤料的组成和滤速的选定与普通快滤池相同，所不同的是利用虹吸原理进水和排走反洗水。根据水量大小，可以建一组滤池或多组滤池。一组滤池的平面形状可以是圆形、矩形或多边形，以矩形为多。

（1）工作原理

虹吸滤池的特点是利用虹吸原理进水和排走冲洗水，因此节省了两个阀门。滤池的总进水量自动均衡地分配到各格滤池，当进水量不变时，各格滤池在过滤过程中保持恒速过滤。滤后水位永远高于滤层，保持正水头过滤，不会发生负水头现象。由于利用滤池本身的出水及水头进行单格滤池的冲洗，因此节省了冲洗水箱及水泵等反冲洗设备。配水系统须采用小阻力配水系统。

由此可见，虹吸滤池的主要优点是：无需大型阀门及相应的开闭控制设备；无需专用冲洗设备；操作方便和易于实现自动控制。主要缺点是：池深比普通快滤池大，一般在5m左右；反冲洗水头仅为1.0～1.2m，冲洗强度受其他滤池过滤水量的影响，效果不及普通快滤池。

（2）工作过程

虹吸滤池的工作过程分为过滤过程和冲洗过程两个阶段，其基本构造和工作过程如图5-22所示（右半部分表示过滤时的情况，左半部分表示反冲洗时的情况）。

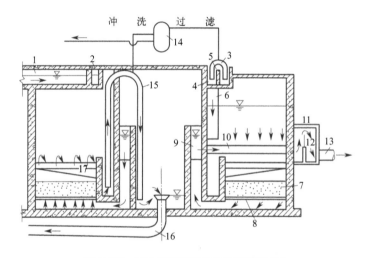

图5-22 虹吸滤池的构造和工作原理图

1—进水槽；2—配水槽；3—进水虹吸管；4—单格滤池进水槽；5—进水堰；6—布水管；
7—滤层；8—配水系统；9—集水槽；10—出水管；11—出水井；12—控制堰；13—清水管；
14—真空系统；15—冲洗虹吸管；16—冲洗排水管；17—冲洗排水槽

1）过滤过程

污水由进水槽1流入滤池上部的配水槽2，经进水虹吸管3流入单格滤池进水槽4，再经布水管6进入滤池。单格滤池的进水量可通过进水堰5进行调节。水依次通过滤层7和配水系统8而流入集水槽9，再经出水管10流入出水井11，通过控制堰12流出滤池，经清水管13流入清水池。

过滤过程中滤层含污量不断增加，水力损失不断增大，由于各格滤池的进、出水量不变，也即滤速维持不变，因此滤池内的水位将不断上升。当某格滤池的水位上升到最高设计水位时，便需停止过滤，进行反冲洗。滤池内最高水位与控制堰12的堰顶高之差即为最大过滤水头，亦即最大允许水力损失值（一般采用1.5～2.0m）。

2）冲洗过程

首先破坏进水虹吸管3的真空，使该格滤池停止进水，滤池继续过滤，滤池水位逐渐下降，滤速逐渐降低。当滤池水位下降速率显著变慢时，即可开始冲洗。利用真空系统14抽出冲洗虹吸管15中的空气使之形成虹吸，并把滤池内的存水通过冲洗虹吸管15抽到池中心的下部，再由冲洗排水管16排走。当滤池内水位低于集水槽水位时，反冲洗开始。当滤池内水位降至冲洗排水槽 17 的顶端时，反冲洗强度达到最大。此时，其他滤池的全部过滤水量都通过集水槽 9 供给被冲洗格滤池。当滤料冲洗干净后，破坏冲洗虹吸管 15 的真空，冲洗停止。然后，再启动真空系统使进水虹吸管 3 恢复工作，过滤过程又重新开始。

冲洗水头一般采用 1.0～1.2m，是由集水槽 9 的水位与冲洗排水槽 17 的槽顶高之差来控制的。滤池的平均冲洗强度一般采用 10～15L/(m² · s)，冲洗历时 5～6min。

(3) 设计计算

1) 虹吸滤池平面布置

可以设计成圆形、矩形和多边形。

2) 分格数

一格滤池冲洗时所需的冲洗水来自本组滤池其他数格滤池的过滤水，因此一组滤池的分格数必须满足：当一格滤池冲洗时，其余数格滤池的过滤总水量应满足该格滤池冲洗强度的要求，可表示如下：

$$q \leqslant \frac{nQ'}{F} \tag{5-15}$$

式中　q——冲洗强度，$L/(m^2 \cdot s)$；

　　Q'——单格滤池的过滤水量，L/s；

　　n——一组滤池分格数；

　　F——单格滤池的面积，m^2。

式(5-15) 也可以用滤速表示：

$$n \geqslant \frac{3.6q}{v} \tag{5-16}$$

式中　v——滤速，m/h。

3) 滤池深度

滤池的总深度 H_T

$$H_T = H_1 + H_2 + H_3 + H_4 + H_5 + H_6 + H_7 + H_8 \tag{5-17}$$

式中　H_1——滤池底部集水空间高度，m，一般采用 0.3～0.5m；

　　H_2——小阻力配水系统结构高度，m；

　　H_3——承托层高度，m；

　　H_4——滤层厚度，m；

　　H_5——冲洗排水槽顶高出砂面距离，m；

　　H_6——冲洗排水槽顶与控制堰顶高差，m；

　　H_7——最大允许水力损失，m；

　　H_8——滤池超高，m，一般取 0.2～0.3m。

虹吸滤池的深度因包括了冲洗水头，因此比普通快滤池要深，一般为 4.5～5m。

虹吸滤池的主要设计参数为：

① 为使工作滤池的总出水量满足冲洗水量的要求，滤池的总数必须大于反冲洗强度与滤速的比值。

② 进水虹吸管的设计流速一般取 0.4～0.6m/s。

③ 排水虹吸管的设计流速一般取 1.4～1.6m/s。

④ 真空系统包括抽真空设备（真空泵、水射器等）、真空罐、管道、阀门等，设计的真空系统应能在 25min 内使虹吸管投入工作。

5.1.3.3 重力式无阀滤池

(1) 工作原理

重力式无阀滤池的构造如图 5-23 所示。其平面形状一般为圆形，也可采用方形。污水经进水分配槽 1 由进水管 2 进入虹吸上升管 3，再经伞形顶盖 4 下面挡板 5 的消能和分散作用后，均匀分布在滤层 6 上，通过承托层 7、配水系统 8 进入底部空间 9，然后经连通渠 10 上升到冲洗水箱 11。随着过滤的进行，冲洗水箱中的水位逐渐上升（虹吸上升管 3 中的水位也相应上升）。当水位达到出水渠 12 的溢流堰顶后，溢流入渠内，最后流入清水池。进水管 U 形存水弯的作用是防止滤池冲洗时，空气通过进水管进入虹吸管，从而破坏虹吸。

无阀滤池的单池平均面积一般不大于 $16m^2$，少数也能达 $25m^2$ 以上的。主要优点是：节省大型阀门，造价较低；冲洗完全自动，操作管理方便。其缺点是：池体结构较复杂；滤料处于封闭结构，装卸困难；因冲洗水箱位于滤池上部，滤池高度较大；滤池冲洗时，原水也由虹吸管排出，浪费了一部分澄清的原水。

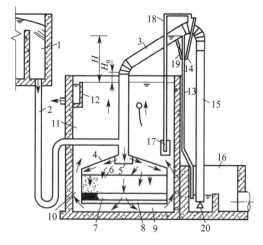

图 5-23　重力无阀滤池示意图

1—进水分配槽；2—进水管；3—虹吸上升管；
4—伞形顶盖；5—挡板；6—滤层；7—承托层；
8—配水系统；9—底部空间；10—连通渠；
11—冲洗水箱；12—出水渠；13—虹吸辅助管；
14—抽气管；15—虹吸下降管；16—水封井；
17—虹吸破坏斗；18—虹吸破坏管；
19—强制冲洗管；20—冲洗强度调节器

(2) 工作过程

当滤池刚投入运转时，虹吸上升管内外的水面差反映了清洁滤层过滤时的水力损失，如图 5-23 中所示的 H_0，该值一般在 20cm 左右，也称为初期水力损失。随着过滤的进行，滤层水力损失逐渐增加，虹吸上升管中水位相应逐渐上升，在到达虹吸辅助管 13 以前（即过滤阶段），上升管中被水排挤的空气受到压缩，从虹吸下降管 15 的出口端穿过水封进入大气。当虹吸上升管中的水位超过虹吸辅助管 13 的上端管口时，水便从虹吸辅助管流下，依靠下降水流在管中形成的真空和水流的挟气作用，抽气管 14 不断将虹吸管中空气抽走，使虹吸管中真空度逐渐增大。其结果是：一方面虹吸上升管中水位升高，另一方面虹吸下降管 15 将排水水封井中的水吸上至一定高度。当虹吸上升管中的水越过虹吸管顶端而下落时，管中真空度急剧增加，达到一定程度时，下落水流与虹吸下降管中上升水柱汇成一股冲出管口，把管中残余空气全部带走，形成连续虹吸水流，冲洗开始。虹吸形成后，冲洗水箱的水沿着与过滤相反的方向，通过连通渠 10，从下而上地经过滤池，冲洗滤层，冲洗水进入虹吸上升管 3，由排水水封井 16 排出。冲洗强度可用冲洗强度调节器 20 来进行调节。起始冲洗强度一般采用 12L/(m^2 · s)，终了强度为 8L/(m^2 · s)，滤层膨胀度为 30％～50％，冲洗时间为 4～6min。

在冲洗过程中，冲洗水箱的水位逐渐下降，当降到虹吸破坏斗 17 缘口以下时，虹吸破坏管 18 把斗中的水吸光，管口露出水面，大量空气由虹吸破坏管进入虹吸管，虹吸被破坏，冲洗停止，虹吸上升管中的水位回降，过滤又重新开始。从过滤开始至虹吸上升管中水位升至辅助管口的这段时间为无阀滤池的过滤周期。辅助管口至冲洗最高水位差即为期终允许水力损失 H，一般为 1.5～2.0m。

无阀滤池的特点是能自动进行冲洗，但如果在滤层水力损失尚未达到最大允许值而需要提前冲洗时，也可进行人工强制冲洗。强制冲洗设备是在辅助管与抽气管相连接的三通上部接一根强制冲洗管 19。打开强制冲洗阀门，在抽气管与虹吸辅助管连接三通处的高速水流产生强烈的抽气作用，使虹吸很快形成。

（3）设计计算

重力无阀滤池的设计计算内容如下：

1）冲洗水箱净面积 F

$$F = \alpha \frac{Q}{v} \tag{5-18}$$

式中　Q——设计水量，m^3/h；

　　　v——设计滤速，m/h；

　　　α——考虑反冲洗水量增加的百分数，一般采用 1.05。

2）冲洗水箱高度 H'

$$H' = \frac{60Fqt}{1000F'} \tag{5-19}$$

式中　H'——冲洗水箱高度，m；

　　　t——冲洗历时，min；

　　　q——反冲洗强度，$L/(s \cdot m^2)$；

　　　F'——冲洗水箱净面积，m^2，$F' = F + f_2$；

　　　f_2——连通渠及斜边壁厚面积，m^2；

　　　F——滤池净面积，m^2；

重力无阀滤池的主要设计参数如下：

进水堰口标高 $H_{堰}$：采用双格组合时，为使进水-配水箱配水均匀，要求两堰口标高、厚度和粗糙度尽可能相同。

$H_{堰}$＝虹吸辅助管口标高＋进水及虹吸上升管内各项水力损失之和＋堰上自由出流高
　　　度(10～15cm)

为防止虹吸管工作时因进水带气提前破坏虹吸现象，可采取下列措施：

① 滤池冲洗前，进水-配水箱应保持一定水深，一般考虑箱底与滤池冲洗水箱持平。

② 进水管内流速一般为 0.5～0.7m/s。

③ 为确保安全，进水管 U 形存水弯的底部中心标高应与滤池排水井底标高持平。

5.1.3.4　移动冲洗罩滤池

移动冲洗罩滤池是由若干滤格组成的一组滤池，利用一个可移动的冲洗罩轮流对各滤格进行冲洗。

（1）工作原理

图 5-24 所示为一座由 24 格组成、双行排列的虹吸式移动冲洗罩滤池示意图。滤池设有共用的进水、出水系统，滤层上部和滤池底部配水区相互连通，每滤格均在相同的变水头条件下，以阶梯式进行降速过滤，而整个滤池又是在恒定的进出水位下，以恒定的滤速工作。

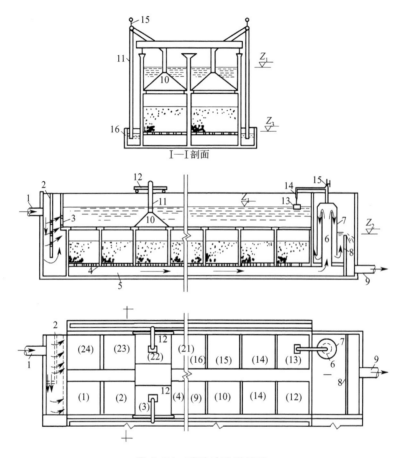

图 5-24　移动冲洗罩滤池

1—进水管；2—穿孔配水墙；3—消力栅；4—配水孔；5—配水室；
6—出水虹吸中心管；7—出水虹吸管钟罩；8—出水堰；9—出水管；10—冲洗罩；
11—排水虹吸管；12—桁车；13—浮筒；14—针形阀；15—抽气管；16—排水渠

移动罩冲洗滤池一般适用于大、中型水厂，以便充分发挥冲洗罩的使用效率。其优点有：池体结构简单；对各滤格循序连续冲洗，无需冲洗水箱或水塔；无大型阀门，管件少；采用泵吸式冲洗罩时，池深较浅。其缺点是：增加了机电及控制设备；自动控制和维修比较复杂。

（2）工作过程

移动罩滤池的工作过程分过滤过程和冲洗过程两个阶段。

1）过滤过程

过滤时，污水由进水管 1 经穿孔配水墙 2 及消力栅 3 进入滤池，经滤层过滤后由底部配水室 5 流入出水虹吸中心管 6。当虹吸中心管内水位上升到管顶且溢流时，带走出水虹吸管钟罩 7 和中心管间的空气，达到一定真空度时，虹吸形成，滤后出水便从出水虹吸管钟罩 7 和中心管的空间流出，经出水堰 8 流入清水池。滤池内水位标高 Z_1 和出水堰水位标高 Z_2 之差即为过滤水头，一般为 1.2～1.5m。

2）冲洗过程

当某一格滤池需要冲洗时，冲洗罩 10 由桁车 12 带动移至该滤格上面就位，并封住滤格顶部，同时用抽气设备抽出排水虹吸管 11 中的空气，当排水虹吸管真空度达到一定值后，虹吸形成，冲洗开始。冲洗水由本组其余滤格的滤后水供给，经小阻力配水系统的配水室 5、配水孔，通过承托层和滤层后，由排水虹吸管 11 排入排水渠 16。出水堰顶水位 Z_2 和排水渠中水封井上的水位 Z_3 之差即为冲洗水头，一般为 1.0～1.2m。当滤格较多时，在一格滤池的冲洗期间，滤池组仍可继续向清水池供水。当一格滤池冲洗完毕后，冲洗罩移至下一滤格，准备对其进行冲洗。

移动冲洗罩的作用与无阀滤池的伞形顶盖相同。冲洗罩的移动、定位和密封是滤池正常运行的关键，移动速度、停车定位和定位后的密封时间等，均根据设计要求用程序控制机或机电控制。

移动冲洗罩的排水虹吸管的抽气设备可采用真空泵或由水泵供给压力水的水射器，设备置于桁车上。反冲洗水也可直接采用吸水性能好、低扬程的水泵直接排出，这种冲洗罩为泵吸式。泵吸式冲洗罩无需抽气设备，且冲洗水可回流入絮凝池加以利用。

穿孔配水墙 2 和消力栅 3 的作用是均匀分散水流和消除进水动能，以防止集中水流的冲击力造成起端滤格中滤料的移动，保持滤层平整。特别是在滤池建成投产或放空后重新运行初期，池内水位较低、进水落差较大时，如不采用上述措施，势必造成滤料移动。

浮筒 13 和针形阀 14 用以控制滤池的滤速。当滤池出水流量超过进水流量时，池内水位下降，浮筒随之下降，针形阀打开，空气进入出水虹吸管钟罩 7，出水流量随之减小，防止在运行初期滤池滤料处于清洁状态时滤速过高而引起出水水质恶化。当出水流量小于进水流量时，池内水位上升，浮筒随之上升并促使针形阀封闭进气口，出水虹吸管钟罩内真空度增大，出水流量随之增大。因此，浮筒总在一定幅度内升降，使滤池水面基本保持一定。当滤格较多时，移动罩滤池的过滤过程接近等水头减速过滤。

出水虹吸中心管 6 和出水虹吸管钟罩 7 的大小取决于流速，一般采用 0.6～1.0m/s。管径过大，会使针形阀的进气量不足，调节水位作用欠敏感；管径过小，水力损失增大，相应的池深也增大。滤格多，冲洗罩的使用效率高。为满足冲洗要求，移动罩滤池的分格数不得小于 8。如果采用泵吸式冲洗罩，滤格多时可排列成多行。冲洗罩可随桁车作纵向移动，罩体本身亦可在桁车上作横向移动，但运行比较复杂。

(3) 设计计算

移动冲洗罩滤池的设计内容包括：

1）滤池面积 F

$$F = 1.05 \frac{Q}{v_1} \tag{5-20}$$

式中　Q——净产水量，m^3/h；

v_1——平均滤速，m/h。

2）滤池格数

$$n < \frac{60T}{t+s} \tag{5-21}$$

式中　T——滤池总过滤周期，h；

　　　t——单格滤池冲洗时间，min；

　　　s——罩体在两滤格间的移动时间，min。

　　3）单格滤池的面积 f 及反冲洗流量 q_1

$$f = F/n \tag{5-22}$$

$$q_1 = fq \tag{5-23}$$

式中　q——反冲洗强度，$L/(s \cdot m^2)$；

　　q_1——每一滤格的反冲洗流量，L/s。

移动冲洗罩滤池的主要设计参数包括：

① 出水虹吸管的设计流速一般采用 $0.9 \sim 1.3 m/s$，反冲洗虹吸管的设计流速一般采用 $0.7 \sim 1.0 m/s$。

② 冲洗泵可选用农业灌溉用水泵、油浸式潜水泵或轴流泵等。

③ 出水虹吸管管顶高程（G）是影响滤池稳定的一个控制因素，应控制在 L_1 和 L_0 之间，一般可低于 L_0 约 100mm。

④ 滤层厚度一般比普通快滤池薄（约 275mm），但其滤料较细，因此过滤效果差不多，也采用小阻力配水系统。

⑤ 滤池一般配有自动控制系统。

5.1.3.5　上向流滤池

上向流滤池接近于理想滤池，因此效果好，周期长。可能出现的问题是滤床上浮或部分流化，使原已截留的污物脱落进入过滤出水中。解决方法有：a. 在细滤料顶部设置平行板或金属格栅，平行板的间距、金属格栅的开孔大小应能遏制床砂膨胀和流失，运行时应主要控制好流量，提高气水分离效果，防止气泡阻塞和穿透；b. 加厚滤床，可达 1.8m 以上。上向流滤池的结构如图 5-25 所示，要求均匀分配进水及反冲洗水。大型上向流滤池应单独设气水分离装置。

上向流滤池的设计内容主要是计算清洁滤层的初始流化速度 v_f，其余与前述各滤池的相同。

$$v_f = \frac{(\rho_s - \rho)gd^2}{1980\mu a^2} \frac{\varepsilon_0}{1 - \varepsilon_0} \tag{5-24}$$

式中　v_f——清洁滤层初始流化速度，cm/s；

　ρ_s、ρ——滤料和污水的密度，g/cm^3；

　　d——滤料的粒径，cm；

　　g——重力加速度，cm/s^2；

　　μ——污水的动力黏度，$10^{-1} Pa \cdot s$；

　　ε_0——清洁滤层的孔隙比；

　　α——滤料的形状系数。

上向流滤池的主要设计参数包括：

① 设计滤速 $v < v_f$。

② 滤料级配：上部石英砂的粒径为 $1 \sim 2mm$，厚度

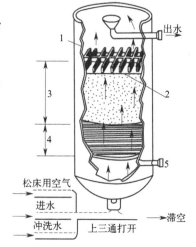

图 5-25　上向流滤池

1—格栅；2—砂拱；3—厚砂层；

4—卵石层；5—底部排出水

为 1～1.5m；中部砂层的粒径为 2～3mm，厚度为 300mm；下部粗砂的粒径为 10～16mm，厚度为 250mm。

③ 滤砂层上部设遏制格栅时，格栅的开孔面积按 75％计算。

5.1.3.6　V 型滤池

V 型滤池因进水槽的形状呈 V 字形而得名，其构造简图如图 5-26，通常一组滤池由数格滤池组成。进水槽底设有一排小孔 6，既可作过滤时进水用，又可在冲洗时供横向扫洗布水用。每格滤池中间为双层中央渠道，将滤池分成左、右两格。中央渠道的上层是排水渠 7，供冲洗排污用；下层是气水分配渠 8，过滤时汇集滤后清水，冲洗时分配气和水。气水分配渠 8 上部设有一排配气小孔 10，下部设有一排配水方孔 9。滤板上均匀布置长柄滤头，约 50～60 个/m²。滤板下部是底部空间 11。

（1）过滤过程

进水由进水总渠经进水气动隔膜阀 1 和方孔 2 后，溢过堰口 3 再经侧孔 4 进入 V 型槽 5，通过槽底小孔 6 和槽顶溢流，均匀进入滤池，而后通过砂滤层和长柄滤头流入底部空间 11，再经配水方孔 9 汇入中央气水分配渠 8 内，最后由管廊中的水封井 12、出水堰 13、清水渠 14 流入清水池。滤速可在 7～20m/h 范围内选用，视进水水质、滤料组成等决定，可根据滤池水位变化自动调节出水蝶阀的开度实现等速过滤。

（2）冲洗过程

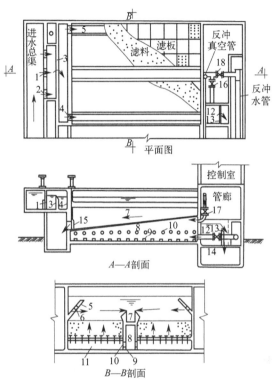

图 5-26　V 型滤池结构示意图

1—进水气动隔膜阀；2—方孔；3—堰口；4—侧孔；
5—V 型槽；6—槽底小孔；7—排水渠；8—气水分配渠；
9—配水方孔；10—配气小孔；11—底部空间；12—水封井；
13—出水堰；14—清水渠；15—排水渠；16—清水阀；
17—进气阀；18—冲洗水阀

首先关闭进水气动隔膜阀 1，但两侧方孔 2 常开，故仍有一部分水继续进入 V 型槽并经槽底小孔 6 进入滤池。而后开启排水阀 15，将池内水从排水渠中排出，直至滤池水面与 V 型槽相平。冲洗操作可采用"气冲-气水同时反冲-水冲"3 步，也可采用"气水同时反冲-水冲"2 步。3 步冲洗过程如下：

① 启动鼓风机，打开进气阀 17，空气经气水分配渠 8 上部的配气小孔 10 均匀进入滤池底部，由长柄滤头喷出，将滤料表面杂质擦洗下来并悬浮于水中。由于 V 型槽底小孔 6 继续进水，在滤池中产生横向水流，形同表面扫洗，将杂质推向排水渠 7。

② 启动冲洗水泵，打开冲洗水阀 18，此时空气和水同时进入气水分配渠 8，再经配水方孔 9、配气小孔 10 和长柄滤头均匀进入滤池，使滤料得到进一步冲洗。同时，横向

冲洗仍继续进行。

③ 停止气冲，单独用水再反冲洗几分钟，加上横向扫洗，最后将悬浮于水中的杂质全部冲入排水槽。冲洗流程如图 5-26 中的箭头所示。

气冲强度一般在 $14\sim17L/(m^2\cdot s)$，水冲强度约为 $4L/(m^2\cdot s)$，横向扫洗强度约为 $1.4\sim2.0L/(m^2\cdot s)$。因水流反冲的强度较小，因此滤料不会膨胀，总的反冲洗时间约 10min。冲洗过程全部由程序自动控制。

V 型滤池的主要特点是：a. 可采用较粗的滤料和较厚的滤层以增加过滤周期；b. 气、水反冲洗再加始终存在的横向表面冲洗，冲洗效果好，冲洗水量大大减小。

5.1.3.7 压力滤池

压力滤池的构造如图 5-27 所示，外壳是钢制压力容器，容器内设置有进水和配水系统并装有滤料，容器外设置各种管道和阀门。进水用泵直接打入容器内，在压力下进行过滤，允许水头损失可达 $6\sim7m$。滤后出水压力较高，可直接送到用水装置、水塔或后面的处理设备。压力滤池的过滤能力强，容积小，设备定型，使用机动性大，常用于工业给水处理中，往往与离子交换器串联使用。配水系统常用小阻力配水系统中的缝隙式滤头、支管开缝或孔式（支管外包以尼龙网）等，但单个滤头的过滤面积较小，只适用于水量小（$Q<4000m^3/d$）的场合。

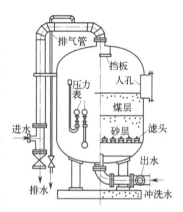

图 5-27　压力滤池的构造图

压力滤池分竖式和卧式两种，直径一般不超过 3m。常用无烟煤和石英砂双层滤料，处理含油污水时也可用核桃壳作滤料，粒径一般采用 $0.6\sim1.0mm$。滤层厚度通常约为 $1.1\sim1.2m$，滤速为 $8\sim10m/s$ 或更大，期终允许水力损失值可达 $5\sim6m$。反冲洗水通过顶部的漏斗或设有挡板的进水管收集并排除。为提高冲洗效果，可考虑用压缩空气辅助冲洗。滤池外部安装有压力表及取样管，以便及时监控水头损失和水质变化。滤池顶部设有排气阀，以排除池内和水中析出的空气。

压力滤池的特点是：可省去清水泵站；运行管理较方便；可移动位置，临时性给水也很适用；但耗用钢材多，滤料装卸不方便。

5.2　机械过滤技术与设备

机械过滤是采用某种合适的设备，使污水中的固体颗粒呈饼层状沉积于过滤介质的上游一侧，适用于处理固相含量稍高（固相体积分率约在 1% 以上）的悬浮液。

5.2.1　技术原理

机械过滤的颗粒去除机理是机械筛除，过滤介质按其孔径大小对过滤液体中的颗粒进行截留分离。过滤的作用力可以是重力或惯性离心力，但应用最多的还是过滤介质上、下游两侧的压强差。

5.2.2 工艺过程

机械过滤的工艺过程是：将含有固体颗粒的污水导入过滤设备的滤室，在一定压力差的作用下，水分透过过滤介质而流出（称为滤液），而污水中所含的固体颗粒被孔径较小的过滤介质截留形成滤饼而留在滤室内（称为滤饼或滤渣）。操作一定时间后，将一定厚度的滤饼卸除，同时对过滤介质进行清洗，以恢复其过滤能力（截留固体颗粒的能力及保证一定水通量的能力），重新开始新的操作循环。

5.2.3 过程设备

机械过滤过程所用的设备通称为过滤机。

5.2.3.1 设备分类

过滤机可按其操作方式分为两类：间歇过滤机与连续过滤机。间歇过滤机的构造一般比较简单，可在较高压强下操作，常见的有压滤机和叶滤机等。连续过滤机多采用真空操作，常见的有转筒真空过滤机、圆盘真空过滤机等。

（1）板框压滤机

板框压滤机由压紧装置、机架和滤框及其他附属装置等部件组成，其结构如图 5-28 所示。滤板和滤框交替叠合架在两根平行的支撑梁上，所有滤板两侧都具有和滤框形状相同的密封面，滤布夹在滤板、滤框密封面之间，成为密封的垫片。

板和框多做成正方形，如图 5-29 所示，角端均开有小孔，装合并压紧后即构成供滤浆或洗水流通的孔道。框的两侧覆以滤布，空框与滤布围成了容纳滤浆及滤饼的空间。滤板的作用有两个：一是支撑滤布，二是提供滤液流出的通道。为此，板面上制成各种凹凸纹路，凸者起支撑滤布的作用，凹者形成滤液流道。滤板又分为洗涤板与非洗涤板两种，其结构与作用有所不同。为了组装时易于辨别，常在板、框外侧铸有小钮或其他标志，如图 5-29 所示，故有时洗涤板又称三钮板，非洗涤板又称一钮板，而滤框则带二钮。装合时按钮数以 1—

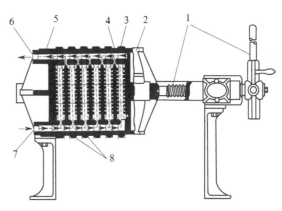

图 5-28 板框压滤机结构图

1—压紧装置；2—可动头；3—滤框；4—滤板；
5—固定头；6—滤液出口；7—滤浆进口；8—滤布

2—3—2—1—2—…的顺序排列板与框。所需框数由生产能力及滤浆浓度等因素决定。每台板框压滤机有一定的总框数，最多的可达 60 个，当所需框数不多时，可取一盲板插入，切断滤浆流通的孔道，后面的板和框即失去作用。

过滤时，悬浮液在指定压强下经滤浆通道由滤框角端的暗孔进入框内，如图 5-30（a）所示，滤液分别穿过两侧滤布，再沿邻板板面流至滤液出口排出，固体则被截留于框内。

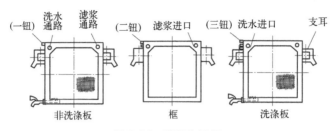

图 5-29 滤板和滤框

待滤饼充满全框后，即停止过滤。若滤饼需要洗涤时，则将洗水压入洗水通道，并经由洗涤板角端的暗孔进入板面与滤布之间。此时应关闭洗涤板下部的滤液出口，洗水便在压强差的推动下横穿一层滤布及整个滤框厚度的滤饼，然后再横穿另一层滤布，最后由非洗涤板下部的滤液出口排出，如图 5-30(b) 所示。洗涤结束后，旋开压紧装置并将板框拉开，卸出滤饼，清洗滤布，整理板、框，重新装合，进行另一个操作循环。

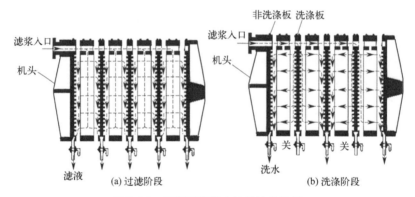

图 5-30 板框压滤机内液体流动路径

板框压滤机的操作表压一般不超过 0.8MPa，有个别达到 1.5MPa 者。滤板和滤框可用多种金属材料或木材制成，也可使用塑料涂层，以适应物料性质及机械强度等方面的要求。滤液的排出方式有明流（滤液经由每块滤板底部小直管直接排出）和暗流（将各板流出的滤液汇集于总管后送走）之分。明流便于观察各滤板工作是否正常，如见到某板出口滤液浑浊，即可关闭该处旋塞，以免影响全部滤液的质量。暗流在构造上比较简单。压紧装置的驱动有手动与机动两种。

板框压滤机结构简单、制造方便、附属设备少、单位过滤面积占地较小、过滤面积较大、操作压强高、物料适应能力强、过滤面积选择范围宽、滤饼含湿率低、固相回收率高，是所有加压过滤机中结构最简单、应用最广泛的一种机型。但因为间歇操作，生产效率低、劳动强度大；滤饼密实而且变形，洗涤不完全；排渣和洗涤易对滤布产生磨损，导致滤布使用寿命短。目前虽已出现自动操作的板框压滤机，但使用不多。

（2）加压叶滤机

加压叶滤机是将一组并联的滤叶按一定方式（垂直或水平）装入密闭的滤筒内，滤浆在压力作用下进入滤筒，滤液通过滤叶从管道排出，固相颗粒被截留在滤叶表面。图 5-31所示的加压叶滤机由许多不同宽度的长方形滤叶组装而成。滤叶由金属多孔板或金属网制造，内部具有空间，外罩滤布，安装在能承受内压的密闭机壳内。滤液用泵压送到机壳内，穿过滤布进入叶内，汇集至总管后排出机外，颗粒则积于滤布外侧形成滤饼。滤饼厚度通常为 2～35mm，视滤浆性质和操作情况而定。若滤饼需要洗涤，则于过滤完毕后通入洗水，洗水的路径与滤液的相同。洗涤后打开机壳上盖，拔出滤叶卸除滤饼，或在壳内对滤叶加以清洗。

加压叶滤机按外形可分为立式和卧式两种，按滤叶布置形式又可分为垂直滤叶式和水平滤叶式。加压叶滤机的优点是灵活性大，操作稳定，可密闭操作，改善了操作条件，当被处理物料为易汽化、有味、有毒物质时密封性能好；采用冲洗或吹除方法卸除滤饼时劳动强度低，过滤速度大，洗涤效果好。缺点是为了防止滤饼固结或下落，必须精心操作；滤饼湿含量大；

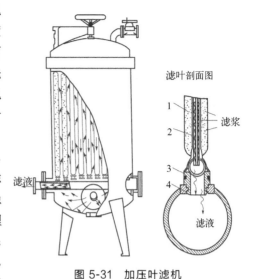

图 5-31　加压叶滤机

1—滤饼；2—滤布；3—拔出装置；4—橡胶圈

过滤过程中，在竖直方向上有粒度分级现象；造价较高，更换滤布（尤其是对于圆形滤叶）比较麻烦。

加压叶滤机的过滤推动力较大，可用于过滤浓度较大、较黏而不易分离的悬浮液；也适用于悬浮液固相含量虽少（少于 1%），但只需要液相而废弃固相的情况。槽体容易实现保温或加热，可用于要在较高温度下进行的情况。密封性能好，适用于易挥发液体的过滤。

（3）筒式压滤机

筒式压滤机以滤芯作为过滤介质，按滤芯型式可分为纤维填充滤芯型、绕线滤芯型、金属烧结滤芯型、滤布套筒型、折叠式滤芯型和微孔滤芯型等多种类型。各种不同的滤芯配置在过滤管中，加上壳体组成各种滤芯型筒式压滤机。筒式压滤机使用的滤芯，主要用于固体颗粒在 0.5～10μm 的物料或者虽大于 0.5μm 但颗粒非刚性、易变形、颗粒之间或者颗粒与过滤介质之间黏度大的难过滤物料。广泛应用于工业污水处理等行业。

（4）旋叶压滤机

旋叶压滤机是在压力、离心力、流体曳力或其他外力推动下，料浆与过滤面成平行或旋转的剪切运动，过滤面上不积存或只积存少量滤饼，基本上或完全摆脱了滤饼束缚的一种过滤操作。

旋叶压滤机由机架、若干组滤板、旋叶及其传动系统和控制系统等组成。旋叶的转速根据物料特性可以调节。滤板表面覆有过滤介质，滤板和旋叶组成一个个滤室。旋叶压滤机的特点是用于连续、密闭、高温等操作的场合，过滤速率高，滤饼含湿量低，同时可避免板框压滤机操作过程中频繁开框、出渣、洗涤过滤介质、合框、压紧滤板等繁重的体力劳动。但由于被浓缩的悬浮液需要绕过旋叶和滤板这样长的通道流动，因此限制了临界浓度值的提高。

旋叶压滤机多用于高黏度、可压缩与高分散、难过滤物料的过滤，如染料、颜料、金属氧化物、金属氢氧化物、碱金属、合成材料等各化学工业过程，各种废料处理中的过滤和增浓。

（5）厢式压滤机

厢式压滤机按滤板的安装方式可分为卧式和立式；按操作方式可分为全自动操作和半自动操作；按有无挤压装置可分为隔膜挤压型和无隔膜挤压型；按滤布的安装方式可分为滤布固定式和滤布可移动式，移动式又分为单块滤布移动式和滤布全行走式；按滤液排出方式分为明流式和暗流式。

厢式压滤机的滤室由两块相同的滤板组合而成，卸料只需将滤板分开就可实现，容易实现自动操作，更适合于处理黏性大、颗粒小、渣量多等过滤难度较大的场合，被广泛用于污水处理等行业。

相对于板框压滤机而言，由于厢式压滤机仅由滤板组成，减少了密封面，增加了密封的可靠性。但滤布由于依赖滤布凹室而引起变形，容易磨损和折裂，使用寿命短。滤饼受凹室限制，不能太厚，洗涤效果不如板框式过滤机。

（6）锥盘压榨过滤机

锥盘压榨过滤机属于连续压榨过滤机，是两个锥形过滤圆盘的顶点用中心销连接在一起，锥盘盘面上开有许多孔，锥盘的轴心线互相倾斜，两个锥盘以相同转速转动。物料在两圆锥盘的最大间隙处加入，随着圆锥的旋转，间隔逐渐变小而受到压榨，物料在间隔最小处受到压榨力最大，脱水后成为滤饼，并随着间隔的再次增大而由刮刀卸除。

锥盘压榨过滤机的特点是：生产能力大、耗能少；对物料的压榨力大，出渣含湿量低；物料在锥盘面上几乎没有摩擦，不易破损，不易堵网；适应的物料较广。

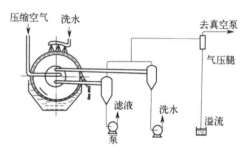

（7）转筒真空过滤机

转筒真空过滤机的主体是一个能转动的水平圆筒，其表面有一层金属网，网上覆盖滤布，筒的下部浸入滤浆中，如图 5-32 所示。圆筒沿周向分隔成若干扇形格，每格都有单独的孔道

图 5-32　转筒真空过滤机装置示意图

通至分配头上。圆筒转动时，凭借分配头的作用使这些孔道依次分别与真空管和压缩空气管相通，因而在回转一周的过程中每个扇形格表面即可顺序进行过滤、洗涤、吸干、吹松、卸饼等项操作。

分配头由紧密贴合的转动盘与固定盘构成，转动盘随着筒体一起旋转，固定盘内侧各凹槽分别与各种不同作用的管道相通，如图 5-33 所示，当扇形格 1 开始浸入滤浆内时，转动盘上相应的小孔便与固定盘上的凹槽 f 相对，从而与真空管道连通，吸走滤液。图上扇形格 1~7 所处的位置称为过滤区。扇形格转出滤浆槽后，仍与凹槽 f 相通，继续吸干残留在滤饼中的滤液。扇形格 8~10 所处的位置称为吸干区。扇形格转至 12

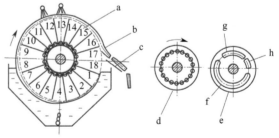

图 5-33　转筒及分配头的结构

a—转筒；b—滤饼；c—割刀；d—转动盘；e—固定盘；
f—吸走滤液的真空凹槽；g—吸走洗水的真空凹槽；
h—通入压缩空气的凹槽

的位置时，洗涤水喷洒于滤饼上，此时扇形格与固定盘上的凹槽 g 相通，以另一真空管道吸走洗水。扇形格 12、13 所处的位置称为洗涤区。扇形格 11 对应于固定盘上凹槽 f 与 g 之间，不与任何管道相连通，该位置称为不工作区。当扇形格由一区转入另一区时，因有不工作区的存在，方使各操作区不致相互串通。扇形格 14 的位置为吸干区，15 为不工作区。扇形格 16、17 与固定凹槽 h 相通，再与压缩空气管道相连，压缩空气从内向外穿过滤布而将滤饼吹松，随后由刮刀将滤饼卸除。扇形格 16、17 的位置称为吹松区及卸料区，18 为不工作区。如此连续运转，整个转筒表面便构成了连续的过滤操作，操作的关键在于分配头，它使每个扇形格通过不同部位时依次进行过滤、吸干、洗涤、再吸干、吹松、卸料等几个步骤。

转筒真空过滤机的过滤面积一般为 $5\sim40m^2$，浸没部分占 30%～40%，转速通常为 $0.1\sim3r/min$。滤饼厚度一般在 40mm 以内，对难过滤的胶质物料，厚度可小于 10mm 以下。滤饼中液体含量很少低于 10%，常可达 30% 左右。

转筒真空过滤机能连续自动操作，节省人力，生产能力强，特别适于处理量大且容易过滤的料浆，但附属设备较多，投资费用高，过滤面积不大。此外，由于它是真空操作，因而过滤推动力有限，尤其不能过滤温度较高（饱和蒸气压高）的滤浆。对较难过滤的物料适应能力较差，滤饼的洗涤也不充分。

（8）圆盘过滤机

1）圆盘真空过滤机

圆盘真空过滤机是将圆盘装在一根水平空心主轴上，每个圆盘又分成若干个小扇形过滤叶片，每个扇形叶片即构成一个过滤室。圆盘真空过滤机根据拥有的圆盘数，可分为单盘式和多盘式两种。

圆盘真空过滤机过滤面积大，单位过滤面积造价低，设备可大型化；占地面积小，能耗小，滤布更换方便。缺点是由于过滤面为立式，滤饼厚薄不均，易龟裂，不易洗涤，薄层滤饼卸料困难，滤布磨损快，且易堵塞。圆盘真空过滤机适合处理沉降速度不高、易过滤的物料，不适合处理非黏性物料。

2）圆盘加压过滤机

圆盘加压过滤机是一种装在压力容器内的圆盘过滤机，通过具有一定压力的空气使滤布上产生过滤所必要的压差，滤扇内部通过控制头与气水分离器连通，而后者与大气相通。

圆盘加压过滤机的优点是连续作业，处理量大，降低了脱水的成本，脱水效果好，特别是过滤空间密封，符合环保要求，主要用在煤炭、金属精矿矿浆和原矿矿浆的过滤。通入蒸汽是解决黏性细小物料在常温下难过滤、效率低的一种方法，并且可节省干燥费用。

3）陶瓷圆盘真空过滤机

陶瓷圆盘真空过滤机是用陶瓷烧结氧化铝制成的陶瓷过滤板取代传统的滤片和滤布，具有过滤效果好、滤饼水分低、滤液清澈透明、处理能力大、自动化程度高、无滤布损耗等优点，主要应用于化工、制药、重要有色金属、煤炭、矿物工业和污水处理等行业。

（9）转台真空过滤机

转台真空过滤机是由若干个扇形滤室组成的旋转圆形转台，滤室上部配有滤板、滤网、滤布，圆环形过滤面的下面是由若干径向垂直隔板分隔成的许多彼此独立的扇形滤室，滤室下部有出液管，与错气盘连接。

转台真空过滤机的优点是结构简单、生产能力大、操作成本低、洗涤效果好、洗涤液可与滤液分开,适用于要求洗涤效果好和含有密度大的粗颗粒的滤浆,也可以过滤含密度小的悬浮颗粒的滤浆。缺点是占地面积大,由于采用螺旋卸料,有残余滤饼层,滤布磨损大,滤布易堵塞。

(10) 翻盘式真空过滤机

翻盘(或翻斗)式真空过滤机包括滤盘、分配阀、转盘、导轨、挡轮、传动结构等。旋转的环形过滤面由一组扇形过滤斗组成,由驱动装置带动进行回转运动,在排渣和冲洗滤布时,滤盘借助翻盘曲线导轨进行翻转和复位。在工作区域内滤盘仅作水平旋转。

这种过滤机的主要优点是连续地完成加料、过滤、洗涤滤饼、翻盘排渣、冲洗滤布、滤布吸干、滤盘复位等操作;卸料完整,不损伤滤布并且滤布的再生效果好;可进行多级逆流洗涤,滤饼的洗涤效果好,生产能力大,可过滤黏稠的物料,适用于分离含固量(质量分数)大于15%~35%、密度较大易分离且滤饼要进行充分洗涤的料浆。缺点是占地面积大,转动部件多,维护费用高。

(11) 带式过滤机

1) 带式真空过滤机

带式真空过滤机是以循环移动的环形滤带作为过滤介质,利用负压和重力作用使液固快速分离的一种连续式过滤机,按其结构原理分为移动室型、固定室型、间歇运动型和连续移动盘型。

移动室型带式真空过滤机是真空盒随水平滤带一起移动,并且过滤、洗涤、下料、卸料等操作同时进行。固定室型带式真空过滤机采用一条橡胶脱液带作为支承带,滤布放在脱液带上,脱液带上开有相当密的、成对设置的沟槽,沟槽中开有贯穿孔。脱液带本身的强度足以支承真空吸力,因此滤布本身不受力,滤布的寿命较长。

间歇运动型带式过滤机是在一个循环运行的过滤带上连续或批量加入料浆,在真空作用下,在过滤带的下部抽走滤液,在过滤带上形成滤饼,然后对滤饼进行洗涤、挤压或空气干燥。连续移动盘型带式真空过滤机是将整体式真空滤盘改为由很多可以分合的小滤盘组成,小滤盘联结成一个环形带,滤盘可以和滤布一起向前移动。

带式真空过滤机的特点是水平过滤面,上面加料,过滤效率高,洗涤效果好,滤饼厚度可调,滤布可正反两面同时洗涤,操作灵活,维修费用低。适用于过滤含粗颗粒的高浓度滤浆及滤饼需要多次洗涤的物料,广泛用于冶金、矿山、石油、化工、煤炭、造纸、电力、制药以及环保等工业领域。

2) 带式压榨过滤机

带式压榨过滤机是将悬浮液加到两条无端的滤带之间,借助压榨辊的压力挤压出悬浮液中的液体。依据压榨脱水阶段的不同,主要分为普通(DY)型、压滤段隔膜挤压(DYG)型、压滤段高压带压榨(DVD)型、相对压榨(DYX)型及真空预脱水(DYZ)型。

带式压榨过滤机的优点是:结构简单,操作简便、稳定,处理量大,能耗少,噪声低,自动化程度高,可以连续作业,易于维护。缺点是滤带会因为悬浮液分布不均匀而造成跑偏故障,调校较困难。

5.2.3.2 设备选型

常用的过滤机型式及它们的特点和典型使用场合列于表5-5。过滤机的选型要考虑滤浆的过滤特性、滤浆物性和生产规模等因素。

表 5-5　过滤机型式及适用范围

过滤方式	机型	适用滤浆特性			适用范围及注意事项
		浓度%	过滤速度	滤饼厚度/mm	
连续式 真空 过滤机	转鼓过滤机 ①带卸料式	2～65	低。5min 内须在鼓面上形成＞3mm 均匀滤饼		广泛应用于化工、冶金、矿山、环保、水处理等部门。 固体颗粒在滤浆槽内几乎不能悬浮的滤浆。
	②刮刀卸料式 ③辊卸料式 ④绳索卸料式	50～60 5～40 5～60	中、低，滤饼不黏，滤饼有黏性 中、低	＞5～6 0.5～2 1.6～5	滤饼通气性太好，滤饼在转鼓上易脱落的滤浆不适宜。 滤饼洗涤效果不如水平式过滤机
	⑤顶部加料式	10～70	快	12～20	用于结晶性化工产品过滤
	⑥内滤面	颗粒细、沉降快 1min 内形成 15～20mm 厚的滤饼			用于采矿、冶金、滤饼易脱落场合
	⑦预涂层	＜2	稀薄滤浆		适用稀薄滤浆澄清，不宜用于获得滤饼的场合。适用于糊状、胶质等稀薄滤浆和细微颗粒易堵塞过滤介质的难过滤滤浆
	圆盘过滤机 ①垂直型	快。1min 内形成 15～20mm 厚的滤饼层			用于矿石、微煤粉、水泥原料，滤饼不能洗涤
	②水平型	30～50	快	2～20	广泛用于磷酸工业。适用于颗粒粗的滤浆能进行多级逆流洗涤
	水平台型过滤机	快。1min 内超过 20mm 厚的滤饼			用于磷酸工业。适用于固体颗粒密度小于液体密度的滤浆。滤饼洗涤效果不理想
	水平带式过滤机	5.70	快	4～5	用于磷酸工业、铝、各种无机化学工业、石膏及纸浆等行业。适用于固体颗粒大。洗涤效果好
间歇式 真空过滤机	叶型过滤机	适用于各种滤浆			生产规模不能太大
连续加 压过滤	转鼓过滤机 垂直回转圆盘过滤机	适用各种浓度、高黏性滤浆			各种化工、石油化工，处理能力大，适用于挥发性物质过滤
	预涂层转鼓过滤机	稀薄滤浆			适用于难处理滤浆的澄清过滤
间歇式加 压过滤机	板框型及凹板型压滤机	适用于各种滤浆			用于食品、冶金、颜料和染料、采矿、石油化工、医药、化工
	加压叶型过滤机	适用于各种滤浆			用于大规模过滤和澄清过滤，后者要有预涂层
重力式 过滤	砂层过滤机	适于 PPM 程度的极稀薄滤浆			用于饮用水、工业用水的澄清过滤、污水处理、溢流水过滤

（1）滤浆的过滤特性

滤浆按其过滤特性可分为良好、中等、差、稀薄和极稀薄五类，与滤饼的过滤速度、滤饼孔隙率、固体颗粒沉降速度和固相浓度等因素有关。

过滤性良好的滤浆：能在几秒钟内形成 50mm 以上厚度的滤饼，即使在滤浆槽里有搅拌器都无法维持悬浮状态。大规模处理可采用内部给料式或顶部给料式转鼓真空过滤机。若滤饼不能保持在转鼓过滤面上或滤饼需充分洗涤的，则采用水平型真空过滤机。处理量不大时可用间歇操作的水平加压过滤机。

过滤性中等的滤浆：能在 30s 内形成 50mm 厚滤饼。这种滤浆在搅拌器作用下能维持悬浮状态。固体浓度约为 10％～20％（体积），能在转鼓上形成稳定的滤饼。大规模过滤可采用格式转鼓真空过滤机。滤饼需洗涤的，选水平移动带式过滤机；不需洗涤的可选垂直回转圆盘过滤机。小规模生产采用间歇操作的加压过滤机。

过滤性差的滤浆：在 500mmHg（1mmHg＝0.133kPa）真空度下，5min 内最多只能形成 3mm 厚的滤饼。固相浓度为 1%～10%（体积）。在单位时间内形成的滤饼较薄，很难从过滤机上连续排出滤饼。大规模过滤时宜选用格式转鼓真空过滤机、垂直回转圆盘真空过滤机。小规模生产采用间歇操作的加压过滤机。若滤饼需充分洗涤，可选用真空叶滤机、立式板框压滤机。

稀薄滤浆：固相浓度在 5%（体积）以下，形成滤饼在 1mm/min 以下。大规模生产可采用预涂层过滤机或过滤面积较大的间歇操作加压过滤机。小规模生产选用叶滤机。

极稀薄滤浆：含固率低于 0.1%（体积），一般无法形成滤饼，主要起澄清作用。颗粒尺寸大于 5μm 时选水平盘形加压过滤机。滤液黏度低时可选预涂层过滤机。滤液黏度低且颗粒尺寸小于 5μm 时应选带有预涂层的间歇操作加压过滤机。黏度高、颗粒尺寸小于 5μm 时可选用带有预涂层的板框压滤机。

（2）滤浆物性

滤浆物性主要是指黏度、蒸汽压、腐蚀性、溶解度和颗粒直径等。滤浆黏度高、过滤阻力大，要选加压过滤机。温度高时蒸汽压高，宜选用加压过滤机，不宜用真空过滤机。当物料易燃、有毒或挥发性强时，要选密封性好的加压过滤机，以确保安全。

（3）生产规模

大规模生产时选用连续式过滤机。小规模生产选用间歇式过滤机。

5.2.3.3　滤饼洗涤

洗涤滤饼的目的在于回收滞留在颗粒缝隙间的滤液，或净化构成滤饼的颗粒。由于洗水里不含固相，故洗涤过程中滤饼厚度不变，因而在恒定的压强差推动下洗水的体积流量不会改变。洗水的流量称为洗涤速率，以 $\left(\dfrac{\mathrm{d}V}{\mathrm{d}\tau}\right)_{\mathrm{w}}$ 表示。若每次过滤终了时以体积为 V_{w} 的洗水洗涤滤饼，则所需洗涤时间为

$$\tau_{\mathrm{w}} = \frac{V_{\mathrm{w}}}{\left(\dfrac{\mathrm{d}V}{\mathrm{d}\tau}\right)_{\mathrm{w}}} \tag{5-25}$$

式中　V_{w}——洗水用量，m^3；

τ_{w}——洗涤时间，s。

影响洗涤速率的因素可根据过滤基本方程式来分析，即

$$\frac{\mathrm{d}V}{\mathrm{d}\tau} = \frac{A\Delta p^{1-s}}{\mu r_0 (L + L_{\mathrm{e}})} \tag{5-26}$$

式中　A——过滤面积，m^2；

Δp——过滤压强降，Pa；

s——滤饼的压缩性指标，一般情况下，$s=0\sim1$，对于不可压缩滤饼，$s=0$；

μ——液体黏度，Pa·s；

r_0——过滤液的性能参数；

L——滤饼厚度，m；

L_{e}——过滤介质的当量滤饼厚度，m。

对于一定的悬浮液，r_0 为常数。若洗涤压强差与过滤终了时的压强差相同，并假定洗水黏度与滤液黏度相近，则洗涤速率 $\left(\dfrac{\mathrm{d}V}{\mathrm{d}\tau}\right)_{\mathrm{W}}$ 与过滤终了时的过滤速率 $\left(\dfrac{\mathrm{d}V}{\mathrm{d}\tau}\right)_{\mathrm{E}}$ 有一定的关系，这个关系取决于过滤设备上采用的洗涤方式。

叶滤机等所采用的是简单洗涤法，洗水与过滤终了时的滤液流动路径基本相同，故

$$(L+L_{\mathrm{e}})_{\mathrm{W}} = (L+L_{\mathrm{e}})_{\mathrm{E}} \tag{5-27}$$

式中下标 E 表示过滤终了。洗涤面积与过滤面积相同，故洗涤速率约等于过滤终了时的过滤速率，

$$\left(\frac{\mathrm{d}V}{\mathrm{d}\tau}\right)_{\mathrm{W}} = \left(\frac{\mathrm{d}V}{\mathrm{d}\tau}\right)_{\mathrm{E}} \tag{5-28}$$

板框压滤机采用的是横穿洗涤法，洗水横穿两层滤布和整个滤框厚度的滤饼，流经长度约为过滤终了时滤液流动路径的 2 倍，而供洗水流通的面积仅为过滤面积的一半，即

$$(L+L_{\mathrm{e}})_{\mathrm{W}} = 2(L+L_{\mathrm{e}})_{\mathrm{E}} \tag{5-29}$$

$$A_{\mathrm{W}} = \frac{1}{2}A \tag{5-30}$$

将以上关系代入过滤基本方程式(5-26)，可得

$$\left(\frac{\mathrm{d}V}{\mathrm{d}\tau}\right)_{\mathrm{W}} = \frac{1}{4}\left(\frac{\mathrm{d}V}{\mathrm{d}\tau}\right)_{\mathrm{E}} \tag{5-31}$$

即板框压滤机上的洗涤速率约为过滤终了时过滤速率的 1/4。

当洗水黏度、洗水表压与滤液黏度、过滤压强差有明显差异时，所需洗涤时间可按下式进行校正

$$\tau'_{\mathrm{W}} = \tau_{\mathrm{W}}\left(\frac{\mu_{\mathrm{W}}}{\mu}\right)\left(\frac{\Delta p}{\Delta p_{\mathrm{W}}}\right) \tag{5-32}$$

式中　τ'_{W}——校正后的洗涤时间，s；

τ_{W}——未经校正的洗涤时间，s；

μ_{W}——洗水黏度，Pa·s；

μ——滤液黏度，Pa·s；

Δp——过滤终了时刻的压强差，Pa；

Δp_{W}——洗涤压强差，Pa。

5.2.3.4　生产能力

过滤机的生产能力通常是指单位时间内获得的滤液体积，少数情况下，也有按滤饼的产量或滤饼中固相物质的产量来计算。

(1) 间歇过滤机的生产能力

间歇过滤机的特点是在整个过滤机上依次进行过滤、卸渣、清理、装合等步骤的循环操作。在每一循环周期中，全部过滤面积只有部分时间在进行过滤，而过滤之外的各步操作所占用的时间也必须计入生产时间内。因此在计算生产能力时，应以整个操作周期为基准。操作周期为

$$T = \tau + \tau_{\mathrm{W}} + \tau_{\mathrm{D}} \tag{5-33}$$

式中　T——一个操作循环的时间，即操作周期，s；

τ——一个操作循环内的过滤时间，s；

τ_W——一个操作循环内的洗涤时间，s；

τ_D——一个操作循环内的卸渣、清理、装合等辅助操作所需时间，s。

则生产能力的计算式为

$$Q = \frac{3600V}{T} = \frac{3600V}{\tau + \tau_W + \tau_D} \tag{5-34}$$

式中　V——一个操作循环内所获得的滤液体积，m^3；

　　　Q——生产能力，m^3/h。

（2）连续过滤机的生产能力

以转筒真空过滤机为例，连续过滤机的特点是过滤、洗涤、卸饼等操作在转筒表面的不同区域内同时进行，任何时刻总有一部分表面浸没在滤浆中进行过滤，任何一块表面在转筒回转一周过程中都只有部分时间进行过滤操作。转筒表面浸入滤浆中的分数称为浸没度，以 ϕ 表示，即

$$\phi = \frac{浸没角度}{360°} \tag{5-35}$$

因转筒以匀速运转，故浸没度 ϕ 就是转筒表面任何一小块过滤面积每次浸入滤浆中的时间（即过滤时间）τ 与转筒回转一周所用时间 T 的比值。若转筒转速为 n（r/min），则 $T = \frac{60}{n}$。

在此时间内，整个转筒表面上任何一小块过滤面积所经历的过滤时间均为 $\tau = \phi T = \frac{60\phi}{n}$。

所以，从生产能力的角度来看，一台总过滤面积为 A、浸没度为 ϕ、转速为 n（r/min）的连续式转筒真空过滤机，与一台在同样条件下操作过滤面积为 A、操作周期为 $T = \frac{60}{n}$、每次过滤时间为 $\tau = \frac{60\phi}{n}$ 的间歇式板框压滤机是等效的。因而，可以完全依照前面所述的间歇式过滤机生产能力的计算方法来计算连续式过滤机的生产能力。

根据恒压过滤方程式

$$(V + V_e)^2 = KA^2(\tau + \tau_e) \tag{5-36}$$

式中　K——过滤机的过滤性能系数；

　　　τ——转筒转动的起始时刻，s；

　　　τ_e——转筒转动一周时的时间，即过滤操作时间，s；

　　　V——转筒每转一周所得的滤液体积，m^3；

　　　V_e——转筒每转一周所得的滤饼体积，m^3

可知转筒每转一周所得的滤液体积为

$$V = \sqrt{KA^2(\tau + \tau_e)} - V_e = \sqrt{kA^2\left(\frac{60\phi}{n} + \tau_e\right)} - V_e \tag{5-37}$$

则每小时所得滤液体积，即生产能力，为

$$Q = 60nV = 60\left[\sqrt{KA^2(60\phi n + \tau_e n^2)} - V_e n\right] \tag{5-38}$$

当滤布阻力可以忽略时，$\tau_e=0$、$V_e=0$，则上式简化为

$$Q=60n\sqrt{KA^2\frac{60\phi}{n}}=465A\sqrt{Kn\phi}\tag{5-39}$$

可见，连续过滤机的转速愈高，生产能力就愈强。但若旋转过快，每一周期中的过滤时间便缩至很短，使滤饼太薄，难于卸除，也不利于洗涤，且使功率消耗增大。合适的转速需经实验决定。

5.3　膜过滤技术与设备

膜是指分隔两相界面的一个具有选择透过性的屏障，它的形态很多，有固态和液态、均相和非均相、对称和非对称、带电和不带电等之分。一般膜很薄，其厚度可以从几微米到几毫米。所有不同形式的膜都具有一个共同的特点，即渗透性或半渗透性。

膜过滤是以膜为过滤介质而对污水中的固体颗粒实现分离，根据分离过程的推动力和传递机理，可将污水处理领域的膜过滤技术按表 5-6 进行分类。

表 5-6　污水处理领域的膜过滤技术

过滤技术	推动力	传递机理	透过组分	截留组分	膜类型
反渗透（RO）	压力差 1000～10000kPa	溶剂的扩散传递	溶剂、中性小分子	悬浮物、大分子、离子	非对称性膜或复合膜
纳滤（NF）	压力差 0.15～1.0MPa	渗透扩散	小分子、一价离子	相对分子质量数百的小分子、多价离子	非对称性膜或复合膜
超滤（UF）	压力差 100～1000kPa	分子特性、形状、大小	溶剂、少量小分子溶质	大分子溶质	非对称性膜
微滤（MF）	压力差 0～100kPa	颗粒大小、形状	溶液、微粒（0.02～10μm）	悬浮物（胶体、细菌）、粒径较大的微粒	多孔膜

5.3.1　反渗透技术与设备

反渗透是利用反渗透膜选择性地只透过溶剂（通常是水）的性质，对溶液施加压力克服溶剂的渗透压，使溶剂从溶液中分离出来，从而得到溶质的单元操作。反渗透属于以压力差为推动力的膜分离技术，其操作压差一般为 1.5～10MPa，截留组分为 $(1\sim10)\times10^{-10}$ m 的小分子物质。

5.3.1.1　技术原理

反渗透（RO）是利用反渗透膜选择性地只允许溶剂（通常是水）透过而截留离子物质的性质，以膜两侧静压差为推动力，克服溶剂的渗透压，使溶剂通过反渗透膜而实现溶剂和溶质分离的膜过程。反渗透的选择透过性与组分在膜中的溶解、吸附和扩散有关，因此除与膜孔的大小、结构有关外，还与膜的物化性质有密切关系，即与组分和膜之间的相互作用密切相关。所以，在反渗透分离过程中化学因素（即膜及其表面特性）起主导作用。

目前一般认为，溶解-扩散理论能较好地解释反渗透膜的传递过程。根据该模型，水的渗透体积通量的计算式如下：

$$J_W = K_W(\Delta p - \Delta \pi) \tag{5-40}$$

式中 J_W——水的体积通量，$m^3/(m^2 \cdot s)$；

      Δp——膜两侧的压力差，Pa；

      $\Delta \pi$——溶液渗透压差，Pa；

      K_W——水的渗透系数，是溶解度和扩散系数的函数。

$$K_W = \frac{D_{Wm} C_W V_W}{RT\delta} \tag{5-41}$$

对于反渗透过程，K_W 约为 $6 \times 10^{-4} \sim 3 \times 10^{-2} \, m^3/(m^2 \cdot h \cdot MPa)$；对于纳滤过程，$K_W$ 约为 $0.03 \sim 0.2 \, m^3/(m^2 \cdot h \cdot MPa)$。

      D_{Wm}——溶剂在膜中的扩散系数，m^2/s；

      C_W——溶剂在膜中的溶解度，m^3/m^3；

      V_W——溶剂的摩尔体积，m^3/mol；

      δ——膜厚，m。

溶质的扩散通量可近似地表示为：

$$J_s = D_m \frac{dC_m}{dz} \tag{5-42}$$

式中 J_s——溶质的摩尔通量，$kmol/(m^2 \cdot s)$；

      D_m——溶质在膜中的扩散系数，m^2/s；

      C_m——溶质在膜中的浓度，$kmol/m^3$。

由于膜中溶质的浓度 C_m 无法测定，因此通常用溶质在膜和液相主体之间的分配系数 k_s 与膜外溶液的浓度来表示，假设膜两侧的 k_s 值相等，于是上式可以表示为：

$$J_s = D_m k_s \frac{C_F - C_P}{\delta} = K_s(C_F - C_P) \tag{5-43}$$

式中 k_s——溶质在膜和液相主体之间的分配系数；

  C_F、C_P——膜上游溶液中和透过液中溶质的浓度，$kmol/m^3$；

      K_s——溶质的渗透系数，m/s。

对于以 NaCl 作溶质的反渗透过程，K_s 值的范围是 $5 \times 10^{-4} \sim 10^{-3} m/h$，截留性能好的膜 K_s 值较低。对于纳滤膜，不同盐的截留率有很大差别，如对 NaCl 的截留率可在 $5\% \sim 95\%$ 之间变化。溶质渗透系数 K_s 是扩散系数 D_{Wm} 和分配系数 k_s 的函数。

通常情况下，只有当膜内浓度与膜厚度呈线性关系时，式(5-43)才成立。经验表明，溶解-扩散模型适用于溶质浓度低于 15% 的膜传递过程。在许多场合下膜内的浓度场是非线性的，特别是在溶液浓度较高且对膜具有较高溶胀度的情况下，模型的误差较大。

从式(5-40)可以看出，水通量随着压力升高呈线性增加。而从式(5-43)可以看出，溶质通量几乎不受压差的影响，只取决于膜两侧的浓度差。

5.3.1.2 工艺过程

在整个反渗透处理系统中，除了反渗透器和高压泵等主体设备外，为了保证膜性能稳定，防止膜表面结垢和水流道堵塞等，除了设置合理的预处理装置外，还需配置必要的附加设备如 pH 调节、消毒和微孔过滤等。一级反渗透工艺基本流程如图 5-34 所示。

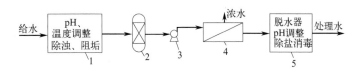

图 5-34　一级反渗透工艺基本流程

1—预处理；2—保安过滤器；3—高压泵；4—反渗透装置；5—后处理

根据料液的情况、分离要求以及所有膜器一次分离效率高低等的不同，反渗透过程可以采用不同的工艺流程。

（1）一级一段连续式

图 5-35 为典型的一级一段连续式工艺流程。料液一次通过膜组件即为浓缩液而排出。这种方式透过液的回收率不高，在工业中较少应用。

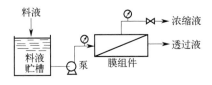

图 5-35　一级一段连续式工艺流程

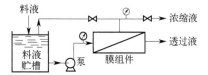

图 5-36　一级一段循环式工艺流程

（2）一级一段循环式

一级一段循环式工艺流程如图 5-36 所示。为提高透过液的回收率，将部分浓缩液返回进料贮槽与原有的料液混合后，再次通过膜组件进行分离。这种方式可提高透过液的回收率，但因为浓缩液中溶质的浓度比原料液要高，使透过液的质量有所下降。

（3）一级多段连续式

图 5-37 为最简单的一级多段连续式流程，将第一段的浓缩液作为第二段的进料液，再把第二段的浓缩液作为下一段的进料液，各段的透过液连续排出。这种方式的透过液回收率高，浓缩液的量较少，但其溶质浓度较高，同时可以增加产水量。膜组件逐渐减少是为了保持一定流速以减轻膜表面浓差极化现象。

在应用中，还可采用多级多段连续式和循环式工艺流程，操作方式与上述三种工艺流程相似。

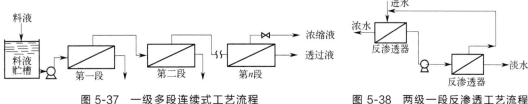

图 5-37　一级多段连续式工艺流程

图 5-38　两级一段反渗透工艺流程

（4）两级一段式

图 5-38 为两级一段式反渗透工艺流程。当海水脱盐要求把 NaCl 从 35000mg/L 降至 500mg/L 时，要求脱盐率达 98.6%。如一级反渗透达不到要求，可分两级进行，即在第一级先除去 90% 的 NaCl，再在第二级从第一级出水中去除 89% 的 NaCl，即可达到要求。

155

（5）多级多段式

多级多段循环式工艺流程如图 5-39 所示，以第一级的淡水作为第二级的进水，后一级的浓水回收作为前一级的进水，目的是提高出水质量。一般需设中间贮水箱和高压水泵。

（6）多段反渗透-离子交换组合

三段反渗透-离子交换组合如图 5-40 所示，对第一段的浓水用离子交换软化，防止第二段膜面结垢，第二、三段用高压膜组件，以满足对高浓度水除盐的反渗透压力需要。该组合适用于水源缺乏，即使原水含盐量较高，也要求较高的水回收率的场合。

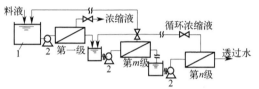

图 5-39　多级多段循环式工艺流程　　　　图 5-40　三段反渗透-离子交换组合
1—料液贮槽；2—高压泵

5.3.1.3　过程设备

反渗透过程所用的设备称为反渗透膜设备，主体是由膜组成膜组件，再由若干膜组件装配成反渗透膜设备。

（1）反渗透膜

膜材料是制造各种优质反渗透膜和纳滤膜的基础，膜材料包括各种高分子材料和无机材料。目前在工业中应用的反渗透膜材料主要有醋酸纤维素（CA）、聚酰胺（PA）以及复合膜。

CA 膜的厚度为 $100 \sim 200 \mu m$，具有不对称结构：其表面层致密，厚度为 $0.25 \sim 1 \mu m$，与除盐作用有关。其下紧接着是一层较厚的多孔海绵层，支持着表面层，称为支持层。表面层含水率约为 12%，支持层含水率约为 60%。表面层的细孔在 10nm 以下，而支持层的细孔多数在 100nm 以上。CA 膜是目前研究和使用最多的一种反渗透膜，具有透水率高、对大多数水溶性组分的渗透性低、成膜性能良好的特点。

PA 膜在 20 世纪 70 年代以前主要以脂肪族聚酰胺膜为主，这些膜的透水性能都较差，目前使用最多的是芳香聚酰胺膜。

复合膜由薄且密的复合层与高孔隙率的基膜复合而成。通常是先制造多孔支撑膜，然后再设法在其表面形成一层非常薄的致密皮层，这两层的材料一般是不同的高聚物。复合层可选用不同的材质来改变膜表层的亲合性。复合膜的膜通量在相同条件下一般比非对称膜高约 50%～60%。按照制膜方法的不同，复合膜分为三种类型：Ⅰ型是在聚砜支撑层上涂膜或压上超薄膜；Ⅱ型由厚度为 10～30nm 的超薄层和凝胶组成；Ⅲ型由交联重合体生产的超薄膜层和渗入超薄膜材料的支持层组成。复合膜的种类很多，包括交联芳香族聚酰胺复合膜、丙烯-烷基聚酰胺和缩合尿素复合膜、聚哌嗪酰胺复合膜等。

根据适用范围，反渗透膜可分为三类：高压反渗透膜、低压反渗透膜和超低压反渗透膜。

高压反渗透膜的主要用途之一是海水淡化。目前应用的高压反渗透膜主要有 5 种：三醋酸纤维素中空纤维膜、直链全芳烃聚酰胺中空纤维膜、交联全芳烃聚酰胺型薄层复合膜（卷式）、芳基-烷基聚醚脲型薄层复合膜（卷式）及交联聚醚薄层复合膜。

低压反渗透膜通常在 1.4～2.0MPa 的压力下进行操作，主要用于苦咸水脱盐。与高压反渗透膜相比，设备费和操作费较少，对某些有机和无机溶质有较高的选择分离能力。低压反渗透膜多为复合膜，其皮层材质为芳香聚酰胺、聚乙烯醇等。

超低压反渗透膜又称为疏松型反渗透膜或纳滤膜，其操作压力通常在 1.0MPa 以上。它对单价离子和相对分子质量小于 300 的小分子的截留率较低，对二价离子和相对分子质量大于 300 的有机小分子的截留率较高。

（2）反渗透膜组件

反渗透膜组件的型式有多种，包括管式、板框式、中空纤维式和螺旋卷式。工业应用最多的是螺旋卷式膜组件，约占 90％以上。

1）板式（板框式）膜组件

板式膜组件由几十块承压板、微孔透水板和膜重叠组成，承压板外两侧盖透水板，再贴膜，每 2 张膜四周用聚氨酯胶和透水板外环黏合，外环用 O 形密封圈，用长螺栓固定，如图 5-41 所示。高压水由上而下折流通过每块板，净化水由每块膜中的透水板引出。装置牢固，能承受高压，但水流状态差，易形成浓差极化，设备费用大。聚醚薄型承压板的强度极高，采用复合膜，膜间距仅6mm，装置紧凑，产水量大，除盐率高。

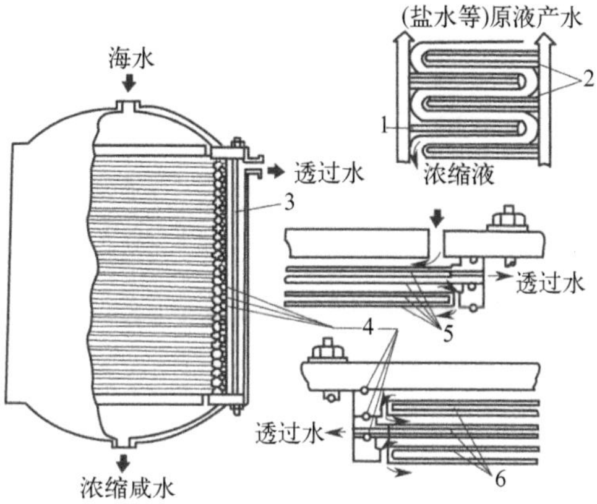

图 5-41　耐压板框构造型膜组件

1—承压板；2—膜；3—紧固螺栓；
4—环形垫圈；5—膜；6—多孔板

2）管式膜组件

管式膜组件是把膜衬在耐压微孔管内壁或将制膜浆液直接涂刷在管外壁，有单管式和管束式、内压式和外压式多种。耐压管径一般为 0.6～2.5cm，常用多孔性玻璃纤维环氧树脂增强管、陶瓷管、不锈钢管等。管式膜组件的水力条件好，但单位体积中膜面积小。图 5-42（a）为内压管式反渗透器除盐示意图。

3）中空纤维式膜组件

中空纤维式是一种细如发丝的空心纤维管，外径约 50～100μm，内径为 25～42μm，将几十万根这种中空纤维弯成 U 形装入耐压容器中，纤维开口端固定在圆板上用环氧树脂密封，就成为中空纤维式反渗透器，其结构如图 5-43 所示。

4）螺旋卷式膜组件

在 2 层膜中间衬 1 层透水隔网，把这 2 层膜的 3 边用黏合剂密封，将另一开口与一根多孔集水管密封连接，再在下面铺 1 层多孔透水隔网供原水通过，最后以集水管为轴将膜叶螺旋卷紧而成，如图 5-44 所示。膜叶越多，卷式组件的直径越大，单位体积的膜面积也越大。卷式膜组件的主要优点有：a. 单位体积中膜的表面积大；b. 安装和更换容易，结构紧凑。但卷式膜同时也存在如下缺点：a. 不适合料液含悬浮物高的情况；b. 料液流动路线短；c. 再循环浓缩困难。

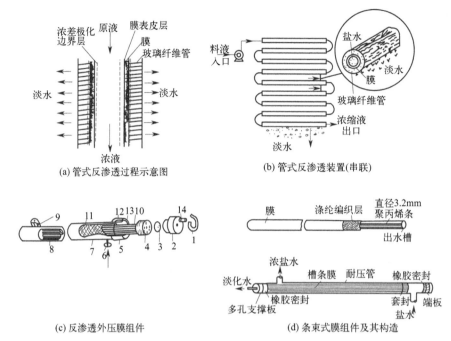

(a) 管式反渗透过程示意图　　(b) 管式反渗透装置(串联)

(c) 反渗透外压膜组件　　(d) 条束式膜组件及其构造

图 5-42　管式反渗透装置

1—孔用挡圈；2—集水密封环；3—聚氯乙烯烧结板；4—锥形多孔橡胶塞；5—密封管接头；6—进水口；
7—壳体；8—橡胶笔胆；9—出水口；10—膜元件；11—网套；12—O型密封圈；13—挡圈槽；14—淡水出口

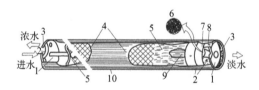

图 5-43　中空纤维式膜组件结构示意图

1—端板；2—O型密封环；3—弹簧（咬紧）夹环；4—导流网；5—中空纤维膜；
6—中空纤维断面放大；7—环氧树脂管板；8—多孔支撑板；9—进水分配多孔管；10—外壳

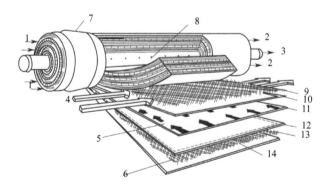

图 5-44　螺旋卷式膜组件

1—原水；2—废弃液；3—渗透水出口；4—原水流向；5—渗透水流向；6—保护层；7—组件与外壳间的密封；
8—收集渗透水的多孔管；9—隔网；10—膜；11—渗透水的收集系统；12—膜；13—隔网；14—连续两层膜的缝线

(3) 工艺设计

进行反渗透系统的设计计算，必须掌握进水水质、各组分的浓度、渗透压、温度及 pH 值等原始资料，反渗透工艺如以制取淡水为目的，则应掌握淡化水水量、淡化水水质以及水回用率等有关数据。如以浓缩有用物质为目的，则应掌握工艺允许的淡化水水质及其浓缩倍数。

1) 水与溶质的通量

反渗透过程中，水和溶质透过膜的通量可根据溶解-扩散机理模型，分别由式(5-44)和式(5-45) 给出，即

$$J_W = K_W(\Delta p - \Delta \pi) \tag{5-44}$$

$$J_s = K_s \Delta C \tag{5-45}$$

由以上二式可知，在给定条件下，透过膜的水通量与压力差成正比，而透过膜的溶质通量则主要与分子扩散有关，因而只与浓度差成正比。因此，提高反渗透的操作压力不仅使淡化水通量增加，而且可以降低淡化水的溶质浓度。另一方面，在操作压力不变的情况下，增大进水的溶质浓度将使溶质通量增大，但由于原水渗透压增加，将使水通量减少。

2) 脱盐率

反渗透的脱盐率（或对溶质的截留率）可由下式计算：

$$\beta = \frac{C_F - C_P}{C_F} \tag{5-46}$$

脱盐率也可用水透过系数 K_W 和溶质透过系数 K_s 的比值来表示。反渗透过程中的物料衡算关系为：

$$Q_F C_F = (Q_F - Q_P) C_C + Q_P C_P \tag{5-47}$$

式中 Q_F、Q_P——进水流量和淡化水流量；

C_F、C_C、C_P——进水、浓水和淡化水中的含盐量。

膜进水侧的含盐量平均浓度 C_a 可表示为

$$C_a = \frac{Q_F C_F + (Q_F - Q_P) C_C}{Q_F + (Q_F - Q_P)} \tag{5-48}$$

脱盐率可写成

$$\beta = \frac{C_a - C_P}{C_a} \tag{5-49a}$$

或

$$\frac{C_P}{C_a} = 1 - \beta \tag{5-49b}$$

由于 $J_s = J_W C_P$，故

$$\beta = 1 - \frac{J_s}{J_W C_a} = 1 - \frac{K_s \Delta C}{K_W(\Delta p - \Delta \pi) C_a} \tag{5-50}$$

由式(5-49) 可知，膜材料的水透过系数 K_W 和溶质透过系数 K_s 直接影响脱盐率。如果要实现高的脱盐率，系数 K_W 应尽可能大，而 K_s 尽可能地小，即膜材料必须对溶剂的亲和力高，而对溶质的亲和力低。因此，在反渗透过程中，膜材料的选择十分重要，这与微滤和超滤有明显区别。

对于大多数反渗透膜，其对氯化钠的截留率大于 98%，某些甚至高达 99.5%。

3）水回收率

在反渗透过程中，由于受溶液渗透压、黏度等的影响，原料液不可能全部成为透过液，因此透过液的体积总是小于原料液的体积。通常把透过液与原料液的体积之比称为水回收率，可由下式计算得到：

$$\gamma = \frac{Q_P}{Q_F} \tag{5-51}$$

5.3.2 纳滤技术与设备

纳滤（NF）是介于反渗透与超滤之间的一种压力驱动型膜分离技术，适用于分离相对分子质量为数百的有机小分子，并对离子具有选择截留性：一价离子可以大量地渗过纳滤膜（但并非无阻挡），而多价离子具有很高的截留率。

5.3.2.1 技术原理

纳滤膜对离子截留的选择性主要与纳滤膜的荷电有关，其对离子的渗透性主要取决于离子的价态。对阴离子，纳滤膜的截留率按以下顺序上升：NO_3^-、Cl^-、OH^-、SO_4^{2-}、CO_3^{2-}；对阳离子，纳滤膜的截留率按以下顺序上升：H^+、Na^+、K^+、Ca^{2+}、Mg^{2+}、Cu^{2+}。

5.3.2.2 工艺过程

纳滤膜的传质机理与反渗透膜相似，属于溶解-扩散模型。但由于大部分纳滤膜为荷电膜，其对无机盐的分离行为不仅受化学势控制，同时也受电势梯度的影响，其传质机理还在深入研究中。

由于部分无机盐能透过纳滤膜，因此纳滤膜的渗透压远比反渗透膜低，相应的操作压力也比反渗透的低，通常在 0.15～1.0MPa 之间，可用于污水的脱盐、浓缩和提取有用物质。

5.3.2.3 过程设备

纳滤过程所用的设备称为纳滤膜设备，主要由纳滤膜组成膜组件，再由膜组件装配成满足生产任务的纳滤膜设备。目前商品纳滤膜多为薄层复合膜和不对称合金膜。

工业上应用的各种膜可以做成如图 5-45 所示的各种形状：平板膜片、圆管式膜和中空纤维膜。典型平板膜片的长宽各为 1m，厚度为 $200\mu m$，致密活性层的厚度一般为 $50～500nm$。管式膜通常做成直径约 0.5～5.0cm、长约 6m 的圆管，其致密活性层可以在管外侧面，亦可在管内侧面，并用玻璃纤维、多孔金属或其他适宜的多孔材料作为膜的支撑体。中空纤维膜的典型尺寸为：内径约 $100～200\mu m$，纤维长约 1m，致密活性层厚约 $0.1～1.0\mu m$，能提供很大的单位体积的膜表面积。

膜组件的结构与型式取决于膜的形状。由各种膜制成的膜组件主要有板框式、圆管式、螺旋卷式、中空纤维式等型式。

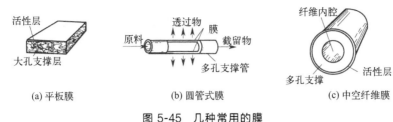

图 5-45　几种常用的膜

(a) 平板膜　　　(b) 圆管式膜　　　(c) 中空纤维膜

（1）板框式

板框式膜组件的外观很像普通的板框式压滤机，所用板膜的横截面可以做成圆形的、方形的，也可以是矩形的。图 5-46 所示为系紧螺栓式板框式膜组件。多孔支撑板的两侧表面有孔隙，其内腔有供透过液流过的通道，支撑板的表面和膜经黏结密封构成板膜。

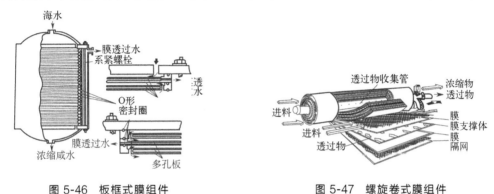

图 5-46　板框式膜组件　　　　图 5-47　螺旋卷式膜组件

（2）螺旋卷式

螺旋卷式（简称卷式）膜组件在结构上与螺旋板式换热器类似，如图 5-47 所示。在两片膜中夹入一层多孔支撑材料，将两片膜的三个边密封而黏结成膜袋，另一个开放的边沿与一根多孔的透过液收集管连接。在膜袋外部的原料液侧再垫一层网眼型间隔材料（隔网），即膜-多孔支撑体-原料液侧隔网依次叠合，绕中心管紧密地卷在一起，形成一个膜卷，再装进圆柱形压力容器内，构成一个螺旋卷式膜组件。使用时，原料液沿着与中心管平行的方向在隔网中流动，与膜接触，透过液则沿着螺旋方向在膜袋内的多孔支撑体中流动，最后汇集到中心管而被导出。浓缩液由压力容器的另一端引出。

螺旋卷式膜组件的优点是结构紧凑、单位体积内的有效膜面积大，透液量大，设备费用低。缺点是易堵塞，不易清洗，膜更换困难，膜组件的制作工艺和技术复杂，不宜在高压下操作。

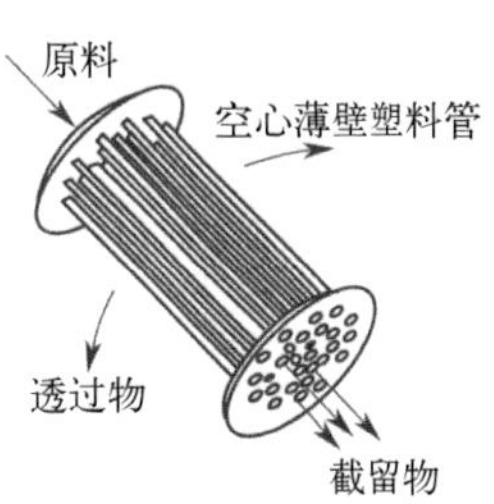

（3）圆管式

圆管式膜组件的结构类似管壳式换热器，见图 5-48。其结构主要是把膜和多孔支撑体均制成管状，使两者装在一起，管状膜

图 5-48　圆管式膜组件

可以在管内侧，也可在管外侧。再将一定数量的膜管以一定方式联成一体而组成。优点是原料液的流动状态好，流速易控制；膜容易清洗和更换；能够处理含有悬浮液的、黏度高的，或者能够析出固体等易堵塞液体通道的料液。缺点是设备投资和操作费用高，单位体积的过滤面积较小。

(4) 中空纤维式

中空纤维式膜组件的结构类似管壳式换热器，见图5-49。中空纤维膜组件的组装是把大量（有时是几十万或更多）的中空纤维膜装入圆筒耐压容器内。通常纤维束的一端封住，另一端固定在用环氧树脂浇铸成的管板上。使用时，加压的原料由一端进入壳侧，在向另一端流动的同时，渗透组分经纤维管壁进入管内通道，经管板流出，截留物在容器的另一端排掉。

中空纤维式膜组件的优点是设备单位体积内的膜面积大，不需要支撑材料，寿命可长达5年，设备投资低。缺点是膜组件的制作技术复杂，管板制造也较困难，易堵塞，不易清洗。

各种膜组件的综合性能比较见表5-7。

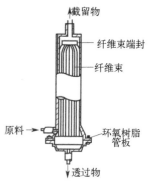

图 5-49　中空纤维式膜组件

表 5-7　各种膜组件的综合性能比较

组件型式	圆管式	板框式	螺旋卷式	中空纤维式
组件结构	简单	非常复杂	复杂	简单
装填密度/（m^2/m^3）	30～328	30～500	200～800	500～3000
相对成本	高	高	低	低
水流湍动性	好	中	差	差
膜清洗难易	易	易	难	较易
对预处理要求	低	较低	较高	低
能耗	高	中	低	低

5.3.3　超滤技术与设备

超滤是在压差推动力作用下进行的筛孔分离过程，一般用来分离分子量大于500的溶质、胶体、悬浮物和高分子物质。

5.3.3.1　技术原理

超滤过程的基本原理如图5-50所示。在以静压差为推动力的作用下，溶剂和小于超滤膜孔径的小分子溶质将透过膜成为滤出液或透过液，而大分子物质被膜截留，使它们在滤剩液中的浓度增大。

超滤（UF）属于压力驱动型膜过程，所用的膜为非对称性膜，膜孔径为1～20nm，分离范围为1nm～0.05μm，操作压力一般为0.3～1.0MPa，主要去除水中分子量500以上的中大分子和胶体微粒，如蛋白质、多糖、颜料等。其去除机理主要有：a. 膜表面的机械截留作用（筛分）；b. 膜表面及微孔的吸附作用（一次吸附）；c. 在膜孔中停留而被去除（堵塞）。一般认为以筛分作用为主。

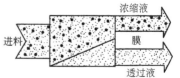

图 5-50　超滤基本原理示意图

5.3.3.2　工艺过程

超滤过程是一种动态过程，在超滤进行时，由泵提供推动力，在膜表面产生两个分力，一个是垂直于膜面的法向力，使水分子透过膜面，另一个是与膜面平行的切向力，把膜面截留物冲掉。因此，在超滤膜表面不易产生浓差极化和结垢，透水速率衰减缓慢，运行周期相对较长。一般当超滤膜透水速率下降时，只要减低膜面的法向应力，增加切向流速，进行短时间（3～5min）冲洗即可恢复，如图 5-51 所示。

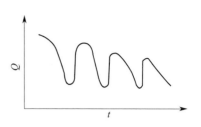

图 5-51　超滤时间与流量关系

超滤的操作方式可分为重过滤（diafiltration）和错流（crossflow）过滤两大类。

（1）重过滤

重过滤是将料液置于膜的上游，溶剂和小于膜孔的溶质在压力的驱动下透过膜，大于膜孔的颗粒则被膜截留。过滤压差可通过在原料侧加压或在透过膜侧抽真空产生。

重过滤可分为间歇式重过滤（图 5-52）和连续式重过滤（图 5-53）。

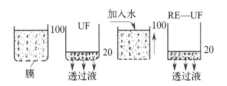

图 5-52　超滤膜的间歇式重过滤操作

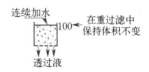

图 5-53　超滤膜的连续式重过滤操作

重过滤的特点是设备简单、小型，能耗低，可克服高浓度料液渗透流率低的缺点，能更好地去除渗透组分，通常用于蛋白质、酶之类大分子的提纯。但浓差极化和膜污染严重，尤其是在间歇操作中，要求膜对大分子的截留率高。

（2）错流过滤

错流过滤是指料液在泵的推动下平行于膜面流动，料液流经膜面时产生的剪切力可把膜面上滞留的颗粒带走，从而使污染层保持在一个较薄的稳定水平。根据操作方式，错流过滤也分为间歇式错流过滤和连续式错流过滤两类。

1）间歇式错流过滤

根据过滤过程中物料是否循环，间歇式错流过滤分为截留液全循环式错流过滤（图 5-54）和截留液部分循环式错流过滤（图 5-55）两种。

间歇式错流过滤具有操作简单、浓缩速度快、所需膜面积小等优点，通常被实验室和小型中试厂采用。但全循环时泵的能耗高，采用部分循环可适当降低能耗。

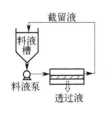

图 5-54　截留液全循环的间歇式错流过滤

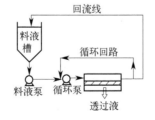

图 5-55　截留液部分循环的间歇错流过滤

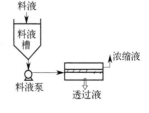

图 5-56　无循环式单级连续错流过滤

2）连续式错流过滤

连续式错流过滤是指料液连续加入料液槽，透过液连续排走的超滤操作方式。连续式

163

错流过滤可分为无循环式单级连续错流过滤（图 5-56）、截留液部分循环式单级连续错流过滤（图 5-57）和多级连续错流过滤（图 5-58）三种操作方式。

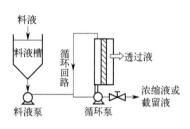

图 5-57 截留液部分循环式
单级连续错流过滤

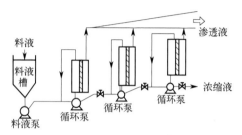

图 5-58 多级连续错流过滤

无循环式单级连续错流过滤由于渗透液通量低，浓缩比低，因此所需膜面积较大，组分在系统中的停留时间短。这种操作方式在反渗透中普遍采用，但在超滤中应用不多，仅在中空纤维生物反应器、水处理、热精脱除中有应用。

截留液部分循环式单级连续错流过滤和多级连续错流过滤在大规模生产中被普遍采用，但单级操作始终在高浓度下进行，渗透流率低。增加级数可提高效率，这是因为除最后一级在高浓度下操作、渗透流率最低外，其他各级的操作浓度均较低、渗透流率相应较大。多级操作所需的总膜面积小于单级操作，接近于间歇操作，而停留时间、滞留时间、所需贮槽均少于相应的间歇操作。

5.3.3.3 过程设备

超滤过程所用的设备称为超滤膜设备，主要是由超滤膜组成膜组件，再由若干膜组件组合成超滤膜设备。

（1）膜材料及其结构

超滤膜可分为有机膜和无机膜，多数为不对称膜，由一层极薄（0.1～1μm）的致密表皮层和一层较厚（160～220μm）的具有海绵状或指状结构的多孔层组成。前者起筛分作用，后者起支撑作用。膜孔径在分离过程中不是唯一决定因素，膜表面的化学性质也很重要。实际上超滤过程可能同时存在 3 种情形：a. 溶质在膜表面及微孔壁上吸附；b. 粒径略小于膜孔径的溶质在孔中停留，引起阻塞；c. 粒径大于膜孔径的溶质被膜表面机械截留。

常用的有机超滤膜材料有醋酸纤维素（CA、CTA）、聚砜（PS、PSA）、聚丙烯腈（PAN）、聚氯乙烯（PVC）、聚乙烯醇（PVA）、聚烯烃、聚酯、聚酰胺、聚酰亚胺、聚碳酸酯、聚甲基丙烯酸甲酯，改性聚苯醚等。商品以截留分子量大小划分，一般有 6000、10000、20000、30000、50000 和 80000 6 种。

无机膜多以金属、金属氧化物、陶瓷、多孔玻璃等为材料。与有机膜相比，无机膜具有热稳定性好、耐化学侵蚀、寿命长等优点，受到了越来越多的关注。但其缺点是易碎、价格较高。

（2）孔径特征

超滤膜通常以截留相对分子质量（MWCO）来表示膜的孔径特征。利用超滤膜，通过测定具有相似化学结构的不同相对分子质量的一系列化合物的截留率所得的曲线称为截留相对分子质量曲线，如图 5-59 所示。超滤膜的截留相对分子质量指截留率达到 90％的相对分子质量。大于该相对分子质量的物质几乎全部被膜所截留。在截留相对分子质量附近截留相对分子质量曲线越陡，则膜的截留性能越好。超滤膜的截留相对分子质量可

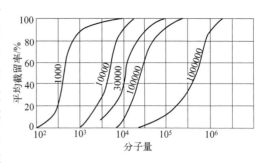

图 5-59　各种不同截留相对分子质量的超滤膜

以从 1000 到 100 万。图 5-59 中曲线所示的数字即为该型号超滤膜的截留相对分子质量数值。如图 5-59 中标有 1000 的曲线，纵坐标上截留率为 90％时，横坐标上相应的相对分子质量约等于 1000，故该超滤膜的截留相对分子质量为 1000。

(3) 性能

超滤膜的基本性能包括孔隙率、孔结构、表面特性、机械强度和化学稳定性等，其中孔结构和表面特性对使用过程中的渗透流率、分离性能和膜污染具有很大影响，膜的耐压性、耐温性、耐生物降解性等在某些工业应用中也非常重要。

表征超滤膜性能的参数主要有透水速率、溶质截留率等。

1）透水速率 $[cm^3/(cm^2 \cdot s)]$

$$J_w = \frac{Q}{At} \tag{5-52}$$

式中　Q——t 时间内透过水量，cm^3；

　　　　A——透过水的有效膜面积，cm^2；

　　　　t——过滤时间，s。

在纯水和大分子稀溶液中，膜的透过量与压差 Δp 成正比，可用下式表示：

$$J_w = \frac{\Delta p}{R_m} \tag{5-53}$$

式中　J_w——透过膜的纯水通量，$cm^3/(cm^2 \cdot s)$；

　　　　Δp——膜两侧的压力差，MPa；

　　　　R_m——膜阻力，$s \cdot MPa/cm$。

2）溶质截留率（％）

$$\beta = \frac{C_F - C_p}{C_F} \tag{5-54}$$

式中　C_F、C_p——膜过滤原水和出水中物质的量的浓度，mg/L。

(4) 浓差极化与凝胶层阻力

对于超滤过程，被膜所截留的通常为大分子物质、胶体等，大分子溶液的渗透压较小，由浓度变化引起的渗透压变化对分离过程的影响不大，可以不予考虑，但超滤过程中的浓差极化对通量的影响十分明显。因此，浓差极化现象是超滤过程中必须予以考虑的一个重要问题。

超滤过程中的浓差极化和凝胶层形成现象如图 5-60 所示。在超滤过程中，当含有不

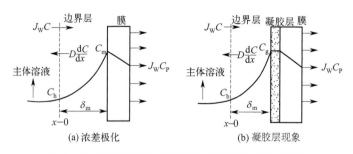

图 5-60　超滤过程中的浓差极化和凝胶层形成现象

同大小分子的混合液流动通过膜面时，在压力差的作用下，混合液中小于膜孔径的组分透过膜，而大于膜孔径的组分被截留。这些被截留的组分在紧邻膜表面形成浓度边界层，使边界层中的溶质浓度大大高于主体溶液中的浓度，形成由膜表面到主体溶液之间的浓度差。浓度差的存在导致紧靠膜面的溶质反向扩散到主体溶液中，这就是超滤过程中的浓差极化现象。当这种扩散的溶质通量与随着溶剂到达膜表面的溶质通量相等时，即达到动态平衡。由于浓差极化，膜表面处溶质浓度高，会导致溶质截留率的下降和渗透通量的下降。当膜表面处溶质浓度达到饱和时，在膜表面形成凝胶层，使溶质截留率增大，但渗透率显著减小。

　　如图 5-60(a) 所示，达到稳态时超滤膜的物料平衡式为：

$$J_W C_P = J_W C - D \frac{dC}{dx} \tag{5-55}$$

式中　$J_W C_P$——从边界层透过膜的溶质通量，$kmol/(m^2 \cdot s)$；

　　　　$J_W C$——对流传质进入边界层的溶质通量，$kmol/(m^2 \cdot s)$；

　　　　D——溶质在溶液中的扩散系数，m^2/s。

　　根据边界条件：$x=0$，$C=C_b$；$x=\delta_m$，$C=C_m$，积分式(5-55) 可得：

$$J_W = \frac{D}{\delta_m} \ln \frac{C_m - C_P}{C_b - C_P} \tag{5-56}$$

式中　C_b——主体溶液中的溶质浓度，$kmol/m^3$；

　　　　C_m——膜表面的溶质浓度，$kmol/m^3$；

　　　　C_P——膜透过液中的溶质浓度，$kmol/m^3$；

　　　　δ_m——膜的边界层厚度，m。

　　由于 C_P 的值很小，式(5-56) 可简化为：

$$J_W = K \ln \frac{C_m}{C_b} \tag{5-57}$$

式中　K——传质系数，$K = \frac{D}{\delta_m}$；

　　　　C_m/C_b——浓差极化比，其值越大，浓差极化现象越严重。

　　在超滤过程中，由于被截留的溶质大多数为胶体和大分子物质，这些物质在溶液中的扩散系数很小，溶质向主体溶液中的反向扩散速率远比渗透速率低，因此浓差极化比较严重。当胶体或大分子溶质在膜表面上的浓度超过其在溶液中的溶解度时，便会在膜表面形成凝胶层，如图 5-60(b) 所示，此时的浓度称为凝胶浓度 C_g，式(5-57) 则相应地改写成：

$$J_W = K \ln \frac{C_g}{C_b} \tag{5-58}$$

当膜面上凝胶层一旦形成后，膜表面上的凝胶层溶质浓度和主体溶液溶质浓度之间的梯度达到了最大值。若再增加超滤压差，则凝胶层厚度增加而使凝胶层阻力增加，所增加的压力为增厚的凝胶层所抵消，致使实际渗透速率没有明显增加。因此，一旦凝胶层形成后，渗透速率就与超滤压差无关。

图 5-61 表示超滤膜过滤分离含乳化油污水时，过滤水通量和操作压差之间的关系。当乳化油浓度为 0.1％时，水通量与操作压差成正比。当乳化油浓度为 1.2％时，增加操作压力对提高水通量的作用已减弱，浓差极化开始起控制作用。当乳化油浓度增加到 7.3％时，水通量基本不随操作压差的增加而增加，表明凝胶层已开始形成。

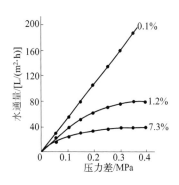

图 5-61　超滤膜过滤含乳化油污水时水通量与操作压差的关系

对于有凝胶层存在的超滤过程，常用阻力表示，若忽略溶液的渗透压，膜材料阻力为 R_m、浓差极化层阻力为 R_p 及凝胶层阻力为 R_g，则有

$$J_W = \frac{\Delta p}{\mu(R_m + R_p + R_g)} \tag{5-59}$$

由于 $R_g \gg R_p$，则

$$J_W = \frac{\Delta p}{\mu(R_m + R_g)} \tag{5-60}$$

凝胶层阻力 R_g 可近似表示为

$$R_g = \lambda V_p \Delta p \tag{5-61}$$

将式(5-61) 代入式(5-60)，可得

$$J_W = \frac{\Delta p}{\mu(R_m + \lambda V_p \Delta p)} \tag{5-62}$$

式中　V_p——透过水的累积体积，m^3；

　　　　λ——比例系数。

式(5-62) 表示在凝胶层存在的情况下超滤过程的 J_W—Δp 函数关系式。

在超滤过程中，一旦膜分离投入运行，浓差极化现象是不可避免的，但是可逆的。

5.3.4　微滤技术与设备

和超滤一样，微滤也是在压差推动力作用下进行的筛孔分离过程，一般用来分离分子量大于 500 的溶质、胶体、悬浮物和高分子物质。

5.3.4.1　技术原理

微滤的分离原理与超滤基本相同，不同之处是二者的分离范围。微滤膜的分离范围在

0.05～10μm，操作压力为 0.1～0.3MPa，主要去除水中的胶体和悬浮微粒，如细菌、油类等。

微滤过程是一种静态过程，随过滤时间的延长，膜面上截留沉积不溶物，引起水流阻力增大，透过速率下降，直至微孔全被堵塞，如图 5-62 所示。

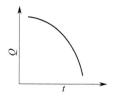

图 5-62 微滤时间与流量的关系

5.3.4.2 工艺过程

微滤的操作方式可分为死端（deadend）过滤和错流（cross flow）过滤两大类，如图 5-63 所示。

（1）死端过滤

死端过滤也叫无流动过滤，原料液置于膜的上游，溶剂和小于膜孔径的溶质在压力的驱动下透过膜，大于膜孔径的颗粒则被膜截留。过滤压差可通过在原料侧加压或在透过膜侧抽真空产生。在这种操作中，随着时间的增长，被截留的颗粒将在膜的表面逐渐累积，形成污染层，使过滤阻力增大，在操作压力不变的情况下，膜渗透流率将下降，如图 5-63（a）所示。因

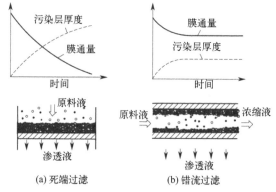

图 5-63 死端过滤和错流过滤示意图

此，死端过滤是间歇式的，必须周期性地停下来清洗膜表面的污染层或更换膜。但死端过滤操作简便易行，适于实验室等小规模的场合。固含量低于 0.1% 的物料通常采用死端过滤；固含量在 0.1%～0.5% 的料液则需要进行预处理。而对固含量高于 0.5% 的料液，由于采用死端过滤操作时的浓差极化和膜污染严重，通常采用错流过滤操作。

（2）错流过滤

微滤膜的错流过滤与超滤膜的错流过滤类似。与死端过滤不同的是，料液在泵的推动下平行于膜面流动，产生的剪切力可把膜面上滞留的颗粒带走，从而使污染层保持在一个较薄的稳定水平。因此，一旦污染层达到稳定，膜通量就将在较长一段时间内保持在相对高的水平，如图 5-63（b）所示。

5.3.4.3 过程设备

微滤过程所用设备称为微滤膜设备，主要由微滤膜组成膜组件，再由若干膜组件组成微滤膜设备。

（1）膜材料及其结构

和超滤膜一样，微滤膜也可分为有机膜和无机膜。微滤膜多数为对称结构，厚度10～150μm 不等，其中最常见的是曲孔型，类似于内有相连孔隙的网状海绵；另一种是毛细管型，膜孔呈圆筒状垂直贯通膜面，该类膜的孔隙率<5%，但厚度仅为曲孔型的1/5。也有不对称的微孔膜，膜孔呈截头圆锥体状贯通膜面，过滤时原水在孔径小的膜面流过。微滤膜材料有 CN-CA、PAN、CA-CTA、PSA、尼龙等，商品约有十几种 400 多个规格。

无机膜多以金属、金属氧化物、陶瓷、多孔玻璃等为材料。与有机膜相比，无机膜具

有热稳定性好、耐化学侵蚀、寿命长等优点，受到了越来越多的关注。但其缺点是易碎、价格较高。

（2）孔径特征

微滤膜的微孔直径处于微米范围，孔径分布呈现宽窄不同的谱图。微滤膜用标称孔径来表征，即在孔径分布中以最大值出现的微孔直径。图 5-64 表示了一种商品微滤膜的孔径分布曲线，其标称孔径约为 0.1μm。

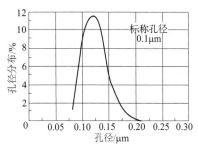

图 5-64　一种商品微滤膜的孔径分布

（3）性能

微滤膜的基本性能包括孔隙率、孔结构、表面特性、机械强度和化学稳定性等，其中孔结构和表面特性对使用过程中的渗透流率、分离性能和膜污染具有很大影响，膜的耐压性、耐温性、耐生物降解性等在某些工业应用中也非常重要。

第**6**章

挥发度分离技术与设备

　　挥发度分离技术是根据污水中所含杂质在不同条件下挥发度的差异而实现分离的过程，根据实现挥发度差异的方式，操作过程分为精馏和汽提两种。精馏是采用外加热源对含易挥发组分（称为轻质组分）的污水进行加热，汽提则是采用热载体对含易挥发组分的污水直接进行加热并吹脱。

6.1　精馏技术与设备

　　精馏分离污水中的有机组分，是将污水加热至一定温度，使水和有机组分形成气液两相体系，利用各组分挥发度的差异而实现组分分离与提纯的目的。采用精馏方法分离污水中的有机组分，可以直接获得所需要的产品，操作流程通常较为简单，而且适用范围非常广泛。但由于需采用加热建立气液两相体系，气相还需要再冷凝液化，因此能量消耗巨大。

6.1.1　技术原理

　　精馏是一种分离液体均相混合物的单元操作，是通过加热造成气液两相体系，利用混合物中各组分挥发度的差异达到组分分离与提纯的目的。由于分离的气相要再冷凝液化，需要消耗大量的能量（包括加热介质和冷却介质），因此蒸馏过程中的节能是个值得重视的问题。加压或减压将消耗额外的能量。

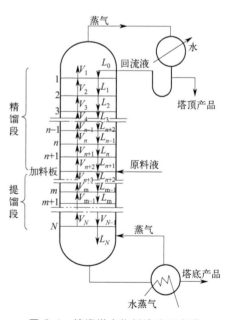

图 6-1　精馏塔中物料流动示意图

6.1.1.1　物料衡算

　　精馏过程中，板上液层是气液两相进行传热和传质的场所，如图 6-1 所示。下面由加热釜（再沸器）供热，使釜中残液部分气化后蒸汽逐板上升，塔中各板上液体处于沸腾状态。顶部冷凝后得到的馏出物部分作回流入塔，从塔顶引入后逐板下流，使各板上保持一定液层。上升蒸汽和下降液体呈逆流流动，在每块板上相互接触进行传热和传质。原料液于中部适宜位置处加入精馏塔，其液相部分也逐板向下流入加热釜，气相部分则上升经各板至塔顶。由于塔底部几乎是纯难挥发组分，因此塔底部温度最高，而顶部回流液几乎是纯易挥发组分，因此塔顶部温度最低，整个塔内的温度，由下向上逐渐降低。

由塔内精馏操作分析可知，为实现精馏分离操作，除了具有足够层数塔板的精馏塔以外，还必须从塔底产生上升蒸汽流，以建立气液两相体系。因此，塔底上升蒸汽流和塔顶液体回流是建立过程连续进行的必要条件。

为简化精馏计算，通常引入塔内恒摩尔流动的假定。

恒摩尔气流　在塔内没有中间加料（或出料）的条件下，各层板的上升蒸汽摩尔流量相等。

精馏段　$V_1 = V_2 = V_3 = \cdots = V =$ 常数

提馏段　$V_1' = V_2' = V_3' = \cdots = V' =$ 常数

但两段的上升蒸汽摩尔流量不一定相等。

恒摩尔液流　在塔内没有中间加料（或出料）的条件下，各层板的下降液体摩尔流量相等。

精馏段　$L_1 = L_2 = L_3 = \cdots = L =$ 常数

提馏段　$L_1' = L_2' = L_3' = \cdots = L' =$ 常数

但两段的下降液体摩尔流量不一定相等。

在精馏塔的塔板上气液两相接触时，若有 n kmol/h 的蒸汽冷凝，相应有 n kmol/h 的液体气化，这样恒摩尔流动的假设才能成立。为此必须符合以下条件：①混合物中各组分的摩尔气化潜热相等；②各板上液体显热的差异可忽略（即两组分的沸点差较小）；③塔设备保温良好，热损失可忽略。

连续精馏过程的馏出液和釜残液的流量、组成与进料的流量和组成有关。通过全塔的物料衡算，可求得它们之间的定量关系。

现对图 6-2 所示的连续精馏塔（塔顶全凝器，塔釜间接蒸汽加热）作全塔物料衡算，并以单位时间为基础，即

总物料衡算

$$F = D + W \tag{6-1}$$

易挥发组分衡算

$$F x_F = D x_D + W x_W \tag{6-2}$$

式中　F——原料液流量，kmol/h 或 kmol/s；

D——塔顶馏出液流量，kmol/h 或 kmol/s；

W——塔底釜残液流量，kmol/h 或 kmol/s；

x_F——原料液中易挥发组分的摩尔分数；

x_D——馏出物中易挥发组分的摩尔分数；

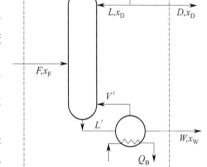

图 6-2　精馏塔的物料衡算

x_W——釜残液中易挥发组分的摩尔分数。

从而可解得馏出物的采出率

$$\frac{D}{F} = \frac{x_F - x_W}{x_D - x_W} \tag{6-3}$$

塔顶易挥发组分的回收率为

$$\eta_A = \frac{D x_D}{F x_F} \times 100\% \tag{6-4}$$

或

$$\eta_A = \frac{F x_F - W x_W}{F x_F} \times 100\% \tag{6-5}$$

应予指出，通常原料液的流量与组成是给定的，在规定分离要求时，应满足全塔总物料衡算的约束条件，即 $D x_D \leqslant F x_F$ 或 $D/F \leqslant x_F/x_D$。

6.1.1.2 热量衡算

精馏装置主要包括精馏塔、再沸器和冷凝器。通过精馏装置的热量衡算，可求得冷凝器和再沸器的热负荷以及冷却介质和加热介质的消耗量，并为设计换热设备提供基本数据。

（1）精馏塔的热平衡

对图 6-2 所示的精馏塔进行热量衡算，以单位时间为基准，并忽略热损失。进出精馏塔的热量有：①原料带入的热量 Q_F，kJ/h；②再沸器输入的热量 Q_B，kJ/h；③塔顶馏出液带走的热量 Q_D，kJ/h；④塔釜残液带出的热量 Q_W，kJ/h；⑤塔顶冷凝器冷却介质放出的热量 Q_C，kJ/h。故全塔热量衡算式为

$$Q_F + Q_B = Q_D + Q_W + Q_C \tag{6-6}$$

（2）再沸器的热负荷

精馏的加热方式分为直接蒸汽加热与间接蒸汽加热两种方式。直接蒸汽加热时加热蒸汽的消耗量可通过精馏塔的物料衡算求得，而间接蒸汽加热时加热蒸汽消耗量可通过全塔或再沸器的热量衡算求得。

对图 6-2 所示的再沸器作热量衡算，以单位时间为基准，则：

$$Q_B = V' I_{VW} + W I_{LW} - L' I_{Lm} + Q_L \tag{6-7a}$$

式中　Q_B——再沸器的热负荷，kJ/h；

　　　Q_L——再沸器的热损失，kJ/h；

　　　I_{VW}——再沸器中上升蒸汽的焓，kJ/kmol；

　　　I_{LW}——釜残液的焓，kJ/kmol；

　　　I_{Lm}——提馏段底层塔板下降液体的焓，kJ/kmol；

　　　V'——提馏段的上升蒸汽流量，kmol/h；

　　　L'——提馏段的下降液体流量，kmol/h；

　　　W——塔底釜残液流量，kmol/h。

若取 $I_{LW} \approx I_{Lm}$，且因 $V' = L' - W$，则

$$Q_B = V'(I_{VW} - I_{LW}) + Q_L \tag{6-7b}$$

加热介质的消耗量可用下式计算，即

$$W_{\mathrm{h}} = \frac{Q_{\mathrm{B}}}{I_{\mathrm{B1}} - I_{\mathrm{B2}}} \tag{6-8a}$$

式中　W_{h}——加热介质的消耗量，kg/h；

I_{B1}、I_{B2}——加热介质进出再沸器的焓，kJ/kg。

若用饱和蒸汽加热，且冷凝液在饱和温度下排出，则加热蒸汽消耗量可按下式计算，即：

$$W_{\mathrm{h}} = \frac{Q_{\mathrm{B}}}{r} \tag{6-8b}$$

式中　r——加热蒸汽的汽化热，kJ/kg 。

（3）冷凝器的热负荷

精馏塔的冷凝方式有全凝器冷凝和分凝器-全凝器冷凝两种，工业上多采用前者。对图 6-2 所示的全凝器作热量衡算，以单位时间为基准，并忽略热损失，则：

$$Q_{\mathrm{C}} = VI_{\mathrm{VD}} - (LI_{\mathrm{LD}} + DI_{\mathrm{LD}}) \tag{6-9a}$$

因 $V = L + D = (R+1)D$，代入上式并整理得

$$Q_{\mathrm{C}} = (R+1)D(I_{\mathrm{VD}} - I_{\mathrm{LD}}) \tag{6-9b}$$

式中　Q_{C}——全凝器的热负荷，kJ/h；

I_{VD}——塔顶上升蒸汽的焓，kJ/kmol；

I_{LD}——塔顶馏出液的焓，kJ/kmol；

V——精馏段的上升蒸汽流量，kmol/h；

L——精馏段的下降液体流量，kmol/h；

D——塔顶馏出液流量，kmol/h；

R——回流比。

冷却介质可按下式计算，即：

$$W_{\mathrm{C}} = \frac{Q_{\mathrm{C}}}{c_{\mathrm{pc}}(t_2 - t_1)} \tag{6-10}$$

式中　W_{C}——冷却介质的消耗量，kg/h；

c_{pc}——冷却介质的比热容，kJ/（kg·℃）；

t_1、t_2——冷却介质在冷凝器的进、出口处的温度，℃。

6.1.1.3　主要影响因素

对于现有的精馏装置和特定的物系，精馏操作的基本要求是使设备具有尽可能大的生产能力（即更多的原料处理量），达到预期的分离效果（规定的 x_{D}、x_{W} 或组分回收率），操作费用最低（在允许范围内，采用较小的回流比）。影响精馏装置稳态、高效操作的主要因素包括操作压力、进料组成和进料热状况、塔顶回流、全塔的物料平衡和稳定、冷凝器和再沸器的传热性能、设备散热情况等。

（1）物料平衡的影响和制约

根据精馏塔的总物料衡算可知，对于一定的原料液流量 F 和组成 x_{F}，只要确定了分离程度 x_{D} 和 x_{W}，馏出液流量 D 和釜残液流量 W 也就确定了。而 x_{D} 和 x_{W} 决定了汽液

平衡关系、x_F、q、R 和理论板数 N_T（适宜的进料位置），因此 D 和 W 或采出率 D/F 与 W/F 只能根据 x_D 和 x_W 确定，而不能任意增减，否则进、出塔两个组分的量不平衡，必然导致塔内组成变化，操作波动，使操作不能达到预期的分离要求。

保持精馏装置的物料平衡是精馏塔稳态操作的必要条件。

（2）塔顶回流的影响

回流比和回流液的热状态均影响塔的操作。

回流比是影响精馏塔分离效果的主要因素，生产中经常用回流比来调节、控制产品的质量。例如当回流比增大时，精馏段操作线斜率 L/V 变大，该段内传质推动力增加，因此在一定的精馏段理论板数下馏出液中的轻质组分浓度变大。同时回流比增大，提馏段操作线斜率 L'/V' 变小，该段的传质推动力增加，因此在一定的提馏段理论板数下，釜残液中的轻质组分浓度变小。反之，当回流比减小时，x_D 减小而 x_W 增大，使分离效果变差。

回流液的温度变化会引起塔内蒸汽实际循环量的变化。例如，从泡点回流改为低于泡点的冷回流时，上升到塔顶第一板的蒸汽有一部分被冷凝，其冷凝潜热将回流液加热到该板上的泡点。这部分冷凝液成为塔内回流液的一部分，称之为内回流，这样使塔内第一板以下的实际回流液量较 $R \cdot D$ 要大一些。与此对应的，上升到塔顶第一层板的蒸汽量也要比按 $(R+1)D$ 计算的量要大一些。内回流增加了塔内实际的汽液两相流量，使分离效果提高，同时，能量消耗加大。

回流比增加，使塔内上升蒸汽量及下降液体量均增加，若塔内汽液负荷超过允许值，则可能引起塔板效率下降，此时应减小原料液流量。回流比变化时再沸器和冷凝器的传热量也应相应发生变化。

必须注意：在馏出液流率 D/F 规定的条件下，借增加回流比 R 以提高 x_D 的方法并非是有效的。

① x_D 的提高受精馏段塔板数即精馏塔分离能力的限制。对一定板数，即使回流比增至无穷大（全回流）时，x_D 也有确定的最高极限值；在实际操作的回流比下不可能超过此极限值。

② x_D 的提高受全塔物料衡算的限制。加大回流比可提高 x_D，但其极限值为 $x_D = Fx_F/D$。对一定塔板数，即使采用全回流，x_D 也只能以某种程度趋近于此极限值。如 $x_D = Fx_F/D$ 的数值大于 1，则 x_D 的极限值为 1。

此外，加大操作回流比意味着加大蒸发量与冷凝量，这些数值还将受到塔釜及冷凝器传热面的限制。

（3）进料组成和进料热状况的影响

进料组成的改变，直接影响到产品的质量。当进料中难挥发组分增加，使精馏段负荷增加，在塔板数不变时，则分离效果不好，结果重组分被带到塔顶，造成塔顶产品质量不合格；若是从塔釜得到产品，则塔顶损失增加。如果进料组分中易挥发组分增加，使提馏段的负荷增加，可能因分离不好而造成塔釜产品质量不合格，其中夹带的易挥发组分增多。由于进料组分的改变，直接影响着塔顶与塔釜产品的质量。加料中难挥发组分增加时，加料口往下移，反之，则向上移。同时，操作温度、回流量和操作压力等都须相应地调整，才能保证精馏操作的稳定性。

另外，加料量的变化直接影响蒸汽速度的改变。后者的增大会产生夹带，甚至液泛。

当然，在允许负荷的范围内，提高加料量对提高产量是有益的。如果超出了允许负荷，只有提高操作压力，才可维持生产，但也有一定的局限性。

加料量过低，塔的平衡操作不好维持，特别是对于浮阀塔、筛板塔、斜孔塔等，由于负荷减低，蒸汽速度减小，塔板容易漏液，精馏效率降低。在低负荷操作时，可适当的增大回流比，使塔在负荷下限之上操作，以维持塔的操作正常稳定。

当进料状况（x_F 和 q）发生变化时，应适当改变进料位置，并及时调节回流比 R。一般精馏塔常设几个进料位置，以适应生产中进料状况的变化，保证在精馏塔的适宜位置进料。如进料状况改变而进料位置不变，必然引起馏出液和釜残液组成的变化。

进料热状况对精馏操作有着重要意义，不同的进料热状况都显著地直接影响提馏段的回流量和塔内的汽液平衡。如果是冷液进料，且进料温度低于加料板上的温度，加入的物料全部进入提馏段，提馏段的负荷增加，塔釜消耗蒸汽量增加，塔顶难挥发组分含量降低。若塔顶为产品，则会提高产品质量；如果是饱和蒸汽进料，则进料温度高于加料板上的温度，所进物料全部进入精馏段，提馏段的负荷减少，精馏段的负荷增加，会使塔顶产品质量降低，甚至不合格。精馏塔较为理想的进料热状况是泡点进料，它较为经济和最为常用。对特定的精馏塔，若 x_F 减小，则将使 x_D 和 x_W 均减小，欲保持 x_D 不变，则应增大回流比。

（4）操作温度和压力的影响

1）精馏塔的温度分布和灵敏板

溶液的泡点与总压及组成有关。精馏塔内各块塔板上物料的组成及总压并不相同，因而从塔顶至塔底形成某种温度分布。在加压或常压精馏中，各板的总压差别不大，形成全塔温度分布的主要原因是各板组成不同。图 6-3（a）表示各板组成与温度的对应关系，于是可求出各板的温度并将它标绘在图 6-3（b）中，即得全塔温度分布曲线。

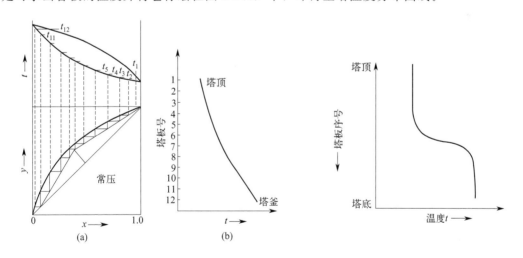

图 6-3　精馏塔的温度分布　　　　　　图 6-4　高纯度分离时全塔的温度分布

减压精馏中，蒸汽每经过一块塔板有一定的压降，如果塔板数较多，塔顶与塔底的压力之差与塔顶绝对压力相比，其数值相当可观，总压力可能是塔顶压力的几倍。因此，各板的组成与总压的差别都是影响全塔温度分布的重要原因，且后一因素的影响往往更为显著。

一个正常操作的精馏塔当受到某一外界因素的干扰（如回流比、进料组成发生波动等），塔内各板的组成都将发生变动，全塔的温度分布也将发生相应的变化。在一定总压下，塔顶温度是馏出液组成的直接反应。因此，有可能用测量温度的方法预示塔内组成尤其是塔顶馏出液组成的变化。但在高纯度分离时，在塔顶（或塔底）相当高的一个塔段内温度变化极小，典型的温度分布曲线如图 6-4 所示。这样，当塔顶温度有了可觉察的变化时，馏出液组成的波动早已超出允许的范围。以乙苯-苯乙烯在 8kPa 下减压精馏为例，当塔顶馏出液中含乙苯由 99.9％降至 90％时，泡点变化仅为 0.7℃。可见高纯度分离时一般不能用测量塔顶温度的方法来控制馏出液的质量。

仔细分析操作条件波动前后温度分布的变化，即可发现在精馏段或提馏段的某些塔板上，温度变化最为显著。也就是说，这些塔板的温度对外界干扰因素的反映最灵敏，故将这些塔板称之为灵敏板。将感温元件安置在灵敏板上可以较早觉察精馏操作所受的干扰；而且灵敏板比较靠近进料口，可在塔顶馏出液组成尚未产生变化之前先感受到进料参数的变动并及时采取调节手段，以稳定馏出液的组成。

2）塔釜温度

在操作压力不变的情况下，改变塔釜操作温度，对蒸汽流速、气液相组成的变化，都有一定的影响。

提高塔釜温度时，则使塔内液相易挥发组分减少，同时使上升蒸汽的流速增大，有利于提高传质效率。如果由塔顶得到产品，则塔釜排出的难挥发物中，易挥发组分减少，损失减少；如果塔釜排出物为产品，则可提高产品质量，但塔顶排出的易挥发组分中夹带的难挥发组分增多，从而增大损失。因此，在提高温度的时候，既要考虑到产品的质量，又要考虑到工艺损失。

在平稳操作中，釜温突然升高，来不及调节相应的压力和塔釜温度时，必然导致塔釜液被蒸空，压力升高。这时，塔顶气液相组成变化很大，重组分（难挥发组分）容易被蒸到塔顶，使塔顶产品不合格。

3）操作压力的影响

在操作温度一定的情况下，改变操作压力，对产品质量、工艺损失都有影响。提高操作压力，可以相应地提高塔的生产能力，操作稳定。但在塔釜难挥发产品中，易挥发组分含量增加。如果从塔顶得到产品，则可提高产品的质量和易挥发组分的浓度。

操作压力的改变或调节，应考虑产品的质量和工艺损失，以及安全生产等问题。因此，在精馏操作时，常常规定了操作压力的调节范围。当受外界因素的影响而使操作压力受到破坏时，塔的正常操作就会完全破坏。例如真空精馏，当真空系统出了故障时，塔的操作压力（真空度）会发生变化而迫使操作完全停止。一般精馏也是如此，塔顶冷凝器的冷却介质突然停止时，塔的操作压力也就无法维持。

6.1.2 工艺过程

精馏过程的操作方式有多种。

6.1.2.1 连续精馏

图 6-5 所示为典型的连续精馏操作流程。通常，将原料加入的那层塔板称为加料板。

在加料板以上的塔段，上升气相中难挥发组分向液相中传递，易挥发组分的含量逐渐增高，最终达到了上升气相的精制，因而称为精馏段，塔顶产品称为馏出液。加料板以下的塔段（包括加料板）完成了下降液体中易挥发组分的提出，从而提高塔顶易挥发组分的收率，同时获得高含量难挥发组分的塔底产品，因而称为提馏段。从塔釜排出的液体称为塔底产品或釜残液。

6.1.2.2　间歇精馏

间歇精馏又称分批精馏。操作时原料液一次加入蒸馏釜中，并受热气化，产生的蒸汽自塔底逐板上升，与回流的液体在塔板上进行热、质传递。自塔顶引出的蒸汽经冷凝器冷凝后，一部分作为塔顶产品，另一部分作为回流液送回塔内。精馏过程一般进行到釜残液组成或馏出液的平均组成达到规定值为止，然后放出釜残液，重新加料进行下一批操作。图 6-6 所示为间歇精馏操作流程。

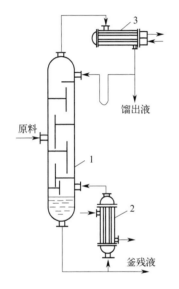

图 6-5　连续精馏操作流程

1—精馏塔；2—再沸器；3—冷凝器

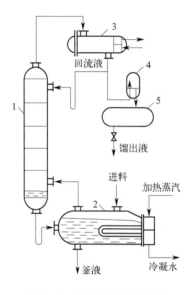

图 6-6　间歇精馏操作流程

1—精馏塔；2—再沸器；3—全凝器；4—观察罩；5—贮槽

间歇精馏通常有两种典型的操作方式。

1）恒回流比操作

当采用这种操作方式时，随精馏过程的进行，塔顶馏出液组成和釜残液组成均随时间不断降低。

2）恒馏出液组成操作

因在精馏过程中釜残液组成随时间不断下降，为了保持馏出液组成恒定，必须不断地增大回流比，精馏终了时，回流比达到最大值。

实际生产中，常将以上两种操作方式联合进行，即在精馏初期采用逐步加大回流比，以保持馏出液组成近于恒定；在精馏后期采用恒回流比的操作，将所得馏出液组成较低的产品作为次级产品，或将它加入下一批料液中再次精馏。

与连续精馏相比，间歇精馏有以下特点：

① 间歇精馏为非定态操作。在精馏过程中，塔内各处的组成和温度等均随时间而变，

从而使过程计算变得更为复杂。

② 间歇精馏塔只有精馏段。若要得到与连续精馏时相同的塔顶及塔底组成时，则需要更高的回流比和更多的理论板，需要消耗更多的能源。

③ 塔内存液量对精馏过程及产品的组成和产量都有影响。为减少塔内存液量，间歇精馏宜采用填料塔。

④ 间歇操作装置简单，操作灵活。

如果污水中有机组分与水的挥发度相差较大，而且分离要求也不高，则可采用简单蒸馏和平衡蒸馏进行有机组分的提取与回收。

6.1.2.3　简单蒸馏

简单蒸馏又称微分蒸馏，是一种间歇、单级蒸馏操作，其装置如图6-7所示。原料液分批加到蒸馏釜1中，通过间接加热使之部分气化，产生的蒸汽进入冷凝器2中冷凝，冷凝液作为馏出液产品排入接收器3中。随着蒸馏过程的进行，釜中易挥发组分的含量不断降低，与之平衡的气相组成（即馏出物组成）也随之下降，釜中液体的泡点则逐渐升高。当馏出液平均组成或釜液组成降低至规定值后，即停止蒸馏操作。通常，馏出液按组成分段收集，而釜残液一次排放。

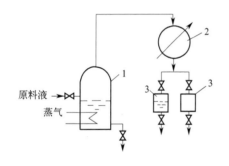

图6-7　简单蒸馏装置

1—蒸馏釜；2—冷凝器；3—接收器

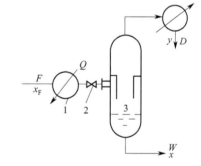

图6-8　平衡蒸馏装置

1—加热器；2—节流阀；3—分离器

6.1.2.4　平衡蒸馏

平衡蒸馏又称闪蒸，是一种连续、稳态的单级蒸馏操作，其装置如图6-8所示。被分离的混合液先经加热器升温，使温度高于分离器压力下液料的泡点，然后通过节流阀降低压力至规定值，过热的液体混合物在分离器中部分气化，平衡的汽液两相及时被分离。通常分离器又称闪蒸塔（罐）。

6.1.2.5　多组分精馏

如果污水中含有多种有利用价值的有机组分，此时即可采用多组分精馏操作。

（1）多组分精馏流程的方案类型

多组分精馏流程方案的分类，主要是按照精馏塔中组分分离的顺序安排而区分的。第一种是按挥发度递减的顺序采出馏分的流程；第二种是按挥发度递增的顺序采出馏分的流程；第三种是按不同挥发度交错采出的流程。

（2）多组分精馏流程的方案数

首先以 A、B、C 三组分物系为例，即有两种分离方案，如图 6-9 所示。图 6-9（a）系按挥发度递减的顺序采出，图 6-9（b）系按挥发度递增的顺序采出。

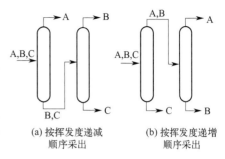

(a) 按挥发度递减　　(b) 按挥发度递增
　　顺序采出　　　　　　顺序采出

图 6-9　三组分精馏的两种方案

对于四组分 A、B、C、D 组成的溶液，若要通过精馏分离采出 4 种纯组分，需要 3 个塔，分离的流程方案有 5 种，如图 6-10 所示。

对五组分物系的分离，需要 4 个塔，流程方案就有 14 种。对于 n 个组分，分离流程的方案数可表示为

$$Z = \frac{[2(n-1)]!}{n!\ (n-1)!} \tag{6-11}$$

式中　Z——分离流程的方案数；

　　　n——被分离的组分数。

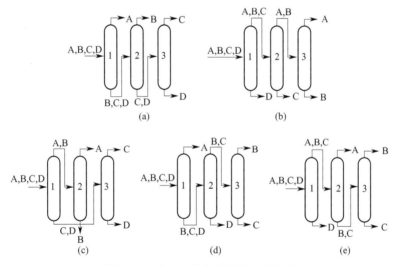

图 6-10　分离四组分溶液的 5 种方案

可以看出，供选择的分离流程的方案数随组分数的增加而急剧递增。

（3）多组分精馏方案的选择

如何确定最佳的分离方案是一个关键问题，分离方案的选择应尽量做到以下几点：

1）满足工艺要求

多组分精馏分离的目的主要是得到质量高和成本低的产品。但对于某些热敏性物料（即在加热时易发生分解和聚合的物料）在精馏过程中因加热而聚合，不但影响产品质量、降低产品的收率，而且还堵塞了管道和设备。对此，除了从操作条件和设备上加以改进外，还可以从分离顺序上进行改进。

为了避免成品塔之间的相互干扰，使操作稳定，保证产品质量，最好采用如图 6-10 方案（c）所示的并联流程（A 和 C 为所需产品）。

为了保证安全生产，进料中含有易燃、易爆等影响操作的组分，通常应尽早将它

除去。

2）减少能量消耗

进料过程消耗的能量，主要以再沸器加热釜液所需的热量和塔顶冷凝器所需的冷量为主。一般说来，按挥发度递减顺序从塔顶采出的流程，往往要比按挥发度递增顺序从塔底采出的流程，可节省更多的能量。若进料中有一组分的相对挥发度近似于 1 时，通常将这一组分的分离放在分离顺序的最后，因为此时为减少所需的理论板数，要采用较大的回流比进行操作，要消耗较多的蒸汽和冷却介质。

3）节省设备投资

塔径大小与塔内的气液相流量大小有关，因此按挥发度递减顺序分离，塔内组分的气化和冷凝次数少，塔径及再沸器、冷凝器的传热面积也相应减少，从而节省了设备投资。

若进料中有一个组分的含量占主要时，应先将它分离掉，以减少后续塔及再沸器的负荷；若进料中有一个组分具有强腐蚀性，应尽早将它除去，以便后续塔无需采用耐腐蚀材料制造，相应减少设备投资费用。

然而，在确定多组分精馏的最佳方案时，若要全部满足前述三项要求往往是不容易的。所以通常先以满足工艺要求、保证产品质量和产量为主，然后再考虑降低生产成本等问题。

6.1.2.6 复杂精馏

复杂精馏是在简单分离塔原有功能的基础上加上多段进料、侧线出料、预分馏、侧线提馏和热偶合等组合方式构成复杂塔及包括复杂塔在内的塔序，力求降低能耗。

（1）复杂精馏流程

1）多股进料

多股进料是指不同组成的物料进入不同的塔板位置。多股进料由于组成不同，表明它们已有一定程度的分离，因而会比单股进料分离容易，节省能量。

2）侧线采出

若精馏塔除了在塔顶和塔底采出馏出液和釜液外，在塔的中部还有一股或一股以上物料采出，则称该塔具有侧线采出。图 6-11 是具有提馏段侧线采出的精馏塔，图 6-12 是具有精馏段侧线采出的精馏塔。用普通精馏塔分离三组分体系时需要两个精馏塔，当采用侧线采出时可以少用一个精馏塔。当然，具有侧线采出的精馏塔要比普通精馏塔的操作困难些。

3）中间再沸器

设有中间再沸器的精馏塔在提馏段某处抽出一股或多股液料，进入中间再沸器加热气化后返回塔内，如图 6-13 所示。采用中间再沸器的流程会改善分离过程的不可逆性，可以利用比塔底再沸器品位低的热源，从而节省能耗费用。

4）中间冷凝器

图 6-14 是带有中间冷凝器的精馏塔。中间冷凝器没有提馏段，精馏段侧线采出气相物料，进入中间冷凝器被取走热量冷凝成液相，然后返回精馏塔。与中间再沸器一样，中间冷凝器可以改善分离的不可逆性，提高热力学效率，减少冷却介质的费用。

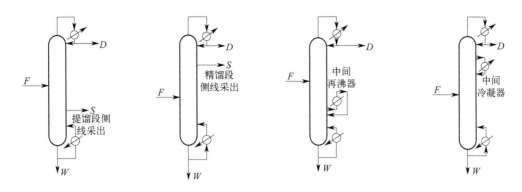

图 6-11　具有提馏段　　图 6-12　具有精馏段　　图 6-13　带中间再沸器　　图 6-14　带中间冷凝器
　　侧线采出的精馏塔　　　　侧线采出的精馏塔　　　　的精馏塔　　　　　　　的精馏塔

（2）复杂精馏分离方案

图 6-15 表示精馏分离三元物系的各种方案。组分 A、B、C 不形成共沸物，其相对挥发度顺序为 $\alpha_A > \alpha_B > \alpha_C$。方案（a）和（b）为简单分离塔序，在第一塔中将一个组分（分别为 A 或 C）与其他两个组分分离，在后续塔中分离另外两个组分。方案（c）中第一塔的作用与方案（a）的相似，但再沸器被省掉了，釜液被送往后续塔作为进料，上升蒸汽由后续塔返回汽提塔，该偶合方式可降低设备费，但开工和控制比较困难。方案（d）为类似于方案（c）的偶合方式，是对方案（b）的修正。方案（e）是在主塔（即第一塔）的提馏段以侧线采出中间馏分（B+C）送入侧线精馏塔提纯，塔顶得到纯组分 B，釜液返回主塔。方案（f）与方案（e）的区别在于侧线采出口在精馏段，中间馏分为 A 和 B 的混合物，侧线提馏塔的作用是从塔釜分离出纯组分 B。方案（g）为热偶合系统（亦称 Petyluk 塔），第一塔起预分馏作用。由于组分 A 和 C 的相对挥发度大，可实现完全分离。组分 B 在塔顶、塔釜均存在。该塔不设再沸器和冷凝器，而是以两端的蒸汽和液体物流与第二塔沟通起来。在第二塔的塔顶和塔釜分别得到纯组分 A 和 C。产品 B 可以按任何纯度要求从塔中侧线得到。如果 A-B 或 B-C 的分离较困难，则需要较多的塔板数。热偶合的能耗是最低的，但开工和控制比较困难。（h）与（g）的区别在于 A-C 组分间很容易分离，用闪蒸罐代替第一塔可简化单塔流程。方案（i）与其他流程不同，采用单塔和提馏段侧线出料，采出口应开在组分 B 浓度分布最大处。该法虽能得到一定纯度的 B，却不能得到纯 B。（h）与（i）的区别为从精馏段侧线采出。

根据研究和经验可推断，当 A 的含量最少，同时（或者）A 和 B 的纯度要求不是很严格时，方案（h）是有吸引力的。同理，当 C 的含量少，同时（或者）C 和 B 的纯度要求不是很严格时，则方案（i）是有吸引力的。当 B 的含量高，而 A 和 C 两者的含量相当时，则热偶合方案（g）是可取的。当 B 的含量少而 A 和 C 的含量较大时，侧线提馏和侧线精馏［（f）和（e）］可能是有利的。而当 A 的含量远低于 C 时，则方案（f）会更有吸引力；若是 A 的含量远大于 C，则方案（e）优先。这些方案还必须与方案（b）（C 的含量远大于 A 时）和方案（a）（C 的含量比 A 少或相仿时）加以比较。

6.1.2.7　间歇精馏的操作方式

间歇精馏能单塔分离多组分混合物，允许进料组分浓度在很大的范围内变化，可适用

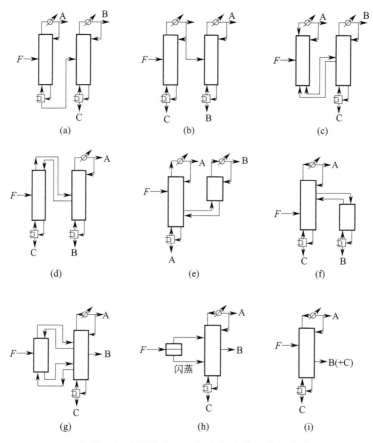

图 6-15　用精馏法分离三组分混合物的各种方案

于不同分离要求的物料,如相对挥发度及产品纯度要求不同的物料,因此得到了广泛应用。为了满足越来越高的要求,间歇精馏出现了一些效率更高、更具灵活性的塔型(如反向间歇塔、中间罐间歇塔和多罐间歇塔等)和操作方式。

(1) 塔顶累积全回流操作

也叫循环操作,塔顶设置一定容量的积累槽,在一次加料后进行全回流操作,使轻组分在塔顶累积罐内快速浓缩。当累积罐内轻组分达到指定的浓度后,将累积罐内的液体全部放出作为塔顶产品,此过程可明显缩短操作时间。循环操作包括进料、全回流、出料 3 个阶段,同传统的部分回流操作方式相比,具有分离效率高、控制准确、对振动不敏感、易于操作等优点。

通过对循环操作进行实验研究,并对回流槽的持液量和全回流时间进行优化,结果表明与传统方法相比,全回流操作可节省 30% 的操作时间。若用于轻组分含量较高的一般分离任务,可比传统的恒回流比操作缩短操作时间 40%。

(2) 反向间歇精馏操作

在分批精馏时,当某些重组分是被提取的主要对象,且该组分还有一定的热敏性,经不起长时间的高温煮沸时,采用反向间歇精馏比较合适。这种塔与常规间歇塔(图 6-16)的不同之处在于:被处理物料存在于塔顶,产品从塔底馏出,称为反向间歇精馏塔(图 6-17)。首先馏出的是重组分,相当于连续塔中的提馏段。开工过程所需时间短、操作周期短、能耗低。

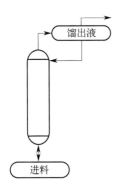

图 6-16　常规间歇塔

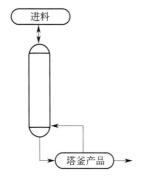

图 6-17　反向间歇精馏塔

通过对常规间歇塔和反向精馏塔的动态特性及最优化操作进行比较，可以看出：当混合物料中轻组分含量较高时，常规间歇塔优于反向精馏塔，且操作时间短；而当混合物中重组分含量较高时，使用反向间歇精馏塔显示出明显的优越性。主要原因是当低含量组分从塔内馏出时，为达到较高的分离纯度，需要很大的回流比或再沸比，如进料组成 $x_F=0.1$、分离纯度 $x_D=0.98$ 时，为回收进料中的轻组分，就需要很高的回流比，而采用反向塔，由于大量重组分从塔底馏出，使得轻组分在塔中的冷凝器中不断累积而增浓，开始时再沸比很低，随着重组分的不断馏出而升高。而且当轻组分含量低时，使用反向塔比常规塔可节省一半的时间。处理量越大，相对挥发度越小，越节省时间。但当分离要求不高时，情况则相反。

虽然采用反向塔有利于轻组分含量低的情况，但也存在两个难点：

① 再沸器的持液量会影响操作时间，故应尽量减少再沸器的持液量，但这很难实现。

② 无法直接控制再沸器中的持液量，只能通过冷凝器中回流液间接控制。

(3) 中间罐间歇精馏塔操作

也叫复合间歇精馏塔，同连续塔的相似之处是同时具有精馏段和提馏段，可以同时得到塔顶和塔底产品，中间罐相当于连续精馏塔中的进料板，见图 6-18。这种塔比较适合于中间组分的提纯，当重组分杂质更易除去时，即显示出明显的优越性。轻重组分分别从塔顶和塔底馏出，贮罐中中间组分达到指定浓度后即停止操作。对于反应间歇精馏，使用这种结构的塔，由于能将产品不断移走，因而可提高产品的转化率。

在中间贮罐精馏塔中，由于易挥发组分在精馏段随时间减少，难挥发组分在提馏段也随时间而减少，同时采出塔顶和塔底产品，能够有效地缩短操作时间。

(4) 多罐间歇精馏塔操作

多罐间歇精馏塔装置如图 6-19 所示。这种塔在构型上可看作是多个塔上下相连而成，中间设置多个贮罐，也叫多效间歇精馏塔。这种塔进行全回流操作，可以使相对挥发度不同的各个组分分别在不同位置的贮罐内浓缩，将浓缩后的产品放出，可获得纯度很高的产品。建立足够多的中间罐即能同时分离多组分混合物，但设计不如一般间歇塔自由。

多罐间歇精馏塔同传统间歇精馏塔相比有两个优点：a. 由于能够同时采出多个产品，操作过程无产品切换，因而操作简单；b. 由于该塔本质上的多效性，因而所需能量很低，

183

对于多组分混合物的分离，所需的能量同连续精馏塔相似。

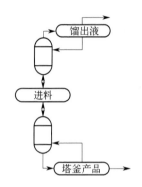

图 6-18　中间罐间歇精馏塔

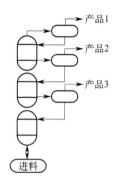

图 6-19　多罐间歇精馏塔

多罐间歇精馏塔的操作控制有以下几种：

① 全回流操作控制。首先通过物料衡算预先计算出每个贮罐的持液量，然后将确定的原料量加入各个贮罐中，保持持液量恒定，直到所有组分达到指定纯度。

② 全回流反馈控制。通过安装在塔内不同部位的多个温度传感器调节回流量，由于所控制的温度为各纯组分的沸点，从而可使贮罐中累积的产品达到指定纯度。

③ 优化持液量控制。将原料液一次性加入再沸器中，其余贮罐中的持液量逐渐增加达到最终持液量。优化结果表明，优化持液量控制比传统的间歇塔优化操作可节省 47% 的操作时间，比恒持液量操作节省 17% 的操作时间。

6.1.3　过程设备

精馏系统一般由精馏塔、塔顶冷凝器、塔底再沸器等相关设备组成，有时还有原料预热器、产品冷却器、回流用泵等辅助设备。其中，精馏塔是最主要的设备，大多采用板式塔。

6.1.3.1　板式塔的结构

板式塔由圆柱形塔壳体、塔板、溢流堰、降液管及受液盘等部件组成，结构如图 6-20 所示。操作时，塔内液体依靠重力作用，由上层塔板的降液管流到下层塔板的受液盘，然后横向流过塔板，从另一侧的降液管流至下一层塔板。溢流堰的作用是使塔板上保持一定厚度的流动液层。气体则在压力差的推动下，自下而上穿过各层塔板的升气道（泡罩、筛孔或浮阀等），分散成小股气流，鼓泡通过各层塔板的液层。在塔板上，气液两相必须保持密切而充分的接触，为传质过程提供足够大且不断更新的相际接触表面，减小传质阻力。在板式塔中，应尽量使两相呈逆流流动，以提供最大的传质推动力。气液两相逐级接触，两相的组成沿塔高呈阶梯式变化，在正常操作下，液相为连续相，气相为分散相。

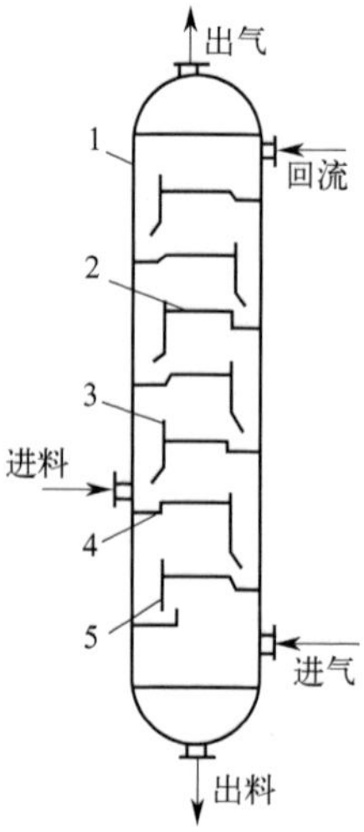

图 6-20　板式塔结构示意图

1—塔壳体；2—塔板；3—溢流堰；
4—受液盘；5—降液管

6.1.3.2　塔板的类型及性能

塔板可分为有降液管式塔板和无降液管式塔板（也称为穿流式或逆流式）两类，如图 6-21 所示。

有降液管式塔板上的气液两相呈错流方式接触，塔板效率较高，具有较大的操作弹性，工业应用广泛。无降液管式塔板上，气液两相呈逆流接触，塔板板面利用率较高，生产能力大，结构简单，但效率低，操作弹性较小，工业应用较少。

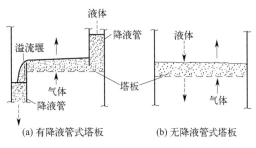

图 6-21　塔板分类

有降液管式塔板分为泡罩塔板、筛孔塔板、浮阀塔板、喷射型塔板。

(1) 泡罩塔板

泡罩塔板的结构如图 6-22 所示，主要元件为升气管及泡罩。泡罩安装在升气管的顶部，分圆形和条形两种，其中圆形泡罩使用较广。泡罩的下部周边有很多齿缝，齿缝一般为三角形、矩形或梯形。泡罩在塔板上按一定规律排列。

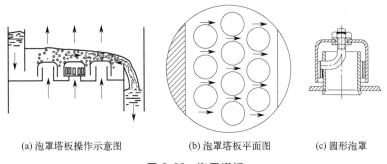

(a) 泡罩塔板操作示意图　　　(b) 泡罩塔板平面图　　　(c) 圆形泡罩

图 6-22　泡罩塔板

操作时，板上有一定厚度的液层，齿缝浸没于液层中而形成液封。升气管的顶部应高于泡罩齿缝的上沿，以防止液体从升气管中漏下。上升气体通过齿缝进入板上液层时，被分散成许多细小的气泡或流股，在板上形成鼓泡层，为气液两相的传热和传质提供大量的接触界面。

泡罩塔板的优点是：由于有升气管，即使在很低的气速下操作也不会产生严重的漏液现象，即操作弹性较大，塔板不易堵塞，适于处理各种物料。其缺点是结构复杂，造价高；板上液层厚，气体流径曲折，塔板压降大，生产能力及板效率较低，现已被筛板、浮阀塔板取代。

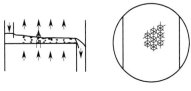

(a) 筛板操作示意图　　　(b) 筛孔布置图

图 6-23　筛板

(2) 筛孔塔板

筛孔塔板简称筛板，其结构如图 6-23 所示。塔板上开有许多均匀的小孔，孔径一般为 $3\sim8mm$，大于 $10mm$ 的称为大孔径筛板。筛孔在塔板上作正三角形排列。塔板上设置溢流堰，使板上能保持一定厚度的液层。操作时，气体经筛孔分散成小股气流，鼓泡通过液层，气液间密切接触而进行传热和传质。在正常操作条件下，通过筛孔上升的气流，应能阻止液体经筛孔向下泄漏。

筛板的优点是结构简单，造价低；板上液面落差小，气体压降小，生产能力较大；气体分散均匀，传质效率较高。其缺点是筛孔易堵塞，不宜处理易结焦、黏度大的物料。

尽管筛板传质效率高，但若设计和操作不当，易产生漏液，使得操作弹性减小，传质效率下降。因此应精心设计、精准操作。

（3）浮阀塔板

浮阀塔板是吸收泡罩塔板和筛孔塔板的优点而发展起来的，在塔板上开若干个阀孔，每个阀孔装有一个可以上下浮动的阀片。阀片本身连有几个阀腿，插入阀孔后将阀腿底脚拨转90°，用以限制操作时阀片在板上升起的最大高度，并限制阀片不被气体吹走。阀片周边冲出几个略向下弯的定距片，当气速很低时，靠定距片与塔板呈点接触而坐落在网孔上，阀片与塔板的点接触也可防止停工后阀片与板面黏结。

操作时，由阀孔上升的气流经阀片与塔板的间隙沿水平方向进入液层，增加了气液接触时间，浮阀开度随气体负荷而变，在低气量时，开度较小，气体仍能以足够的气速通过缝隙，避免过多的漏液；在高气量时，阀片自动浮起，开度增大，使气速不致过大。

浮阀的类型很多，国内常用的有F1型、V-4型及T型等，其结构如图6-24所示，基本参数见表6-1。

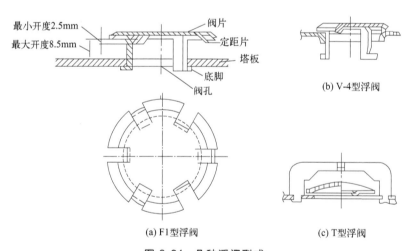

图 6-24　几种浮阀型式

表 6-1　F1 型、V-4 型及 T 型浮阀的基本参数

型式	F1 型 (重阀)	V-4 型	T 型
阀孔直径/mm	39	39	39
阀片直径/mm	48	48	50
阀片厚度/mm	2	1.5	2
最大开度/mm	8.5	8.5	8
静止开度/mm	2.5	2.5	1.0～2.0
阀质量/g	32～34	25～26	30～32

浮阀塔板的优点是结构简单、制造方便、造价低；塔板开孔率大，生产能力大；由于阀片可随气量变化自由升降，故操作弹性大；因上升气流水平吹入液层，气液接触时间较长，故塔板效率较高。缺点是处理易结焦、高黏度物料时，阀片易与塔板黏结；在操作过

程中有时会发生阀片脱落或卡死等现象，使塔板效率和操作弹性下降。针对这些缺点，相继开发的船形浮阀、管形浮阀、梯形浮阀、双层浮阀、V-V 浮阀、混合浮阀等，加强了流体的导向作用和气体的分散作用，使气液两相的流动更趋于合理，操作弹性和塔板效率得到了进一步的提高。

（4）喷射型塔板

上述几种塔板，气体是以鼓泡或泡沫状态和液体接触，当气体垂直向上穿过液层时，使分散形成的液滴或泡沫具有一定的向上初速度。若气速过高，会造成较为严重的液沫夹带现象，使得塔板效率下降，因而生产能力受到一定的限制。在喷射型塔板上，气体沿水平方向喷出，不再通过较厚的液层而鼓泡，因而塔板压降降低，液沫夹带量减少，可采用较大的操作气速，提高了生产能力。

1）舌型塔板

舌型塔板是在塔板上冲出许多舌型孔，向塔板液流出口侧张开，其结构如图 6-25 所示。舌片与板面的角度，有 18°、20°、25°三种，常用的为 20°，舌片尺寸有 50mm×50mm 和 25mm×25mm 两种。舌孔按正三角形排列，塔板的液流出口侧不设溢流堰，只保留降液管，降液管截面积要比一般塔板设计得大些。

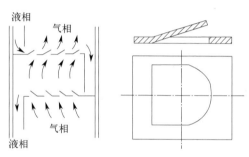

图 6-25　舌型塔板示意图

操作时，上升气流沿舌片喷出，速度可达 20~30m/s。从上层塔板降液管流出的液体流过每排舌孔时，即被喷出的气流强烈扰动而形成液沫，被斜向喷射到液层上方，喷射的液流冲至降液管上方的塔壁后流入降液管中，流到下一层塔板。

舌型塔板的优点是：开孔率较大，且可采用较高的空塔气速，生产能力大；气体通过舌孔斜向喷出，气液两相并流，可促进液体的流动，使液面落差减少，板上液层较薄，故塔板压降低；液沫夹带减少，板上无返混现象，传质效率较高。缺点是气流截面积是固定的，操作弹性较小；喷射液流在通过降液管时会夹带气泡到下层塔板，使塔板效率明显下降。

2）浮舌塔板

为提高舌型塔板的操作弹性，可吸取浮阀塔板的优点，采用舌片可上下浮动的浮舌塔板，浮舌塔板结构如图 6-26 所示。浮舌塔板兼有浮阀塔板和固定舌型塔板的特点，具有处理能力大、压降低、操作弹性大等优点，特别适宜于热敏性物系的减压分离。

3）斜孔塔板

筛孔塔板的气流垂直向上喷射和浮阀塔板阀间喷出气流的相互冲击，都易造成较大的液沫夹带，影响传质效果。舌型塔板的气液并流，虽减少了液沫夹带量，但气流对液体有加速作用，往往不能保证气液的良好接触，使传质效率下降。图 6-27 所示的斜孔塔板，在板上开有斜孔，孔口与板面成一定角度。斜孔的开口方向与液流方向垂直，同一排孔的孔口方向一致，相邻两排开孔方向相反，使相邻两排孔的气体反方向喷出。这样，气流不会对喷，既可得到水平方向较大的气速，又阻止了液沫夹带，使板面上液层低而均匀，气体和液体不断分散和聚集，其表面不断更新，气液接触良好，传质效率提高，生产能力比浮阀塔板大 30％ 左右，效率与之相当，且结构简单，加工制造方便，是一种性能优良的塔板。

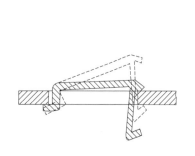
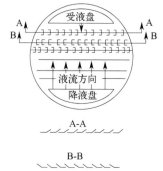
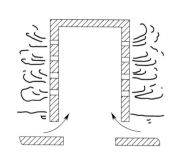

图 6-26　浮舌塔板示意图　　　图 6-27　斜孔塔板示意图　　　图 6-28　垂直筛板示意图

4）垂直筛板

垂直筛板由直径 100～200mm 的大筛孔和侧壁开有许多小筛孔的圆形泡罩组成，其结构如图 6-28 所示。塔板上的液体被大筛孔上升的气体拉成膜状沿泡罩内壁向上流动，并与气体一起由筛孔水平喷出。这种塔板要求一定的液层高度，以维持泡罩底部的液封，故必须设置溢流堰。垂直筛板集中了泡罩塔板、筛孔塔板及喷射型塔板的特点，具有液沫夹带量小、生产能力大、传质效率高等优点，其综合性能优于斜孔塔板。

塔板的性能不仅与塔型有关，还与塔的结构尺寸、处理物系的性质及操作状况等因素有关。塔板的性能评价指标有：①生产能力大，即单位塔截面上气体和液体的通量大；②塔板效率高，即完成一定的分离任务所需的板数少；③压降低，即气体通过单板的压降低，能耗低，对于精馏系统可降低釜温；④操作弹性大，当操作的气液负荷波动时仍能维持板效率的稳定；⑤结构简单，制造维修方便，造价低廉。

基于上述评价指标，常见塔板的性能比较见表 6-2。

表 6-2　常见塔板的性能比较

塔板类型	相对生产能力	相对塔板效率	操作弹性	压力降	结构	成本
泡罩塔板	1.0	1.0	中	高	复杂	1.0
筛板	1.2～1.4	1.1	低	低	简单	0.4～0.5
浮阀塔板	1.2～1.3	1.1～1.2	大	中	一般	0.7～0.8
舌形塔板	1.3～1.5	1.1	小	低	简单	0.5～0.6
斜孔塔板	1.5～1.8	1.1	中	低	简单	0.5～0.6

6.1.3.3　板式塔的操作特性

板式塔的操作特性与其流体力学性能是密切相关的。

（1）板式塔的流体力学性能

1）塔板上气液两相的接触状态

塔板上气液两相的接触状态是决定板上两相流流体力学及传质和传热规律的重要因素。研究表明，当液体流量一定时，随着气速的增加，可以出现四种不同的接触状态，如图 6-29 所示。

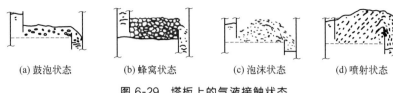

| (a) 鼓泡状态 | (b) 蜂窝状态 | (c) 泡沫状态 | (d) 喷射状态 |

图 6-29　塔板上的气液接触状态

① 鼓泡状态：气速较低时，气体以鼓泡形式通过液层。由于气泡数量不多，形成的气液混合物基本上以液体为主，此时塔板上存在着大量的清液。因气泡占的比例较小，气液两相接触的表面积不大，传质效率很低。

② 蜂窝状态：随着气速增加，气泡数量不断增加。当气泡的形成速度大于浮升速度时，气泡在液层中累积。气泡之间相互碰撞，形成各种多面体的大气泡，板上清液层基本消失而形成以气体为主的气液混合物。由于气泡不易破裂，表面得不到更新，所以此种状态不利于传热和传质。

③ 泡沫状态：气速继续增加，气泡数量急剧增加并不断发生碰撞和破裂，板上液体大部分以液膜形式存在于气泡之间，形成一些直径较小、扰动十分剧烈的动态泡沫，在板上只能看到较薄的一层液体。由于泡沫接触状态的表面积大并不断更新，为两相传热传质提供了良好的条件，是一种较好的塔板工作状态。

④ 喷射状态：气速继续增加，气体动能很大，把板上的液体向上喷成大小不等的液滴，直径较大的液滴受重力作用又落回到板上，直径较小的液滴被气体带走，形成液沫夹带。前三种状态都是以液体为连续相，气体为分散相，而此状态是以气体为连续相，液体为分散相。两相传质的面积是液滴的外表面。由于液滴回到板上又被分散，这种液滴的反复形成和聚集，使传质面积大大增加，而且表面不断更新，有利于传热和传质，也是一种较好的工作状态。

由此可知，泡沫状态和喷射状态都是良好的塔板工作状态，而喷射状态的气速高于泡沫状态，因此塔的生产能力较大，但液沫夹带也较多，会影响传热传质，所以多数塔控制在泡沫状态下工作。

2）气体通过塔板的压降

上升气流通过塔板时需要克服一定的阻力，该阻力形成塔板的压降，包括：塔板本身的干板阻力（即各部件造成的）；板上气液层的静压力及液体的表面张力。此三项阻力之和，即为塔板的总压降。

塔板压降是影响板式塔操作特性的重要因素。塔板压降增大，一方面塔板上气液两相的接触时间随之增长，板效率增大，完成同样分离任务所需的实际塔板数减少，设备费用降低；另一方面，压降增大，塔釜压力必须增大，釜温就会升高，能耗增加，操作费用增大，而且不适于热敏性物料的分离。因此，在塔板设计时应综合考虑，在保证较高效率的前提下，力求降低压降。

3）塔板上的液面落差

当液体横向流过塔板时，为克服摩擦阻力和板上部件（泡罩、浮阀等）的局部阻力，需要一定的液面落差。但液面落差会导致气流分布不均，从而造成漏液现象，使塔板效率下降。液面落差大小与板结构有关，板上结构复杂，阻力就大，落差就大；另一方面，液面落差还与塔径、液体流量有关。当塔径、流量较大时，也会形成较大液面落差。设计中

189

常采用双溢流或阶梯溢流等形式减小液面落差。

（2）板式塔的操作特性

1）塔板上的异常操作现象

塔板上的异常操作现象包括漏液、液泛和液沫夹带等，是使塔板效率降低甚至使操作无法进行的重要因素，应尽量避免这些异常操作现象的出现。

① 漏液：在正常操作的塔板上，液体横向流过塔板，然后经降液管流下。当气体通过塔板的速度较小时，气体通过升气孔道的动力不足以阻止板上液体经孔道流下时，便会出现漏液现象。漏液会导致气液两相在塔板上的接触时间减少，使塔板效率下降，严重的漏液会使塔板不能积液而无法正常操作。通常，为保证塔的正常操作，漏液量应不大于液体流量的 10%，漏液量达到 10% 的气体速度称为漏液速度，是板式塔操作气速的下限。

造成漏液的主要原因是气速太小和板面上液面落差所引起的气流分布不均匀。在塔板液体入口处，液层较厚，往往出现漏液，为此常在塔板液体入口处留出一条不开孔的区域，称为安定区。

② 液沫夹带：上升气流穿过塔板上液层时，必然将部分液体分散成微小液滴，气体夹带着这些液滴在板间的空间上升，如液滴来不及沉降分离，则将随气体进入上层塔板，这种现象称为液沫夹带。

液滴的生成虽然可增大气液两相的接触面积，有利于传质和传热，但过量的液沫夹带常造成液相在塔板间的返混，进而导致板效率严重下降。为维持正常操作，需将液沫夹带限制在一定范围，一般允许的液沫夹带量不超过 0.1kg（液）/kg（气）。

影响液沫夹带量的因素很多，最主要的是空塔气速和塔板间距。减小空塔气速、增大塔板间距，可使液沫夹带量减小。

③ 液泛：正常操作时，需在板上维持一定厚度的液层以和气体进行接触传质。但如果液体充满塔板之间的空间，就会破坏塔的正常操作，这种现象称为液泛。液泛的产生有以下两种情况：①塔板上液体流量很大、上升气体速度很高时，被气体夹带到上一层塔板上的液体量剧增，使塔板间充满气液混合物，最终使整个塔内都充满液体，这种由于液沫夹带量过大引起的液泛称为夹带液泛；②降液管内液体不能顺利下流，管内液体必然积累，当管内液位增高而越过溢流堰顶部时，两板间液体相连，塔板产生积液，并依次上升，最终导致塔内充满液体，这种由于降液管内充满液体而引起的液泛称为降液管液泛。

液泛的形成与气液两相的流量相关。对一定的液体流量，气速过大会形成液泛；反之，对一定的气体流量，液量过大也可能发生液泛。液泛时的气速称为泛点气速，正常操作气速应控制在泛点气速之下。

此外，液泛的形成还与塔板结构，特别是塔板间距等参数有关，采用较大的板间距可提高液泛速度。

2）塔板的负荷性能图

对一定的物系，选定塔板类型后，其操作状况和分离效果便只与气液负荷有关。要维持塔板正常操作和塔板效率稳定，必须将塔内的气液负荷限制在一定的范围内，该范围即为塔板的负荷性能。将此范围在直角坐标系中，以液相负荷 L 为横坐标，气相负荷 V 为纵坐标进行绘制，所得图形称为塔板的负荷性能图，如图 6-30 所示。负荷性能图由以下五条线组成。

① 漏液线：漏液量等于液体流量的 10% 时的气速称为漏液点气速，它是塔板气速的

下限，以 $u_{o,min}$ 表示，即

$$u_{o,min} = \frac{F_0}{\sqrt{\rho_V}} \qquad (6-12)$$

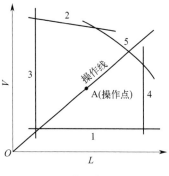

式中　F_0——气相动能因子，$kg^{0.5}/(m^{0.5} \cdot s)$；

　　　ρ_V——气相密度，kg/m^3。

按此作出的水平线称为漏液线，又称气相负荷下限线，如图 6-30 中的线 1。当操作的气相负荷低于此线时，将发生严重的漏液现象。塔板的适宜操作区应在该线以上。

图 6-30　塔板负荷性能图

② 液沫夹带线：图 6-30 中的线 2 为液沫夹带线，又称气相负荷上限线。如操作的气液相负荷超过此线时，表明液沫夹带现象严重，此时液沫夹带量 $e_v > 0.1kg$（液）/kg（气）。塔板的适宜操作区应在该线以下。该线可近似运用下式作图，即

$$e_v = \frac{5.7 \times 10^{-6}}{\sigma_L} \left(\frac{u_a}{H_T - h_f} \right)^{3.2} \qquad (6-13)$$

式中　e_v——液沫夹带量，kg 液体/kg 气体；

　　　H_T——板间距，m；

　　　h_f——塔板上鼓泡层高度，m；

　　　u_a——通过有效传质区的气速，m/s；

　　　σ_L——液相表面张力，mN/m。

利用式(6-13)作图时应将 $e_v = 0.1$ 代入，把式中其他参数写成 V_S 或 L_S 的函数，然后写成 V_S-L_S 的函数方程式，列表作图即可。

③ 液相负荷下限线：图 6-30 中的线 3 为液相负荷下限线。若操作的液相负荷低于此线，表明液体流量过低，板上液流不能均匀分布，气液接触不良，易产生干吹、偏流等现象，导致塔板效率下降。塔板的适宜操作区应在该线以右。

④ 液相负荷上限线：图 6-30 中的线 4 为液相负荷上限线。若操作的液相负荷高于此线，表明液体流量过大，此时液体在降液管内停留时间过短，进入降液管内的气泡来不及与液相分离而被带入下层塔板，造成气相返混，使塔板效率下降。塔板的适宜操作区应在该线以左。

⑤ 液泛线：图 6-30 中的线 5 为液泛线。若操作的气液负荷超过此线时将发生液泛现象，使塔不能正常操作。塔板的适宜操作区在该线以下。

3) 板式塔的操作分析

图 6-30 中五条线包围的区域称塔板的适宜操作区，操作时气相负荷 V 与液相负荷 L 在负荷性能图上的坐标点称为操作点。在连续精馏塔中，回流比为定值，气液比 V/L 也为定值，每层塔板上的操作点沿通过原点、斜率为 V/L 的直线而变化，该直线称为操作线。操作线与负荷性能图上曲线的两个交点分别表示塔的上下操作极限，两极限的气体流量之比称为塔板的操作弹性。设计时，应使操作点尽可能位于适宜操作区的中央，若操作点紧靠某一条边界线，则负荷稍有波动时，塔的正常操作即被破坏。

应予指出，当分离物系和分离任务确定后，操作点的位置即固定，但负荷性能图中各条线的相应位置随着塔板的结构尺寸而变。设计塔板时，可根据操作点的位置适当

调整塔板结构参数，改进负荷性能图，以满足所需的操作弹性。例如：加大板间距可使液泛线上移，减小塔板开孔率可使漏液线下移，增加降液管面积可使液相负荷上限线右移等。

图 6-30 是塔板负荷性能图的一般形式。实际上，塔板的负荷性能图与塔板类型密切相关，如筛板塔与浮阀塔的负荷性能图的形状有一定的差异，对于同一个塔，各层塔板的负荷性能图也不尽相同。

塔板负荷性能图在板式塔的设计及操作中具有重要的意义，塔板设计后均要作出塔板负荷性能图，以检验设计的合理性。对于操作中的板式塔，也需作出负荷性能图以分析操作状况是否合理。板式塔操作出现问题时，通过塔板负荷性能图可分析问题所在，为问题的解决提供依据。

（3）提高塔板效率的措施

为提高塔板效率，应根据物系性质选择合理的结构参数和操作参数，增加相际传质，减少非理想流动。

1）结构参数

影响塔板效率的结构参数很多，如塔径、板间距、堰高、堰长以及降液管尺寸等，必须按某些经验规则恰当地选择。有两点值得特别指出。

① 合理选择塔板的开孔率和孔径，造成适合物系性质的气液接触状态。不同性质的物系适宜于不同的接触状态。实践证明，轻组分表面张力小于重组分的物系宜采用泡沫状态，轻组分表面张力大于重组分的物系宜采用喷射状态。原因是在泡沫状态下，气泡密集，板上液体呈液膜状态而介于气泡之间，液膜稳定，有利于传质。对于表面张力较小的重组分物系，局部传质处的表面张力小于液膜表面张力，液体被拉向四周，导致液膜破裂气泡合并，相界面将减少不利于传质，故不宜采用泡沫状态。若表面张力较大的重组分物系，局部传质处的表面张力大于液膜表面张力，可吸引周围的液体，使液膜得以恢复，又形成新的相界面。因此，表面张力较大的重组分物系，宜采用泡沫状态。对于表面张力较小的重组分物系，液滴局部传质处的表面张力小于液滴其他处的表面张力，会导致液滴分裂，相界面变大，有利于传质，这种物系宜采用喷射状态。反之表面张力较大的重组分物系，液滴稳定性好，宜采用泡沫状态。

② 设置倾斜的进气装置，使全部或部分气流斜向进入液层。斜向进气时，气体将给液体以部分动量，并推动液体沿塔板流动，可以消除液面落差，促进气流的均布，也降低液沫夹带量。

2）操作参数

对于特定物系和一定的塔结构，提高板效率，必须控制好适宜的气液流量范围。

① 气体流量与板效率的关系。

图 6-31 所示为一定液体流量下板效率随气体流量变化的规律。图中 V_1 为操作气量的下限，V_2 为上限。在 V_1 以下操作时，主要是漏液导致板效率下降；当超过 V_2 操作时，主要是液泛和夹带导致板效率下降。

② 液气比不同，操作的上、下限负荷不同，控制的操作参数不同。见图 6-32。

液气比 L/V 很大时，操作线为 OC 线，塔的生产能力由气泡夹带控制；在高液气比（OB 线）下，塔的生产能力由溢流液泛控制；在低液气比（OA 线）时，塔的生产能力由过量液沫夹带控制的。只有当塔的操作点和设计点都位于负荷性能图围成的区域内，气液两相流量变化对板效率的影响才是被允许的。

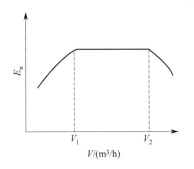

图 6-31　湿板效率 E 与气流量的关系

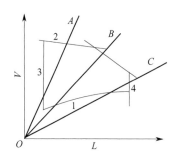

图 6-32　操作线与负荷变化示意图

6.1.3.4　板式塔的设计

板式塔的类型很多，但其设计原则与步骤却大同小异，一般包括：①根据生产任务和分离要求，确定塔径、塔高等工艺尺寸；②塔板设计，包括溢流装置设计、塔板布置、升气道（泡罩、筛孔或浮阀等）的设计及排列；③流体力学验算；④绘制塔板负荷性能图；⑤根据负荷性能图，对设计进行分析和调整，重复上述设计过程，直至满意。现以筛板塔的设计为例，介绍板式塔的设计过程。

（1）筛板塔工艺尺寸的计算

1）塔的有效高度计算

板式塔的有效高度是指安装塔板部分的高度。根据给定的分离任务，求出理论板层数后，可按下式计算塔的有效高度，即

$$Z=\left(\frac{N_T}{E_T}-1\right)H_T \tag{6-14}$$

式中　Z——板式塔的有效高度，m；

N_T——塔内所需的理论板层数；

E_T——总板效率；

H_T——塔板间距，m。

由式(6-14)可见，塔板间距 H_T 直接影响塔的有效高度。在一定的生产任务下，采用较大的板间距可使塔的操作气速提高、塔径减小，但塔高要增加。采用较小的板间距，可使塔的操作气速降低、塔径变大，但塔高可降低。因此，应依据实际情况并结合经济权衡，按系列标准选取板间距。常用的有 300mm、350mm、450mm、500mm、600mm、800mm 等几种系列标准。应予指出，板间距的确定除考虑上述因素外，还应考虑安装、检修的需要。例如在塔体的人孔处，应采用较大的板间距，一般不低于 600mm。

2）塔径

板式塔的直径可依据流量进行计算，即

$$D=\sqrt{\frac{4V_s}{\pi u}} \tag{6-15}$$

式中　D——塔径，m；

V_s——气体体积流量，m^3/s；

u——空塔气速，即按空塔计算的气体线速度，m/s。

空塔气速的确定用下式计算，即

$$u = (0.6\sim0.8)u_{max} = (0.6\sim0.8)C\sqrt{\frac{\rho_L-\rho_V}{\rho_V}} \qquad (6\text{-}16)$$

式中　u_{max}——极限空塔气速，m/s；

　　　C——负荷系数，（查史密斯关联图 6-33 获取）；

　　　ρ_L——液相密度，kg/m^3；

　　　ρ_V——气相密度，kg/m^3；

　　$0.6\sim0.8$——安全系数。

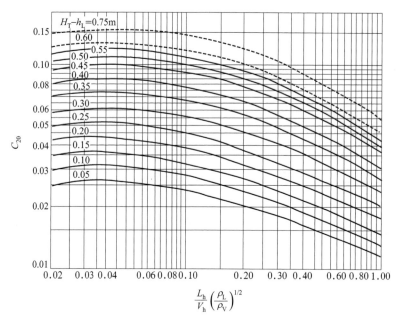

图 6-33　史斯密关联图

C_{20}—物系表面张力为 20mN/m 的负荷系数；V_h、L_h—塔内气、液两相的体积流量，m^3/h；

ρ_V、ρ_L—塔内气、液两相的密度，kg/m^3；H_T—塔板间距，m；h_L—塔上液层高度，m

横坐标$\dfrac{L_h}{V_h}\left(\dfrac{\rho_L}{\rho_V}\right)^{0.5}$是一个无因次的比值，称为液气动能参数，反映液气两相的流量与密度的影响，而(H_T-h_L)反映液滴沉降空间高度对负荷系数的影响。

板上液层高度 h_L 应由设计者首先选定，对常压塔一般取为 $0.05\sim0.1m$（通常取 $0.05\sim0.08m$），对减压塔应取低些，可低至 $0.025\sim0.03m$。

图 6-33 中的负荷系数 C 是按液体表面张力 $\sigma=20N/m$ 的物系绘制的，若所处理物系的表面张力为其他值，须按下式进行校正：

$$C = C_{20}\left(\frac{\sigma}{20}\right)^{0.2} \qquad (6\text{-}17)$$

式中　C_{20}——由图 6-33 查得的 C 值；

　　　σ——操作物系的液体表面张力，mN/m；

　　　　C——操作物系的负荷系数。

　　考虑到降液管占去了一部分塔截面积，使塔板上方的气体流通面积小于塔截面积，因此应再乘以安全系数，便得适宜的空塔气速。安全系数的选取与分离物系的发泡程度密切相关。对于直径较大、板距较大及加压或常压操作的塔以及不易起泡的物系，可取较高的安全系数，而对直径较小、板距较小及减压操作的塔以及严重起泡的物系，应取较低的安全系数。

　　选定空塔气速后，由式(6-15)即可计算出塔径 D，然后按塔径系列标准进行圆整。常用的标准塔径（单位为 mm）为：400、500、600、700、800、1000、1200、1400、1600、2000、2200……。

　　按上确定的塔径只是初估值，还要根据流体力学原则进行验算。对精馏过程，精馏段和提馏段的汽液负荷及物性是不同的，设计时两段的塔径应分别计算，若相差不大，应取较大者作为塔径；若相差较大，应采用变径塔。

　　（2）溢流装置设计

　　板式塔的溢流装置包括降液管、溢流堰和受液盘等几部分，其结构尺寸对塔的性能有着重要的影响。

　　1）降液管的布置与溢流方式

　　降液管有圆形和弓形之分。圆形降液管的流通截面小，没有足够的空间分离液体中的气泡，气相夹带（气泡被液体带到下层塔板的现象）较严重，降低塔板效率。同时，溢流堰周边塔板的利用也不充分，影响塔的生产能力。所以，除小塔外，一般不采用圆形降液管。弓形降液管具有较大的容积，又能充分利用塔板面积，应用较为普遍。

　　降液管的布置决定了塔板的溢流类型，一般有如图 6-34 所示的几种型式。

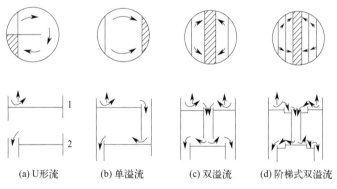

(a) U形流　　　(b) 单溢流　　　(c) 双溢流　　　(d) 阶梯式双溢流

图 6-34　塔板溢流类型

　　U 形流亦称回转流，降液和受液装置都安排在塔的同一侧。弓形的一半作受液盘，另一半作降液管，沿直径以挡板将板面隔成 U 形流道。图 6-34(a) 中视图 1 表示板上液体进口侧，2 表示液体出口侧。U 形流的液体流径最长，塔板面积利用率也最高，但液面落差大，仅用于小塔及液体流量小的情况下。

　　单溢流又称直径流，液体横过整个塔板，自受液盘流向溢流堰。液体流径长，塔板效率较高。塔板结构简单，广泛应用于直径 2.2m 以下的塔中。

　　双溢流又称半径流，来自上一塔板的液体分别从左、右两侧的降液管进入塔板，横过半个塔板进入中间的降液管，在下一塔板上液体则分别流向两侧的降液管。这种溢流型式可减小液面落差，但塔板结构复杂，且降液管所占塔板面积较多。一般用于直径 2m 以上的大塔中。

阶梯式双溢流，塔板做成阶梯型式，目的在于减少液面落差而不缩短液体流径。每一阶梯均有溢流堰。这种塔板结构最复杂，只宜用于塔径很大，液量很大的特殊场合。

液体在塔板上的流径越长，气液接触时间就越长，越有利于提高分离效果，但液面落差也随之加大，不利于气体均匀分布，使分离效果降低。因此，在选择溢流型式时，应根据塔径大小及液体流量等条件，作全面的考虑。表 6-3 列出了溢流类型与液体流量及塔径的关系，可供设计时参考。

表 6-3　溢流类型与液体流量及塔径的关系

塔径 D/mm	液体流量 L_h/(m³/h)			
	U 形流	单溢流	双溢流	阶梯式双溢流
1000	<7	<45		
1400	<9	<70		
2000	<11	<90	90～160	
3000	<11	<110	110～200	200～300
4000	<11	<110	110～220	230～350
5000	<11	<110	110～250	250～400
6000	<11	<110	110～250	250～450

2）溢流装置的设计计算

现以弓形降液管为例，介绍溢流装置的设计方法。溢流装置的设计参数包括溢流堰的堰长 l_w、堰高 h_w；弓形降液管的宽度 W_d、截面积 A_f；降液管底隙高度 h_o；进口堰的高度 h'_w、与降液管间的水平距离 h_1 等，如图 6-35 所示。

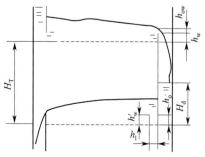

① 溢流堰（出口堰）。溢流堰设置在塔板的液体出口处，是维持板上一定液层高度并使液体在板上均匀流动的装置。将降液管的上端高出塔板板面，即形成溢流堰。降液管端面高出塔板面的距离，称为堰高，以 h_w 表示，弓形溢流管的弦长称为堰长，以 l_w 表示。溢流堰板的形状有平直形与齿形两种。

堰长 l_w 一般根据经验确定。对常用的弓形降液管：

单溢流　$l_w=(0.6\sim0.8)D$

双溢流　$l_w=(0.5\sim0.6)D$

式中　D——塔内径，m。

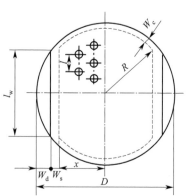

图 6-35　塔板的结构参数

堰高 h_w 需根据工艺条件与操作要求确定。设计时，一般应保持板上清液层高度在 $50\sim100$mm。

板上液层高度为堰高 h_w 与堰上液层高度 h_{ow} 之和，即

$$h_L=h_w+h_{ow} \tag{6-18}$$

式中　h_L——板上液层高度，m；

h_w——堰高，m；

h_{ow}——堰上液层高度，m。

于是，堰高 h_w 可由板上液层高度及堰上液层高度而定。堰上液层高度对塔板的操作性能有很大的影响，太小会造成液体在堰上分布不均，影响传质效果；太大会增大塔板压降及液沫夹带量。一般设计时 h_{ow} 宜为 $60 \sim 70mm$，小于此值时须采用齿形堰，超过此值时可改用双溢流型式。

对于平直堰，堰上液层高度 h_{ow} 可用弗兰西斯（Francis）公式计算，即

$$h_{ow} = \frac{2.84}{1000} E \left(\frac{L_h}{l_w} \right)^{2/3} \qquad (6-19)$$

式中　L_h——塔内液体流量，m^3/h；

　　　E——液流收缩系数，由图 6-36 查得。

根据经验，取 $E = 1$ 时所引起的误差能满足工程设计要求。$E = 1$ 时，由式 (6-19) 可看出，h_{ow} 仅与 L_h 及 l_w 有关，于是可用图 6-37 所示的列线图求出 h_{ow}。

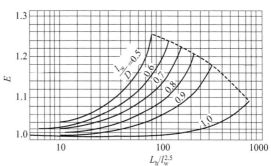

图 6-36　液流收缩系数计算图

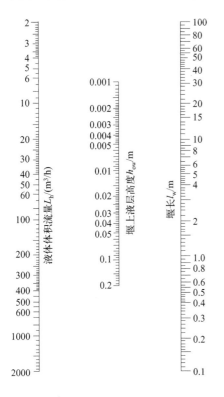

图 6-37　求 h_{ow} 的列线图

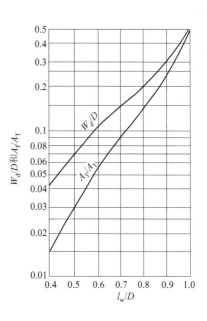

图 6-38　弓形降液管的宽度与面积

对于齿形堰，堰上液层高度 h_{ow} 的计算公式可参考有关设计手册。

板上清液层高度的变化可在 $0.05 \sim 0.1m$ 范围内选取。因此，求出 h_{ow} 后即可按下式范围

确定 h_w：

$$0.1 - h_{ow} \geqslant h_w \geqslant 0.05 - h_{ow} \tag{6-20}$$

堰高 h_w 一般在 $0.03 \sim 0.05\text{m}$ 范围内，减压塔的 h_w 值应较低，以降低塔板的压降。

② 弓形降液管。弓形降液管的设计参数有降液管的宽度 W_d 及截面积 A_f。W_d 及 A_f 可根据堰长与塔径之比 l_w/D 由图 6-38 查得或与该图相应的数表求出。

液体在降液管内的停留时间不应小于 $3 \sim 5\text{s}$，以使液体中夹带的气泡得到分离。对于高压操作的塔及易起泡的物系，停留时间应更长一些。为此，在确定降液管尺寸后，应按下式验算管内液体停留时间 θ，即

$$\theta = \frac{3600 A_f H_T}{L_h} \geqslant 3 \sim 5 \tag{6-21}$$

若不能满足式(6-21)的要求，应调整降液管尺寸或板间距，直至满足要求。

③ 降液管底隙高度。确定降液管底隙高度 h_o 的原则是：保证液体流经时的阻力不太大，同时要有良好的液封。一般按下式计算 h_o，即：

$$h_o = \frac{L_h}{l_w u'_O} \tag{6-22}$$

式中 L_h——塔内液体流量，m^3/h；

u'_O——液体通过降液管底隙时的流速，m/s。根据经验，一般可取 $u'_O = 0.07 \sim 0.025\text{m/s}$。

也可采用以下的简便公式确定，即

$$h_o = h_w - 0.006 \tag{6-23}$$

降液管底隙高度 h_o 一般不宜小于 $20 \sim 25\text{mm}$，否则易于堵塞，或因安装偏差而使液流不畅，造成液泛。在设计中，塔径较小时可取 h_o 为 $25 \sim 30\text{mm}$，塔径较大时可以取 h_o 为 40mm 左右，最大时 h_o 可达 150mm。

④ 进口堰及受液盘。在较大的塔中，有时在液体进入塔板处设有进口堰，以保证降液管的液封，并使液体在塔板上分布均匀。

若设进口堰，其高度 h'_w 可按下述原则考虑：若出口堰高 h_w 大于降液管底隙高度 h_o（一般都是这样），则取 h'_w 与 h_w 相等，在个别情况下 $h_w < h_o$ 时，则应取 $h'_w > h_o$，避免气体走短路经降液管而升至上层塔板上方。为了保证液体由降液管流出时不致受到很大阻力，进口堰与降液管间的水平距离 h_1 应不小于 h_o，即 $h_1 \geqslant h_o$。

对于弓形降液管而言，液体在塔板上的分布一般比较均匀，设置进口堰既占用板面，又易使沉淀物淤积此处造成阻塞，故多数不采用。采用凹形受液盘不须设置进口堰，因为凹形受液盘既可在低液量时形成良好的液封，又有改变液体流向的缓冲作用，还便于液体从侧线的抽出。$\varphi 800\text{mm}$ 以上的塔多采用凹形受液盘，如图 6-39 所示，深度一般在 50mm 以上，有侧线采出时宜取深些。但凹形受液盘易造成死角而堵塞，不适用于易聚合及有悬浮固体的情况。

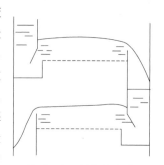

图 6-39　凹形受液盘

（3）塔板布置

塔板有整块式与分块式。塔径较小（$D \leqslant 800mm$）的宜采用整块式，塔径较大（$D \geqslant 1200mm$）的宜采用分块式，以便于通过人孔装、拆塔板。二者之间的塔，可根据具体情况，任意选取一种结构。

塔板板面根据所起作用不同，分为四个区域，如图 6-35 所示。

① 鼓泡区。图 6-35 中虚线以内的区域，是板面上的开孔区域，为塔板上气液接触的有效区域。

② 溢流区。为降液管及受液盘所占的区域。

③ 安定区。是鼓泡区与溢流区之间的区域，也称破沫区。此区域不开气道，其作用有：一是在液体进入降液管之前，有一段不鼓泡的安定地带，以免液体大量夹带气泡进入降液管；二是在液体入口处，由于板上液面落差，液层较厚，有一段不开孔的安全地带，可减少液量。安定区的宽度以 W_s 表示，可按下述范围选取：当 $D < 1.5m$，$W_s = 60 \sim 75mm$；当 $D \geqslant 1.5m$，$W_s = 80 \sim 110mm$。小直径的塔（$D < 1m$），因塔板面积小，安定区要相应减少。

④ 无效区。也称边缘区，是靠近塔壁的一圈边缘区域，供支持塔板的边梁之用。其宽度 W_c 视塔板的支承需要而定，小塔一般为 $30 \sim 50mm$，大塔一般为 $50 \sim 70mm$。为防止液体经无效区流过而产生短路现象，可在塔板上沿塔壁设置挡板。

（4）筛孔的计算及其排列

1）筛孔直径

筛孔直径是影响气相分散和气液接触的重要参数。工业筛板的筛孔直径为 $3 \sim 8mm$，推荐用 $4 \sim 5mm$，筛孔直径太小，加工制造困难，且易堵塞。大孔径（$\phi 10 \sim 25mm$）筛板因加工简单、造价低，且不易堵塞，只要设计合理，操作得当，可获得满意的分离效果。

筛孔一般采用冲压法加工，应根据塔板材料及厚度 δ 考虑加工的可能性。对于碳钢塔板，板厚 δ 为 $3 \sim 4mm$，孔径 d_o 应不小于板厚 δ；对于不锈钢塔板，板厚 δ 为 $2 \sim 2.5mm$，孔径 d_o 应不小于 $1.5 \sim 2mm$。

2）孔中心距

相邻两筛孔中心的距离称为孔中心距，以 t 表示，一般为 $(2.5 \sim 5)d_o$，t/d_o 过小易使气流相互干扰，过大则鼓泡不均匀，都会影响传质效率。推荐值为 $t/d_o = 3 \sim 4$。

3）筛孔的排列与筛孔数

设计时，筛孔按如图 6-40 所示的正三角形排列，筛孔的数目 n 可按下式计算，即

$$n = \frac{1.155A_s}{t^2} \tag{6-24}$$

式中　A_s——鼓泡区面积，m^2。

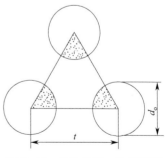

图 6-40　筛孔的正三角形排列

对单溢流型塔板，鼓泡区的面积可用下式计算，即

$$A_s = 2\left(x\sqrt{r^2 - x^2} + \frac{\pi r^2}{180}\sin^{-1}\frac{x}{r}\right) \tag{6-25}$$

式中　$x=\dfrac{D}{2}-(W_d+W_s)$，m；

$\quad\quad r=\dfrac{D}{2}-W_c$，m；

$\quad\quad \sin^{-1}\dfrac{x}{r}$——以角度表示的反正弦函数。

4）开孔率 φ

指一层塔板上筛孔总面积 A_o 与鼓泡区面积 A_s 的比值，即

$$\varphi=\dfrac{A_o}{A_s}\times100\%\qquad\qquad(6\text{-}26)$$

筛孔按正三角形排列时，可以导出

$$\varphi=\dfrac{A_o}{A_s}=0.907\left(\dfrac{d_o}{t}\right)^2\qquad\qquad(6\text{-}27)$$

求出筛孔直径 d_o、筛孔数目 n 后，还需通过流体力学验算，检验是否合理，若不合理需进行调整。

(5) 塔板的流体力学验算

塔板流体力学验算的目的是检验设计的塔板能否在较高的效率下正常操作，若发现有不合适的地方，应对有关工艺尺寸进行调整，直到符合要求为止。流体力学验算内容包括：塔板压力降、液泛、液沫夹带、漏液、液面落差等。

1）气体通过塔板的压强降

气体通过塔板时的压强降是影响板式塔操作特性的重要因素，也是设计任务规定的指标之一。在保证较高效率的前提下，应力求减小塔板压降，以降低能耗及改善塔的操作性能。

经塔板上升的气流需要克服以下几种阻力：塔板本身的干板阻力；板上充气液层的静压力及液体的表面张力。按照目前广泛采用的加合计算方法，气体通过一层塔板时的压强降应为：

$$\Delta p_p=\Delta p_c+\Delta p_1+\Delta p_\sigma\qquad\qquad(6\text{-}28)$$

式中　Δp_p——气流通过一层塔板时的压强降，Pa；

$\quad\quad \Delta p_c$——气流克服干板阻力所产生的压强降，Pa；

$\quad\quad \Delta p_1$——气流克服板上充气液层的静压力所产生的压强降，Pa；

$\quad\quad \Delta p_\sigma$——气流克服液体表面张力所产生的压强降，Pa。

习惯上常把压强降全部折合成塔内液体的液柱高度来表示，故用 $\rho_L g$ 除以上式中的各项，即：

$$\dfrac{\Delta p_p}{\rho_L g}=\dfrac{\Delta p_c}{\rho_L g}+\dfrac{\Delta p_1}{\rho_L g}+\dfrac{\Delta p_\sigma}{\rho_L g}\qquad\qquad(6\text{-}29)$$

从而写成

$$h_p=h_c+h_1+h_\sigma\qquad\qquad(6\text{-}30)$$

式中　h_p——与 Δp_p 相当的液柱高度，$h_p=\dfrac{\Delta p_p}{\rho_L g}$，m；

h_c———与 Δp_c 相当的液柱高度，$h_c = \dfrac{\Delta p_c}{\rho_L g}$，m；

h_1———与 Δp_1 相当的液柱高度，$h_1 = \dfrac{\Delta p_1}{\rho_L g}$，m；

h_σ———与 Δp_σ 相当的液柱高度，$h_\sigma = \dfrac{\Delta p_\sigma}{\rho_L g}$，m。

① 干板阻力 h_c。干板阻力 h_c 可由下式计算，即

$$h_c = 0.051 \left(\frac{u_o}{C_o} \right)^2 \left(\frac{\rho_V}{\rho_L} \right) \tag{6-31}$$

式中　C_o———干筛板的流量系数，如图 6-41 中的曲线所示。

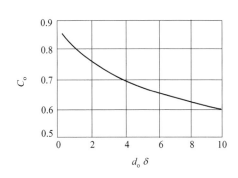
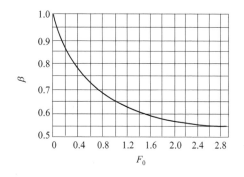

图 6-41　干筛板的流量系数　　　　　图 6-42　充气系数关联图

② 板上充气液层阻力 h_1。板上充气液层阻力 h_1 受堰高、气速及溢流强度（单位溢流堰周边长度上的液体流量）等因素的影响，一般用下面的经验公式计算，即：

$$h_1 = \beta h_L \tag{6-32}$$

式中　h_L———板上液层高度，m；

　　　β———反映板上液层充气程度的因素，称充气系数，无因次，见图 6-42 所示。图中，横坐标 F_0 表示气相动能因子，可分别按下式计算：

$$F_0 = u_a \sqrt{\rho_V} \tag{6-33}$$

$$u_a = \frac{V_s}{A_T - A_f} \tag{6-34}$$

式中　F_0———气相动能因子，$kg^{0.5} / (m^{0.5} \cdot s)$；

　　　u_a———通过有效传质区的气速，m/s；

　　　ρ_V———气相密度，kg/m^3；

　　　A_T———塔截面积，m^2；

　　　A_f———弓形降液管的面积，m^2。

根据计算的 F_0 值，即可根据图 6-42 查出充气系数 β。液相为水时，$\beta = 0.5$；为油时，$\beta = 0.2 \sim 0.25$；为碳氢化合物时，$\beta = 0.4 \sim 0.5$。

③ 液体表面张力所产生的阻力 h_σ。气体克服液体表面张力所产生的阻力 h_σ 可由下式估算

$$h_\sigma = \frac{4\sigma_L}{\rho_L g d_o} \tag{6-35}$$

式中　σ_L——液体的表面张力，N/m；

　　　ρ_L——液相密度，kg/m^3；

　　　d_o——筛孔直径，m。

一般 h_σ 的值很小，计算时可忽略不计

2）液面落差

筛板上没有突起的气液接触元件，液体流动的阻力较小，因而液面落差小，通常可忽略不计。只有当液体流量很大及流程很长时，才需要考虑液面落差的影响。

3）液泛

液泛分为降液管液泛和液沫夹带液泛，流体力学验算中通常对降液管液泛进行验算。为使液体能由上层塔板稳定地流入下层塔板，降液管内须维持一定的液层高度 H_d，用来克服相邻两层塔板间的压降、板上清液层阻力和液体流过降液管的阻力，因此，可用下式计算 H_d，即

$$H_d = h_p + h_L + h_d \tag{6-36}$$

式中　H_d——降液管中清液层高度，m；

　　　h_p——与上升气体通过一层塔板的压降所相当的液柱高度，m；

　　　h_L——板上液层高度（忽略了板上液面落差，并认为降液管中不含气泡），m；

　　　h_d——与液体流过降液管的压降相当的液柱高度，m。

式(6-36)中的 h_p 可由式(6-30)计算，h_L 为已知，而 h_d 主要是由降液管底隙处的局部阻力造成，可按下面经验公式估算：

塔板上不设置进口堰的，

$$h_d = 0.153\left(\frac{L_h}{l_w h_o}\right)^2 = 0.153(u'_o)^2 \tag{6-37}$$

塔板上设置进口堰的，

$$h_d = 0.2\left(\frac{L_h}{l_w h_o}\right)^2 = 0.2(u'_o)^2 \tag{6-38}$$

式中　u'_o——流体流过降液管底隙时的流速，m/s。

按式(6-36)可算出降液管中清液层高度 H_d，而降液管中液体和泡沫的实际高度大于此值。为防止液泛，应保证降液管中泡沫液体的总高度不能超过上层塔板的出口堰，即

$$H_d \leqslant \varphi(H_T + h_w) \tag{6-39}$$

式中　φ——安全系数。对易发泡物系，$\varphi = 0.3 \sim 0.5$；不易发泡物系，$\varphi = 0.6 \sim 0.7$。

4）漏液

当气体通过筛孔的流速较小，气体的动能不足以阻止液体向下流动时，便会发生漏液现象。根据经验，相对漏液量（漏液量/液流量）小于 10% 时对塔板效率影响不大。相对漏液量为 10% 时的气速称为漏液点气速，是塔板操作气速的下限，以 $u_{o,min}$ 表示。漏液量与气体通过筛孔的动能因子有关，根据实验，筛板塔相对漏液量为 10% 的动能因子为 $F_o = 8 \sim 10$。

气体通过筛孔的实际速度 u_o 与漏液点气速 $u_{o,min}$ 之比称为稳定系数，即

$$K = \frac{u_o}{u_{o,min}} \qquad (6\text{-}40)$$

式中　K——稳定系数，无因次。K 值的适宜范围为 $1.5 \sim 2$。

5）液沫夹带

液沫夹带会造成液相在塔板间的返混，降低塔板的操作效率。为保证板效率基本稳定，设计中规定液沫夹带量 $e_v < 0.1$kg（液体）/kg（气体）。

计算液沫夹带量有不同的方法，通常采用图 6-43 所示的亨特关联图。图中直线部分可回归成下式

$$e_v = \frac{5.7 \times 10^{-6}}{\sigma_L}\left(\frac{u_a}{H_T - h_f}\right)^{3.2} \qquad (6\text{-}41)$$

式中　e_v——液沫夹带量，kg（液体）/kg（气体）；

h_f——塔板上鼓泡层高度，m。根据设计经验，一般取 $h_f = 2.5 h_L$。

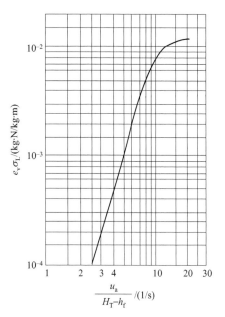

图 6-43　亨特的液沫夹带关联图

6.2　汽提技术与设备

汽提是借助污水与通入的蒸汽直接接触，使污水中的挥发性物质按一定比例扩散到气相中，从而将挥发性污染物从污水中分离除去。汽提法的去除对象是污水中的挥发性溶解物。

6.2.1　技术原理

根据挥发性污染物的性质不同，汽提法处理污染物的原理可分为蒸汽蒸馏和简单蒸馏。

（1）蒸汽蒸馏

对于与水不互溶或几乎不互溶的挥发性污染物，利用混合液的沸点低于任一组分沸点的特点，可使低沸点挥发物在较低温度下挥发逸出，从而得以分离除去。例如污水中的酚、硝基苯等在低于 100℃ 的条件下，用蒸汽蒸馏法可其将有效去除。

（2）简单蒸馏

对于与水互溶的挥发性物质，当达到气液平衡时，其在气相中的浓度大于其在液相中的浓度，因此可借助于蒸汽的直接加热，使其在沸点下按一定比例于气相中富集。若再把蒸汽冷凝，就可以得到浓度较高的该挥发性物质的水溶液。

6.2.2　工艺过程

采用汽提法处理含挥发性污染物的污水时，可以认为溶质在气相中的浓度与在污水中

的浓度比值为一常数，遵循分配定律，即：

$$k = \frac{C_g}{C_w} \tag{6-42}$$

式中　C_g、C_w——气液平衡时，溶质在气相及污水中的浓度；

　　　　k——分配系数。k 值越大的物质，越适合于采用汽提法脱除。某些物质的 k 值列于表 6-4。

表 6-4　某些物质的 k 值

物质	挥发酚	苯胺	游离胺	甲基苯胺	氨基甲烷
k	2	5.5	13	19	11

单位体积污水所需要的蒸汽量 V_0（$\mathrm{kg/m^3}$）称为汽水比，平衡时可按下式计算：

$$V_0 = \frac{C_0 - C_e}{kC_0} \tag{6-43}$$

式中　C_0、C_e——进水和平衡时出水中的溶质（气体）浓度，g/L。

在实际生产中，汽提都是在不平衡状态下进行选择，同时还有热损失，因此蒸汽的实际耗量比理论值大，实际耗量约为理论耗量的 2～2.5 倍。

传质速率取决于组分平衡分压（浓度）和气相实际分压（浓度）的差值。对给定的物系，通过提高水温、增大气液接触面积和时间、减少传质阻力，可以达到降低水中溶质浓度、增大传质速率的目的。

6.2.3　过程设备

汽提操作一般都是在封闭的塔内进行。汽提塔可以采用前述的板式塔，也可采用填料塔。

6.2.3.1　填料塔的结构

填料塔是以塔内装填的大量填料为相间接触构件的气液传质设备，结构较简单，如图 6-44 所示。塔身是一直立式圆筒，底部装有填料支承板，填料以乱堆或整砌的方式放置在支承板上。填料的上方安装填料压板，以限制填料随上升气流的运动。液体从塔顶加入，经液体分布器喷淋到填料上，并沿填料表面流下。气体从塔底送入，经气体分布装置（小直径塔一般不设气体分布装置）分布后，与液体呈逆流连续通过填料层的空隙，在填料表面气液两相密切接触进行传质。填料塔属于连续接触式的气液传质设备，两相组成沿塔高连续变化，在正常操作状态下，气相为连续相，液相为分散相。

液体沿填料层下流时有逐渐向塔壁集中的趋势，使得塔壁附近的液流量逐渐增大，这种现象称为壁流。壁流效应造成气液两相在填料层分布不均匀，从而使传质效率下降。因此，当填料层较高时，需要进行分段，中间设置液

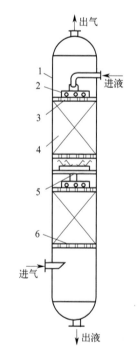

图 6-44　填料塔的结构示意图

1—塔壳体；2—液体分布器；
3—填料压板；4—填料；
5—液体再分布装置；6—填料支承板

体再分布装置。液体再分布装置包括液体收集器和液体再分布器两部分，上层填料流下的液体经液体收集器收集后，送到液体再分布器，经重新分布后喷淋到下层填料的上方。

与板式塔相比，填料塔具有如下特点。

（1）生产能力大

板式塔与填料塔的液体流动和传质机理不同，如图 6-45 所示。板式塔的传质是通过上升气体穿过板上的液层来实现，塔板的开孔率一般占塔截面积的 7%～10%，而填料塔的传质是通过上升气体和靠重力沿填料表面下降的液流接触实现，填料塔内件的开孔率均在 50% 以上，填料层的空隙率超过 90%，一般液泛点较高。单位塔截面积上，填料塔的生产能力一般均高于板式塔。

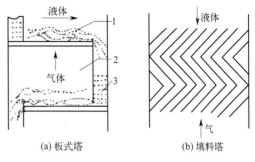

(a) 板式塔　　　　(b) 填料塔

图 6-45　板式塔与填料塔传质机理的比较

1—气液传质区；2—气液分离区；3—降液区

（2）分离效率高

一般情况下，填料塔具有较高的分离效率。工业填料塔每米理论级大多在 2 级以上，最多可达 10 级以上。而常用的板式塔，每米理论级最多不超过 2 级。研究表明，在减压和常压操作下，填料塔的分离效率明显优于板式塔，在高压下操作，板式塔的分离效率略优于填料塔。但大多数分离操作是处于减压及常压的状态下。

（3）压力降小

一般情况下，板式塔的每个理论级压降约为 0.4～1.1kPa，填料塔约为 0.01～0.27kPa，板式塔的压降通常高于填料塔 5 倍左右。压降低不仅能降低操作费用，节约能耗，对于精馏过程，可使塔釜温度降低，有利于热敏性物系的分离。

（4）持液量小

持液量是指正常操作时填料表面、内件或塔板上所持有的液量。对于填料塔，持液量一般小于 6%，而板式塔则高达 8%～12%。持液量大，可使塔的操作平稳，不易引起产品的迅速变化，但大的持液量使开工时间增长，增加操作周期及操作费用，对热敏性物系的分离及间歇精馏过程是不利的。

（5）操作弹性大

操作弹性是指对负荷的适应性。由于填料本身对负荷变化的适应性很大，故填料塔的操作弹性决定于塔内件的设计，特别是液体分布器的设计，因而可根据实际需要确定填料塔的操作弹性。而板式塔的操作弹性则受到塔板液泛、液沫夹带及降液管能力的限制，一般操作弹性较小。

填料塔也有一些不足之处，如填料造价高；液体负荷较小时不能有效地润湿填料表面，使传质效率降低；不能直接用于有悬浮物或容易聚合的物料，对侧线进料和出料等复杂精馏不太适合等。因此，在选择塔的类型时，应根据分离物系的具体情况和操作所追求的目标综合考虑上述各因素。

6.2.3.2 填料的类型

填料是填料塔的核心构件，提供了气液两相接触传质的相界面，是决定填料塔性能的主要因素。其种类很多，根据装填方式的不同，可分为散装填料和规整填料两大类。

（1）散装填料

散装填料是一粒粒具有一定几何形状和尺寸的颗粒体，一般以散装方式堆积在塔内，又称为乱堆填料或颗粒填料。根据结构特点，散装填料又可分为环形填料、鞍形填料、环鞍形填料及球形填料等。图 6-46 为几种较为典型的散装填料。

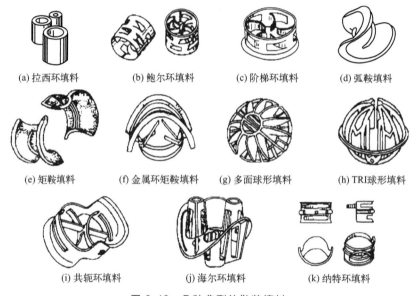

| (a) 拉西环填料 | (b) 鲍尔环填料 | (c) 阶梯环填料 | (d) 弧鞍填料 |

| (e) 矩鞍填料 | (f) 金属环矩鞍填料 | (g) 多面球形填料 | (h) TRI球形填料 |

| (i) 共轭环填料 | (j) 海尔环填料 | (k) 纳特环填料 |

图 6-46　几种典型的散装填料

① 拉西环填料：是外径与高度相等的圆环，如图 6-46（a）所示。拉西环在装填时容易产生架桥、空穴等现象，液体不易流入圆环内部，极易产生液体的偏流、沟流和壁流，气液分布较差，传质效率低；又由于填料层持液量大，气体折返的路径长，阻力大，通量小。目前已逐渐被其他填料取代。

② 鲍尔环填料：是在拉西环填料的基础上改进而得的，如图 6-46（b）所示。在拉西环的侧壁上开出两排长方形的窗孔，被切开环壁的一侧仍与壁面相连，另一侧向环内弯曲，形成内伸的舌叶，诸舌叶的侧边在环中心相搭。其比表面积和空隙率与拉西环基本相当，但环壁开孔大大提高了环内空间及环内表面的利用率，气体流动阻力降低，液体分布比较均匀。同种材质、同种规格时，鲍尔环的气体通量较拉西环增大 50% 以上，传质效率增加 30% 左右，因此得到了广泛的应用。

③ 阶梯环填料：是在鲍尔环基础上改造而得的，如图 6-46（c）所示。其与鲍尔环的相似之处是环壁上也开有窗孔，但高度减少了一半。高径比减少使得气体绕填料外壁的平均路径大为缩短，减少了阻力。填料的一端增加了一个锥形翻边，不仅增加了机械强度，而且使填料之间以点接触为主，不但增加了填料间的空隙，也成为液体沿填料表面流动的汇集分散点，可以促进液膜的表面更新，有利于传质效率的提高。阶梯环的综合性能优于鲍尔环，成为目前所有环形填料中最优良的一种。

④ 弧鞍填料：形状如同马鞍，是鞍形填料的一种，一般采用瓷质材料制成，如图 6-46(d) 所示。其特点是表面全部敞开，不分内外，液体在表面两侧均匀流动，表面利用率高，流道呈弧形，流动阻力小。缺点是易发生套叠，致使一部分填料表面被重合，不能被液体润湿，使传质效率降低；强度较差，容易破碎，工业生产中应用不多。

⑤ 矩鞍填料：将弧鞍填料两端的弧形面改为大小不等的矩形面，即成为矩鞍填料，如图 6-46(e) 所示。矩鞍填料一般采用瓷质材料制成，堆积时不会套叠，液体分布较均匀，性能优于拉西环。

⑥ 金属环矩鞍填料：既有类似开孔环形填料的圆孔、开孔和内伸的舌叶，也有类似矩鞍形填料的侧面，如图 6-46(f) 所示。一般以金属材料制成，敞开的侧壁有利于气体和液体通过，减少了滞液死区。填料层内流通孔道增多，使气液分布更加均匀，传质效率得以提高，综合性能优于鲍尔环和阶梯环。因其结构特点，采用极薄的金属板轧制仍能保持良好的机械强度，是散装填料中应用较多、性能优良的一种填料。

⑦ 球形填料：一般采用塑料注塑而成，结构有多种，图 6-46(g) 所示是由许多板片构成的多面球形填料，图 6-46(h) 所示是由许多枝条的格栅组成的 TRI 球形填料。球体为空心，可以允许气体、液体从其内部通过。由于球体结构的对称性，填料装填密度均匀，不易产生空穴和架桥，气液分散性能好。一般只适用于某些特定的场合，工程上应用较少。

此外，工业应用的还有图 6-46(i) 所示的共轭环填料、图 6-46(j) 所示的海尔环填料及图 6-46(k) 所示的纳特环填料等。

(2) 规整填料

规整填料是在塔内按均匀几何图形整齐堆砌的填料，根据几何结构可以分为格栅填料、波纹填料、脉冲填料等，如图 6-47 所示。规整填料规定了气液流径，改善了填料层内气液分布状况，可在很低的压降下提供更多的比表面积，使处理能力和传质性能均得到较大程度的提高。

① 格栅填料：以条状单元体经一定规则组合而成，结构随条状单元体的形式和组合规则而变，具有多种形式。工业上应用最早的是木格栅填料，如图 6-47(a) 所示。目前应用较为普遍的有格里奇格栅填料、网孔格栅填料、蜂窝格栅填料等，其中以格里奇格栅填料最具代表性，如图 6-47(b) 所示，比表面积较低，主要用于要求低压降、大负荷及防堵等场合。

② 波纹填料：是由许多波纹薄板组成的圆盘状填料，波纹与塔轴的倾角有 30° 和 45° 两种，组装时相邻两波纹板反向靠叠。各盘填料垂直装于塔内，相邻的两盘填料间交错90°排列。

波纹填料是一种通用型规整填料，结构紧凑，具有很大的比表面积，可由波纹结构形状而调整，常用的有 125、150、250、350、500、700 等几种。相邻两盘填料相互垂直，使上升气流不断改变方向，下降的液体也不断重新分布，故传质效率高。填料的规则排列使流动阻力减小，从而处理能力得以提高。缺点是不适于处理黏度大、易聚合或有悬浮物的物料，此外，填料装卸、清理较困难，造价也较高。

波纹填料按结构可分为网波纹填料和板波纹填料两类，其材料又有金属、塑料和陶瓷等之分。

金属丝网波纹填料是网波纹填料的主要形式，如图 6-47(c) 所示。因丝网细密，故其空隙率较高，填料层压降低。由于丝网独具的毛细作用，使表面具有很好的润湿性能，故分离效率很高。尽管其造价高，但因其性能优良，仍得到了广泛的应用。

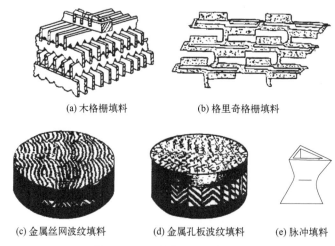

(a) 木格栅填料　　　　　　　(b) 格里奇格栅填料

(c) 金属丝网波纹填料　　　(d) 金属孔板波纹填料　　　(e) 脉冲填料

图 6-47　几种典型的规整填料

金属孔板波纹填料是板波纹填料的主要形式，如图 6-47(d) 所示。波纹板片上钻有许多 φ5mm 的小孔，可起到粗分配板片上的液体、加强横向混合的作用。波纹板片上轧有细小沟纹，可起到细分配板片上的液体、增强表面润湿性能的作用。填料强度高，耐腐蚀性强，特别适用于大直径塔及气液负荷较大的场合。

金属压延孔板波纹填料是用碾轧方式在板片上碾出密度很大的孔径为 0.4~0.5mm 小刺孔，其分离能力类似于网波纹填料，但抗堵能力比网波纹填料强，并且价格便宜，应用较为广泛。

③ 脉冲填料：由带缩颈的中空棱柱形单体按一定方式拼装而成，如图 6-47(e) 所示。组装后形成带缩颈的多孔棱形通道，其纵面流道交替收缩和扩大，气液两相通过时产生强烈的湍动。在缩颈段，气速最高，湍动剧烈，从而强化传质；在扩大段，气速减到最小，实现两相的分离。流道收缩、扩大的交替重复，实现了"脉冲"传质过程。其优良的液体分布性能使放大效应减少，特别适用于大塔径的场合。

6.2.3.3　填料的性能评价

(1) 填料的几何特性

几何特性是评价填料性能的基本参数，主要包括比表面积、空隙率、填料因子等。

① 比表面积：单位体积填料层的填料表面积，以 a 表示，单位为 m^2/m^3。填料的比表面积愈大，所提供的气液传质面积愈大，因此，比表面积是评价填料性能优劣的一个重要指标。

② 空隙率：单位体积填料层的空隙体积，以 ε 表示，单位为 m^3/m^3，或以百分数表示。填料的空隙率越大，气体通过的能力大且压降低。因此，空隙率是评价填料性能优劣的又一个重要指标。

③ 填料因子：填料比表面积与空隙率三次方的比值，即 a/ε^3，以 Φ 表示，单位为 $1/m$。未被液体润湿时的 a/ε^3 称为干填料因子，反映填料的几何特性；被液体润湿时，表

面覆盖了一层液膜，α 和 ε 均发生相应的变化，此时的 α/ε^3 称为湿填料因子，表示填料的流体力学性能，$\varPhi$ 值越小，表明流动阻力越小。

（2）填料的性能评价

填料性能的优劣通常根据效率、通量及压降三要素衡量。相同操作条件下，填料的比表面积越大，气液分布越均匀，表面的润湿性能越优良，则传质效率越高；填料的空隙率越大，结构越开敞，则通量越大，压降亦越低。

6.2.3.4　填料塔的操作性能

填料塔的操作性能主要包括填料层的持液量、填料层的压力降、液泛、填料表面的润湿及返混等。

（1）液体成膜的条件

液体能否在填料表面铺展成膜与填料的润湿性有关。严格地说，液体自动成膜的条件是：

$$\delta_{LS}+\delta_{GL}<\delta_{GS} \tag{6-44}$$

式中　δ_{LS}——液固间的界面张力；

　　　δ_{GL}——气液间的界面张力；

　　　δ_{GS}——气固间的界面张力。

式（6-44）中两端的差值越大，表明填料表面越容易被该种液体所润湿，即液体在填料表面上的铺展能力越强。当物系和操作温度、压力一定时，气液界面张力 δ_{GL} 为一定值。因此，适当选择填料的材料和表面性质，液体将具有较大的铺展能力，可使用较少的液体获得较大的润湿表面。如填料的材料选用不当，液体将不呈膜而呈细流下降，使气液传质面积大为减少。

（2）填料塔内液膜表面的更新

填料塔内液膜所流经的填料表面是许多填料堆积而成的，形状极不规则，这种不规则的填料表面有助于液膜的湍动。特别是当液体自一个填料通过接触点流至下一个填料时，原来在液膜内层的液体可能转而处于表层，而原来处于表层的液体可能转入内层，由此产生表面更新现象，加快了液相内部的物质传递，是填料塔内汽液传质中的有利因素。但乱堆填料层中可能存在某些液流所不及的死角，这些死角虽然是润湿的，但液体基本上处于静止状态，对两相传质贡献不大。

（3）填料塔内的液体分布

液体在乱堆填料层内所经历的路径是随机的。液体集中在某点进入填料层并沿填料流下时，将呈锥形逐渐散开，表明乱堆填料具有一定的分散液体能力，因此乱堆填料对液体预分布没有过于苛刻的要求。另一方面，在填料表面流动的液体会部分地汇集形成沟流，使部分填料表面未被润湿。两个方面共同作用，使液体在流经足够高的一段填料层之后，形成一个发展了的液体分布，称为填料的特征分布。特征分布是填料的特性，规整填料的特征分布优于散装填料。在同一填料塔中，喷液量越大，特征分布越均匀。

液体在填料塔中流下时产生分布不均匀性的原因有以下几种，在设计时应采取相应的改进措施：

① 初始分布不均匀性：对于小塔，液体在乱堆填料层中虽有一定的自分布能力，但

若液体初始分布不良，总体上填料的润湿表面积减少。对于大塔，初始分布不良很难利用填料的自分布能力达到全塔截面液体的分布均匀。因此，大塔的液体初始分布应予充分注意。

② 填料层内液流的不均匀性：沿填料流下的液流可能向内，也可能向外流向塔壁，导致较多液体沿壁流下形成壁流，减少填料层的润湿率。这种现象叫作填料层内液流的不均匀性，尤其当填料较大时（塔径与填料之比 $D/\delta < 8$），壁流现象显著，工业大型填料塔以取 D/δ 在 30 以上为宜。此外，由于塔体倾斜、填充不均匀及局部填料破损等均会造成填料层内的液体分布不均匀。液流不均匀性是大型填料塔传质性能下降（即放大效应）的主要原因。

（4）填料塔中的持液量

填料塔中流动的液体占有一定的体积，操作时单位填料体积所具有的液体量称为持液量（m^3/m^3）。持液量与填料表面的液膜厚度有关。液体喷淋量大，液膜增厚，持液量也加大。在一般填料塔操作的气速范围内，由于气体上升对液膜流下造成的阻力可以忽略，气体流量对液膜厚度及持液量的影响不大。一般说来，适当的持液量对填料塔操作的稳定性和传热传质是有益的，但持液量过大，将减少填料层的空隙与气相流通截面，使压降增大，处理能力下降。

（5）填料层的压降

逆流操作的填料塔内，液体从塔顶喷淋下来，依靠重力作用在填料表面膜状流下，液膜与填料表面的摩擦及液膜与上升气体的摩擦构成了液膜流动阻力，形成填料层的压降。填料层压降与液体喷淋量及气速有关，一定气速下液体喷淋量越大，压降越大；一定液体喷淋量下气速越大，压降也越大。不同液体喷淋量下单位填料层的压降 $\Delta p/Z$ 与空塔气速 u 的关系如图 6-48 所示。

图 6-48 中，直线 0 表示干填料 ($L=0$) 的 $\Delta p/Z$-u 关系，称为干填料压降线。曲线 1、2、3 表示不同液体喷淋量下填料层的 $\Delta p/Z$-u 关系，称为操作压降线。可以看出，在一定的喷淋量下，压降随空塔气速的变化曲线大致可分为三段：气速低于 A 点时，气体流动对液膜的曳力很小，液体流动不受气流的影响，填料表面覆盖的液膜厚度基本不变，因而填料层的持液量不变，该区域称为恒持液量区，此时的 $\Delta p/Z$-u 为一直线，位于干填料压降线的左侧，且基本上与干填料压降线平行。气速超过 A 点时，气体对液膜的曳力较大，对液膜流动产生阻滞作用，使液

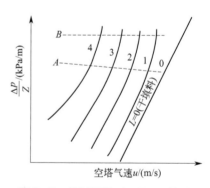

图 6-48 填料层的 $\Delta p/Z - u$ 关系

膜增厚，填料层的持液量随气速的增加而增大，此现象称拦液，开始发生拦液时的空塔气速称为载点气速，曲线上的转折点 A 称为载点。气速继续增大到图中 B 点时，液体不能顺利下流，使填料层的持液量不断增大，填料层内几乎充满液体。气速增加很小就会引起压降的剧增，此现象称为液泛，开始发生液泛时的气速称为泛点气速，以 u_F 表示，曲线上的点 B 称为泛点。从载点到泛点的区域称为载液区，泛点以上的区域称为液泛区。

在同样的气液负荷下，不同填料的 $\Delta p/Z$-u 关系曲线有所差异，但基本形状相近。对

于某些填料，载点与泛点并不明显，上述三个区域间无截然的界限。

（6）液泛

在泛点气速下，持液量增多使液相由分散相变为连续相，而气相则由连续相变为分散相，此时气体呈气泡形式通过液层，气流出现脉动，液体被大量带出塔顶，塔的操作极不稳定，甚至会被破坏，此种情况称为淹塔或液泛。影响液泛的因素很多，如填料的特性、流体的物性及操作的液气比等。

填料特性的影响集中体现在填料因子上。填料因子 $\varPhi$ 值在某种程度上能反映填料流体力学性能的优劣。实践表明，$\varPhi$ 值越小，液泛速度越高，也即越不易发生液泛现象。

流体物性的影响体现在气体密度 ρ_V、液体的密度 ρ_L 和黏度 μ_L 上。液体的密度越大，因液体靠重力下流，则泛点气速越大。气体密度越大，相同气速下对液体的阻力也越大；液体黏度越大，流动阻力增大，均使泛点气速下降。液气比越大，一定气速下液体喷淋量越大，填料层的持液量增加而空隙率减小，故泛点气速越小。

（7）液体喷淋密度和填料表面的润湿

填料塔中气液两相间的传质主要发生在填料表面流动的液膜上。要形成液膜，填料表面必须被液体充分润湿，而填料表面的润湿状况取决于塔内的液体喷淋密度及填料材质的表面润湿性能。

液体喷淋密度指单位塔截面积上单位时间内喷淋的液体体积量，以 U 表示，单位为 $m^3/(m^2 \cdot h)$。为保证填料层的充分润湿，必须保证液体喷淋密度大于某一极限值，该极限值称为最小喷淋密度，以 U_{min} 表示。最小喷淋密度通常采用下式计算，即

$$U_{min} = (L_W)_{min}\alpha \tag{6-45}$$

式中　U_{min}——最小喷淋密度，$m^3/(m^2 \cdot h)$；

$(L_W)_{min}$——最小润湿速率，$m^3/(m \cdot h)$；

α——填料的比表面积，m^2/m^3。

最小润湿速率指塔截面上单位长度填料周边的最小液体体积流量，其值可由经验公式计算（见有关填料手册），也可采用一些经验值。对于直径不超过 75mm 的散装填料，可取 $(L_W)_{min}$ 为 $0.08m^3/(m \cdot h)$，对于直径大于 75mm 的散装填料，取 $(L_W)_{min} = 0.12m^3/(m \cdot h)$。实际操作时采用的液体喷淋密度应大于最小喷淋密度。若喷淋密度过小，可采用增大回流比或采用液体再循环的方法加大液体流量，以保证填料表面的充分润湿；也可采用减小塔径予以补偿。

填料表面润湿性能与填料材质有关，就常用的陶瓷、金属、塑料三种材料而言，以陶瓷填料的润湿性能最好，塑料填料的润湿性能最差。对于金属、塑料材质的填料，可采用表面处理方法，改善其表面的润湿性能。

（8）返混

填料塔内气液两相的逆流并不呈理想的活塞流状态，存在着不同程度的返混。造成返混现象的原因很多，如：填料层内的气液分布不均；气体和液体在填料层内的沟流；液体喷淋密度过大时所造成的气体局部向下运动：塔内气液的湍流脉动使气液微团停留时间不一致等。填料塔内流体的返混使得传质平均推动力变小，传质效率降低。因此，按理想活塞流设计的填料层高度需适当加高，以保证预期的分离效果。

6.2.3.5 填料塔的内件

填料塔的内件主要有填料支承装置、填料压紧装置、液体分布装置、液体收集及再分布装置等。合理选择和设计塔内件，对保证填料塔的正常操作及优良的传质性能十分重要。

(1) 填料支承装置

作用是支承塔内填料床层。对填料支承装置的要求是：应具有足够的强度和刚度，能承受填料的质量、填料层的持液量以及操作中附加的压力等；应具有大于填料层空隙率的开孔率，防止在此首先发生液泛，进而导致整个填料层的液泛；结构合理，利于气液两相均匀分布，阻力小，便于拆装。

常用的填料支承装置有栅板型、孔管型、驼峰型等，如图 6-49 所示。选择时，主要根据塔径、填料种类及型号、塔体及填料的材料、气液流率等而定。

(a) 栅板型　　　　　　　(b) 孔管型　　　　　　　(c) 驼峰型

图 6-49　填料支承装置

(2) 填料压紧装置

为保证填料床层在操作中高度恒定，从而保持均匀一致的空隙结构，使操作正常、稳定，填料装填后要在其上方安装填料压紧装置，防止在高压降、瞬时负荷波动等情况下填料床层发生松动和跳动。

填料压紧装置分为填料压板和床层限制板两大类，每类又有不同的型式，图 6-50 中列出了几种常用的填料压紧装置。填料压板自由放置于填料层上端，靠自身重量将填料压紧，适用于陶瓷、石墨等制的易碎散装填料。当填料发生破碎时，填料层空隙率下降，填料压板可随填料层一起下落，紧紧压住填料而不会形成填料的松动。床层限制板用于不易碎且有弹性的金属散装填料、塑料散装填料及所有规整填料，在装填正确时不会使填料下沉。床层限制板要固定在塔壁上，为不影响液体分布器的安装和使用，不能采用连续的塔圈固定。对于小塔可用螺钉固定于塔壁，而大塔则用支耳固定。

(a) 填料压紧栅板　　　　　(b) 填料压紧网板　　　　　(c) 905型金属压板

图 6-50　填料压紧装置

(3) 液体分布装置

填料塔的传质过程要求在塔内任一截面上气液两相流体能均匀分布，从而实现密切接触、高效传质，其中液体的初始分布至关重要。理想的液体分布器应具备以下条件：

① 与填料相匹配的分液点密度和均匀的分布质量。填料比表面积越大，分离要求越精密，则液体分布器的分布点密度应越大。

② 操作弹性较大，适应性好。

③ 为气体提供尽可能大的自由截面率，实现气体的均匀分布，且阻力小。

④ 结构合理，便于制造、安装、调整和检修。

液体分布装置的种类多样，有喷头式、盘式、管式、槽式及槽盘式等，分别如图 6-51 所示。

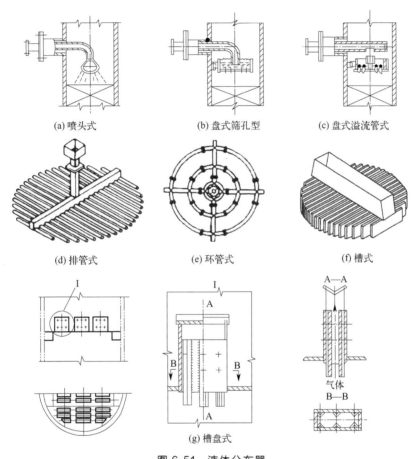

图 6-51　液体分布器

喷头式分布器如图 6-51(a) 所示。液体由半球形喷头的小孔喷出，小孔直径为 3～10mm，作同心圆排列，喷洒角≤80°，直径为 (1/3～1/5) D。因小孔容易堵塞，一般应用较少。

盘式分布器有盘式筛孔型分布器、盘式溢流管式分布器等形式，如图 6-51(b)、(c) 所示。液体加至分布盘上，经筛孔或溢流管流下。分布盘直径为塔径的 0.6～0.8 倍，此种分布器用于 $D<800$mm 的塔中。

管式分布器由不同结构形式的开孔管制成，突出特点是结构简单，供气体流过的自由截面大，阻力小。但小孔易堵塞，弹性一般较小。管式液体分布器使用十分广泛，多用于中等以下液体负荷的填料塔中。在减压精馏及丝网波纹填料塔中，由于液体负荷较小，故常用之。管式分布器有排管式、环管式等不同形状，如图 6-51(d)、(e) 所示。根据液体负荷情况，可做成单排或双排。

213

槽式液体分布器通常是由分流槽（又称主槽或一级槽）、分布槽（又称副槽或二级槽）构成，如图 6-51(f) 所示。一级槽通过槽底开孔将液体初分成若干流股，分别加入其下方的液体分布槽。分布槽的槽底（或槽壁）上设有孔道（或导管），将液体均匀分布于填料层上。槽式液体分布器具有较大的操作弹性、优良的分布性能和极好的抗污堵性，应用非常广泛，特别适合于大气液负荷及含固体悬浮物、大黏度的液体。

槽盘式分布器的结构如图 6-51(g) 所示，将槽式及盘式分布器的优点有机地结合一体，兼有集液、分液及分气三种作用，结构紧凑，操作弹性高达 10：1；气液分布均匀，阻力较小，特别适用于易发生夹带、易堵塞的场合。

（4）液体收集及再分布装置

液体沿填料层向下流动时，有偏向塔壁流动的壁流现象，将导致填料层内气液分布不均，使传质效率下降。为减小壁流现象，可间隔一定高度在填料层内设置液体再分布装置。最简单的液体再分布装置为截锥式再分布器，如图 6-52(a) 所示。截锥式再分布器安装方便，但只起到将壁流向中心汇集的

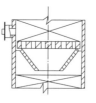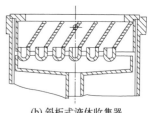

(a) 截锥式再分布器　　(b) 斜板式液体收集器

图 6-52　液体收集及再分布装置

作用，无液体再分布的功能，一般用于直径小于 0.6m 的塔中。

在通常情况下，一般将液体收集器及液体分布器同时使用，构成液体收集及再分布装置。液体收集器的作用是将上层填料流下的液体收集，然后送至液体分布器进行液体再分布。常用的液体收集器为斜板式液体收集器，如图 6-52(b) 所示。槽盘式液体分布器兼有集液和分液的功能，故槽盘式液体分布器是优良的液体收集及再分布装置。

6.2.3.6　填料塔的设计

填料塔的种类繁多，其设计的原则大体相同，设计程序包括：a. 根据给定的设计条件，合理地选择填料；b. 根据给定的设计任务，计算塔径、填料层高度等工艺尺寸；c. 计算填料层的压降；d. 进行填料塔的结构设计，包括塔体设计及塔内件设计两部分。

（1）填料的选择

填料的选择包括填料种类的选择、填料规格的选择及填料材质的选择等内容。

1）填料种类的选择

填料种类的选择要考虑分离工艺的要求，通常从以下几个方面进行考虑。

① 填料的传质效率要高

传质效率即分离效率，有两种表示方法：一是以理论级进行计算的表示方法，以每个理论级当量填料层高度表示，即 HETP 值；另一是以传质速率进行计算的表示方法，以每个传质单元相当的填料层高度表示，即 HTU 值。对于大多数填料，HETP 值或 HTU 值可由有关手册查到，也可通过经验公式来估算。

一般而言，规整填料的传质效率高于散装填料。

② 填料的通量要大

在同样的液体负荷下，填料的泛点气速越高或气相动能因子越大，则通量越大，塔的处理能力也越大。因此，选择填料种类时，在保证具有较高传质效率的前提下，应选择具

有较高泛点气速或气相动能因子的填料。填料的泛点气速或气相动能因子可由经验公式计算，也可由有关图表中查出。

③ 填料层的压降要低

填料层压降越低，塔的动力消耗越低，操作费用越小。选择低压降的填料对热敏性物系的分离尤为重要，填料层压降低，可以降低塔釜温度，防止物料的分解或结焦。比较填料层压降的方法有两种：一是比较填料层单位高度的压降 $\Delta p/z$；另一是比较填料层单位理论级的比压降 $\Delta p/N_T$。填料层的压降可由经验公式计算，也可从有关图表中查出。

④ 填料的使用性能要好

选择填料种类时，除考虑上述各因素外，还应考虑填料的使用性能，即填料的抗污垢堵塞性及拆装与检修，填料层的堵塞是个值得注意的问题。

2）填料规格的选择

填料规格是指填料的公称尺寸或比表面积。

① 散装填料规格的选择。

工业常用的散装填料主要有 $DN16$、$DN25$、$DN38$、$DN50$、$DN76$ 等几种规格。同类填料，尺寸越大，分离效率越高，但阻力增加，通量减少，填料费用也增加。而大尺寸的填料应用于小直径塔中，又会产生液体分布不良及严重的壁流，使塔的分离效率降低。一般塔径与填料公称直径的比值 D/d 应大于 8。

② 规整填料规格的选择。

规整填料的型号和规格的表示方法很多，有用峰高值或波距值表示的，也有用比表面积值表示的。国内习惯用比表面积值表示，主要有 125、150、250、350、500、700 等几种规格。同种类型的规整填料，其比表面积越大，传质效率越高，但阻力增加，通量减少，填料费用也明显增加。选用时应从分离要求、通量要求、场地条件、物料性质及设备投资、操作费用等方面综合考虑，使所选填料既能满足技术要求，又具有经济合理性。

应予指出：一座填料塔可以选用同种类型、同一规格的填料，也可选用同种类型不同规格的填料；可以选用同种类型的填料，也可选用不同类型的填料；有的塔段可选用规整填料，而其他塔段选用散装填料。设计时应灵活掌握，根据技术经济统一的原则来选择填料的规格。

③ 填料材料的选择。

填料的材料分为陶瓷、金属和塑料三大类。

陶瓷填料具有很好的耐腐蚀性，能耐氢氟酸以外的常见的无机酸、有机酸及各种有机溶剂的腐蚀，而且价格便宜，具有很好的表面润湿性能，可在低压、高温下工作，具有一定的抗冲击强度，但质脆、易碎。

金属填料主要根据物系的腐蚀性及材料耐腐蚀性来综合考虑。碳钢填料造价低，且具有良好的表面润湿性能，对于无腐蚀或低腐蚀性物系应优先考虑；不锈钢填料耐腐蚀性强，但造价较高，且表面润湿性能较差，在某些特殊场合需对其表面进行处理才能取得良好的使用效果；钛材、特种合金钢等制成的填料造价很高，一般只在某些腐蚀性极强的物系下使用。一般来说，金属填料可制成薄壁结构，通量大、气体阻力小，具有很高的抗冲击性能，能在高温、高压、高冲击强度下使用，应用范围最为广泛。

塑料填料主要包括聚丙烯（PP）、聚乙烯（PE）及聚氯乙烯（PVC）等，耐腐蚀性能较好，可耐一般的无机酸、碱和有机溶剂的腐蚀。耐温性良好，可长期在 100℃ 以下使用。塑料填料质轻、价廉，具有良好的韧性，耐冲击、不易碎，可以制成薄壁结构，通量大、压降低。缺点是表面润湿性能差，为改善塑料表面润湿性能，可进行表面处理，一般能取到明显的效果。

（2）填料塔工艺尺寸的计算

填料塔的直径可按式（6-46）进行计算，即

$$D = \sqrt{\frac{4V_S}{\pi u}} \qquad (6\text{-}46)$$

式中　V_S——气体体积流量，由设计任务给定。

可以看出，计算填料塔塔径的核心问题是确定空塔气速 u。空塔气速 u 的确定有以下几种方法。

① 泛点气速法。泛点气速是填料塔操作气速的上限，填料塔的操作空塔气速必须小于泛点气速，操作空塔气速与泛点气速之比 u/u_F 称为泛点率。

对于散装填料：$u/u_F = 0.5 \sim 0.85$；对于规整填料：$u/u_F = 0.6 \sim 0.95$。

泛点率的选择主要考虑以下两方面的因素，一是物系的发泡情况，对易起泡沫的物系，泛点率应取低限值，而无泡沫的物系，可取较高的泛点率；二是填料塔的操作压力，对于加压操作的塔，应取较高的泛点率，对于减压操作的塔，应取较低的泛点率。

泛点气速可用经验方程式计算，亦可用关联图求取。

a. 贝恩（Bain）-霍根（Hougen）关联式　填料的泛点气速可由贝恩-霍根关联式计算，即

$$\lg\left[\frac{u_F^2}{g}\left(\frac{a}{\varepsilon^3}\right)\left(\frac{\rho_V}{\rho_L}\right)\mu_L^{0.2}\right] = A - K\left(\frac{W_L}{W_V}\right)^{1/4}\left(\frac{\rho_V}{\rho_L}\right)^{1/8} \qquad (6\text{-}47)$$

式中　u_F——泛点气速，m/s；

g——重力加速度，9.81m/s²；

a——填料比表面积，m²/m³；

ε——填料层空隙率，m³/m³；

ρ_V、ρ_L——气相、液相密度，kg/m³；

μ_L——液体黏度，mPa·s；

W_L、W_V——液相、气相的质量流量，kg/h；

A、K——关联常数。

式（6-47）中，常数 A 和 K 与填料的形状及材料有关，不同类型填料的 A、K 值列于表 6-5 中。由式（6-47）计算所得的泛点气速，误差在 15% 以内。

表 6-5　式（6-47）中的 A、K 值

填料类型	A	K	填料类型	A	K
塑料鲍尔环	0.0942	1.75	金属丝网波纹填料	0.30	1.75
金属鲍尔环	0.1	1.75	塑料丝网波纹填料	0.4201	1.75
塑料阶梯环	0.204	1.75	金属网孔波纹填料	0.155	1.47
金属阶梯环	0.106	1.75	金属孔板波纹填料	0.291	1.75
瓷矩鞍	0.176	1.75	塑料孔板波纹填料	0.291	1.563
金属环矩鞍	0.06225	1.75			

　　b. 埃克特（Eckert）通用关联图。散装填料的泛点气速还可用埃克特关联图计算，如图 6-53 所示。

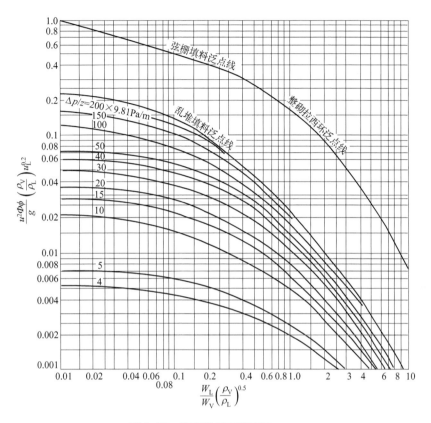

图 6-53　埃克特通用关联图

u—空塔气速，m/s；g—重力加速度，9.81m/s^2；Φ—填料因子，m^{-1}；ψ—液体密度校正系数；

$\psi=\rho_{水}/\rho_1$；ρ_L、ρ_V—液体、气体的密度，kg/m^3；μ_L—液体黏度，MPa·s；

W_L、W_V—液体、气体的质量流量，kg/s

　　图 6-53 中，最上方的三条线分别为弦栅、整砌拉西环及散装填料的泛点线，泛点线下方的线簇为散装填料的等压线。计算泛点气速时，先由气液相负荷及有关物性数据，求出横坐标 $\dfrac{W_L}{W_V}\left(\dfrac{\rho_V}{\rho_L}\right)^{0.5}$ 的值，然后作垂线与相应的泛点线相交，再通过交点作水平线与纵坐标相交，求出纵坐标 $\dfrac{u^2\Phi\phi}{g}\left(\dfrac{\rho_V}{\rho_L}\right)\mu_L^{0.2}$ 值。此时所对应的 u 即为泛点气速 u_F。该计算方法方便、实用，而且物理概念清晰，计算精度能够满足工程设计要求。

　　应予指出，用埃克特通用关联图计算泛点气速时，所需的填料因子为液泛时的湿填料因子，称为泛点填料因子，以 Φ_F 表示。泛点填料因子 Φ_F 可由以下关联式计算，即

$$\lg\Phi_F=a+b\lg U \tag{6-48}$$

式中　Φ_F——泛点填料因子，m^{-1}；

　　　　U——液体喷淋密度，m^3/(m^2·h)；

　　a、b——关联式常数。常用散装填料的关联式常数值可由填料手册中查得。

217

利用上式计算泛点填料因子虽较精确，但因需要试差，计算较烦。为了工程计算的方便，将散装填料的泛点填料因子进行归纳整理，得到与液体喷淋密度无关的泛点填料因子平均值。

② 气相动能因子（F 因子）法

气相动能因子的定义为

$$F = u\sqrt{\rho_G} \qquad\qquad (6\text{-}49)$$

式中　ρ_G——气体密度，kg/m^3。

计算时需先从手册或有关图表中查出填料塔操作条件下的 F 因子，然后代入式（6-49）即可计算出操作空塔气速 u。

③ 气相负荷因子（C_s 因子）法

气相负荷因子的定义为

$$C_s = u\sqrt{\frac{\rho_G}{\rho_L - \rho_G}} \qquad\qquad (6\text{-}50)$$

$$C_s = 0.8 C_{s,\max} \qquad\qquad (6\text{-}51)$$

计算时需先查手册求出 $C_{s,\max}$，再按式（6-51）计算出气相负荷因子 C_s，再将其代入式（6-50）计算出操作空塔气速 u。

根据上述各方法计算出的塔径，还应按塔径公称标准进行圆整，圆整后再对空塔气速 u 及液体喷淋密度进行校正。

第 7 章

溶解度分离技术与设备

溶解度分离技术是根据污水中所含杂质在不同条件下溶解度的差异而实现分离的过程，操作过程可分为萃取、吸附、蒸发浓缩、结晶。

7.1 液液萃取技术与设备

萃取是利用有机组分在不同溶剂中溶解度的不同，选择一种适宜的溶剂加入到污水中，使欲提取的组分转移溶解至溶剂中，再将溶有欲提取组分的溶剂与水分离，从而获得欲提取组分的方法。

根据所使用萃取剂及操作条件的不同，可将萃取分为液液萃取和超临界流体萃取。液液萃取是指采用液态溶剂作为萃取剂对污水中的有机组分进行提取。超临界流体萃取是采用超临界流体作萃取剂，在萃取剂的超临界条件下进行，工业上常用的是超临界二氧化碳流体萃取。

7.1.1 技术原理

液液萃取是根据原料液中各组分在萃取剂中的溶解度不同而实现分离的目的，因此选用的液态萃取剂必须对欲萃取出来的组分有显著的溶解能力，而对其他组分则完全不互溶或仅部分互溶。由此可见在萃取操作中选择适宜的溶剂是一个关键问题。

加入的萃取剂必须在操作条件下能与原料液分成两个液相层，在经过充分混合后，靠重力或离心力的作用能有效地分层。在萃取设备的结构方面，必须适应萃取操作的此项特点。

为了得到溶质和回收溶剂并将溶剂循环使用以降低成本，所选用的萃取剂应与溶质的沸点差较大，以便于采用蒸发或蒸馏的方法回收溶剂。

7.1.2 工艺过程

液液萃取的工艺过程如图 7-1 所示。

7.1.2.1 萃取流程

根据萃取的次数，液液萃取过程分为三类，即单级萃取、多级单效萃取和多级多效萃取。

单级萃取是指萃取过程一次完成，萃取剂只使用一次，所以又叫做单效萃取（料液被萃取的次数叫级数，萃取剂使用的次数叫效数）；多级单效萃取是指料液被多次萃取，而萃取剂只使用一次的萃取过程；多级多效萃取是指料液被多次萃取、萃取剂也被重复使用的萃取过程，并且级数等于效数，常简称为多效萃取。单效萃取常指单级萃取。图 7-2 为液液萃取操作流程。

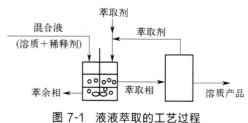

图 7-1　液液萃取的工艺过程

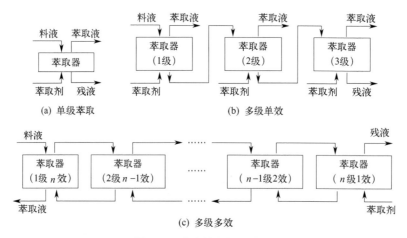

图 7-2　液液萃取操作流程

（1）单级萃取流程

单级萃取是液-液萃取中最简单、也是最基本的操作方式，其流程如图 7-3 所示。首先将原料液 F 和萃取剂 S 加到萃取器中，搅拌使两相充分混合，然后将混合液静置分层，即得到萃取相 E 和萃余相 R。最后采用溶剂回收设备回收萃取相中的溶剂，以供循环使用，如果有必要，萃余相中的溶剂也可回收。E 相脱除溶剂后的残液为萃取液，以 E' 表示。R 相脱除溶剂后的残液称为萃余相，以 R' 表示。单级萃取可以间歇操作，也可以连续操作。无论间歇操作还是连续操作，两液相在混合器和分层器中的停留时间是有限的，萃取相与萃余相不可能达到平衡，只能接近平衡。

（2）多级错流萃取流程

单级萃取的萃余相中往往还含较多的溶质，要萃取出更多的溶质，需要较大量的溶剂。为了用较少溶剂萃取出较多溶质，可用多级错流萃取。图 7-4 所示为多级错流萃取的流程示意图。原料液从第一级加入，每一级均加入新鲜的萃取剂。在第一级中，原料液与萃取剂接触、传质，最后两相达到平衡。分相后，所得萃余相 R_1 送入第二级中作为第二级的原料液，在第二级中被新鲜萃取剂再次进行萃取，如此以往，萃余相多次被萃取，一直到第 n 级，排出最终的萃余相，各级所得的萃取相 E_1，E_2，……，E_n 排出后回收溶剂。

（3）多级逆流萃取的流程

多级逆流萃取是指萃取剂 S 和原料液 F 以相反的流向流过各级，其流程如图 7-5 所示。

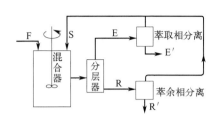

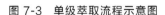

图 7-3　单级萃取流程示意图

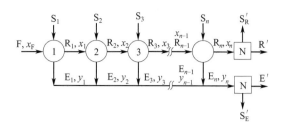

图 7-4　多级错流萃取流程示意图

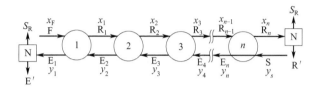

图 7-5　多级逆流萃取流程示意图

原料液从第一级进入，逐级流过系统，最终萃余相从第 n 级流出，新鲜萃取剂从第 n 级进入，与原料液逆流，逐级与料液接触，在每一级中两液相充分接触，进行传质，当两相平衡后，两相分离，各进入其随后的级中，最终的萃取相从第一级流出。在流程的第一级中，萃取相与含溶质最多的原料液接触，故第一级出来的最终萃取相中溶质的含量高，可达接近与原料液呈平衡的浓度，而在第 n 级中萃余相与含溶质最少的新鲜萃取剂接触，故第 n 级出来的最终萃余相中溶质的含量低，可达接近与原料液呈平衡的浓度。因此，可以用较少的萃取剂取得较高的萃取率。通过多级逆流萃取过程得到的最终萃余相 R_n 和最终萃取相 E_1 还含有少量的溶剂 S，可分别送入溶剂回收设备 N 中，经过回收溶剂 S 后，得到萃取液 E' 和萃余液 R'。

7.1.2.2　溶剂萃取的操作方式

在对高浓度难降解有机污水进行萃取的过程中，液液萃取操作可分为混合、分离和回收三个主要步骤。如果按萃取剂与有机污水接触的方式分类，萃取操作可分为间歇式萃取和连续式萃取两种流程。

（1）间歇式萃取

在对间歇式排放的少量有机污水进行处理时，常常采用间歇式萃取法。首先，将未经处理的有机污水与将近饱和的溶剂混合，而新鲜溶剂则与经过几段萃取后的低浓度污水相通，这样既增大了传质过程的推动力，又节约了溶剂用量，提高了处理效率。图 7-6 所示为多段间歇式萃取操作流程，图中 A1、A2、A3 分别为各段混合器，B1、B2、B3 分别为各段萃取器。

（2）连续式萃取

连续式萃取多采用塔式逆流操作方式，大密度溶液从塔顶流入，连续向下流动，

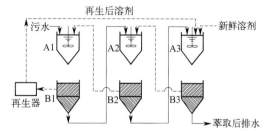

图 7-6　多段间歇式萃取流程

充满全塔并由塔底排出；小密度溶液从塔底流入，从塔顶流出，萃取剂与溶液在塔内逆流相对流动，完成萃取过程。这种操作效率高，在有机污水处理中被广泛应用。

进行液-液萃取操作的设备有多种型式，按操作进行方式可分为分级接触萃取设备和连续微分萃取设备两大类，前者多为槽式设备，后者多为塔式设备。分级接触操作中，两相液体在每一级均应有充分的混合与充分的分离，两相的组成在各级之间均呈阶跃式变化。连续微分萃取过程大多在塔式设备中进行，两相在塔内呈连续逆向流动，一相应能很好地分散在另一相中，两相的组成沿着其流动方向连续变化。当两相分别离开设备之前，也应使两相较完善地分离开。

1）塔式萃取设备的两相流路

图 7-7 所示为塔式萃取设备的两相流路图，密度相对较大的原料液 F 由塔的上部进入塔内，密度相对较小的萃取剂 S 由塔的下部进入塔内。由于密度不同，以及萃取剂与原料液不互溶或仅部分互溶，两个液相在塔内呈逆向流动并充分混合，萃取剂沿塔向上流至塔的顶部，原料液沿塔向下流至塔的底部。在两相接触过程中，溶质从原料液向萃取剂中扩散。当萃取剂由塔顶排出时，其中所含溶质的量已大为增加，此排出的液体即称为萃取相（在此为轻液相），以 E 表示之，而原料液 F 由塔的顶部向下流动的过程中溶质含量逐渐减少，当其由塔底排出时，所含溶质的量已降低至生产所要求的指标，此排出的液体即称为萃余相（在此为重液相），以 R 表示之。

2）混合-沉淀槽式萃取设备的两相流路

图 7-8 所示为三级混合-沉淀槽式萃取设备的两相流路图。每一级均有一个混合槽和一个澄清槽。原料液由第一级混合槽加入，萃取剂由第三级混合槽加入。各流股在每级之间可用泵输送，或利用位差使混合液流入下一级设备中。

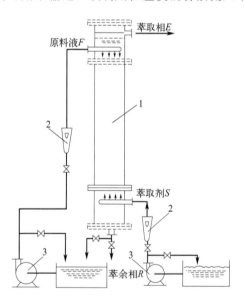

图 7-7　塔式萃取设备两相流路图

1—萃取塔；2—流量计；3—泵

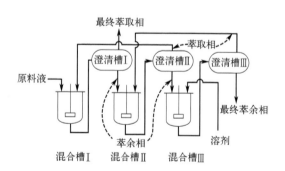

图 7-8　三级混合-沉淀槽式萃取设备两相流路图

7.1.2.3　萃取剂的选择

萃取过程的分离效果主要表现为被分离物质的萃取率和分离产物的纯度。萃取率为萃取液中被提取的溶质量与原料液中的溶质量之比。萃取率越高，分离产物的纯度越高，表示萃取过程的分离效果越好。在萃取操作中，萃取剂是影响分离效果的首要因素，能否选定一种性能优良而且价格低廉的萃取剂，是取得较好萃取效果的主要因素之一。一般情况下，选定萃取剂时应考虑以下的性能。

（1）溶剂的选择性与选择性系数

溶剂的选择性好坏指萃取剂 S 对被萃取的组分 A（溶质）与对其他组分（如 B）的溶解能力之间差异的大小。若萃取剂对溶质 A 的溶解能力较大，而对稀释剂 B 的溶解能力很小，即谓之选择性好。选用选择性好的萃取剂，可以减少溶剂的用量，萃取产品质量也可以提高。

萃取剂的选择性通常用选择系数 β（也称分离因数）衡量。当 E 相和 R 相已达到平衡时，β 的定义可用下式表示：

$$\beta = \frac{A\ \text{在}\ E\ \text{相中的质量分数}/B\ \text{在}\ E\ \text{相中的质量分数}}{A\ \text{在}\ R\ \text{相中的质量分数}/B\ \text{在}\ R\ \text{相中的质量分数}}$$

$$= \frac{y_{AE}/y_{BE}}{x_{AR}/x_{BR}} = \frac{y_{AE}}{x_{AR}} \cdot \frac{x_{BR}}{y_{BE}} \tag{7-1}$$

式中　y_{AE}——溶质 A 在萃取相中的浓度（质量分数）；

$\quad\quad y_{BE}$——稀释剂 B 在萃取相中的浓度（质量分数）；

$\quad\quad x_{AR}$——溶质 A 在萃余相中的浓度（质量分数）；

$\quad\quad x_{BR}$——稀释剂 B 在萃余相中的浓度（质量分数）。

定义分配系数 $\quad\quad\quad\quad\quad\quad\quad\quad k_A = \dfrac{y_{AE}}{x_{AR}}$

代入式(7-1) 中，得

$$\beta = k_A \frac{x_{BE}}{y_{BE}} \tag{7-2}$$

一般情况下，萃余相中稀释剂 B 的含量总比萃取相中为高，也即 $x_{BR}/y_{BE} > 1$。由式(7-2) 可看出，β 值的大小直接与 k_A 值有关，因此凡影响 k_A 的因素也均影响选择系数 β。β 值越小，越有利于组分的分离，若 β 值等于 1，由式(7-1) 可知，$y_{AE}/y_{BE} = x_{AR}/x_{BR}$，即组分 A 与 B 在两平衡液相 E 及 R 中的比例相等，则说明所选的萃取剂是不适宜的。在所有的工业萃取操作物系中，β 值均大于 1。

（2）萃取剂与稀释剂的互溶度

萃取剂 S 与稀释剂 B 的互溶度对萃取过程的影响如图 7-9 所示。图 7-9(a) 表明 B 与 S 是部分互溶的，但其互溶度小，而图 7-9(b) 中 B 与另一种萃取剂 S′ 的互溶度大。由图（a）可明显看出，B 与 S 互溶度小，分层区的面积大，萃取液中含溶质的最高限 E'_{max} 比图（b）中 E'_{max} 的含溶质量高，这说明萃取剂 S 与稀释剂 B 的互溶度越小越有利于萃取。也即对图 7-9 的（A+B）物系而言，选用溶剂 S 比用溶剂 S′ 更有利于达到组分分离的目的。

（3）萃取剂的物性

萃取剂的物理性质与化学性质均会影响到萃取操作是否可以顺利安全地进行。

① 密度差：不论是分级萃取还是连续逆流萃取，萃取相与萃余相均应有一定的密度

差，以利于两相在充分接触后可以较快地分层，从而提高设备的生产能力。尤其对于某些没有外加能量的萃取设备（例如筛板塔、填料塔等），密度差大可明显提高萃取设备的生产能力。

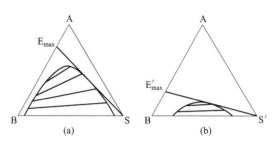

图 7-9　萃取剂与稀释剂互溶度的影响

② 界面张力（即两个液相层之间的张力）：萃取体系的界面张力较大时，细小的液滴比较容易聚结，有利于两相分层，但也会使一相液体分散到另一相液体中的程度较差，从而导致混合效果差，就需要提供较多的外加能量使一相较好地分散到另一相中。界面张力过小，易产生乳化现象，使两相较难分层。考虑到液滴若易于聚结而分层快，设备的生产能力可有所提高，一般不宜选界面张力过小的萃取剂。在实际操作中，综合考虑上述因素，一般多选界面张力较大的萃取剂。

③ 黏度、凝固点及其他：所选萃取剂的黏度与凝固点均应较低，以便于操作、输送和贮存。对于没有搅拌器的萃取塔，物料黏度更不宜大。此外，萃取剂还应具有不易燃、毒性小等优点。

④ 化学性质：萃取剂应具有化学稳定性、热稳定性及抗氧化稳定性，对设备的腐蚀性较小。

（4）萃取剂的回收难易

萃取操作中，所选定的萃取剂需要回收后重复使用，以减少其消耗量。一般来说，萃取剂的回收过程是萃取操作中消耗费用最多的部分，回收的难易直接影响到萃取过程的操作费用。有的萃取剂虽然具有以上很多良好的性能，但往往由于回收困难而不被采用。

最常用的萃取剂回收方法是蒸馏，若被萃取的溶质是不挥发的或挥发度很低的，则可用蒸发或闪蒸法回收溶剂。当用蒸馏或蒸发方法均不适宜时，也可通过降低物料的温度，使溶质结晶析出而与溶剂分离。也有采用化学方法处理以达到使溶剂与溶质分离的目的。

（5）其他因素

萃取剂的价格、来源、毒性以及是否易燃、易爆等等，均是选择时需要考虑的问题。所选用的萃取剂还应来源充分，价格低廉，否则尽管萃取剂具有上述其他良好性能，也不能在工业生产中应用。实际生产过程中常采用几种溶剂组成的混合萃取剂以获得较好的性能。

7.1.3　过程设备

萃取过程中，因为两液相的密度差较小而黏度和界面张力比较大，两相的混合和分离比气液传质过程困难得多。为使萃取过程进行得比较充分，需使用合适的萃取设备，使一相在另一相中分散成细小的液滴，以增大相际接触面积，通常采用机械搅拌、脉冲等手段来实现液体的分散。

7.1.3.1　萃取设备的分类

萃取设备按操作方式可分为分级接触萃取设备和连续微分萃取设备两大类，前者多为槽式设备，后者多为塔式设备。表 7-1 介绍了各类萃取设备的主要优缺点和应用领域。

表 7-1 萃取设备的分类

设备分类		优点	缺点	应用领域
混合-澄清器		相接触好,效率高;处理能力大,操作弹性好;在很宽的流量比范围内均可稳定操作;放大设计方法比较可靠	滞留量大,需要的厂房面积大;投资较大;级间可能需要用泵输送流体	核化工;湿法冶金;化肥工业
无机械搅拌的萃取塔		结构简单,设备费用低;操作和维修费用低;容易处理腐蚀性物料	传质效率低,需要厂房高;对密度差小的体系处理能力低;不能处理流量比很高的情况	石油化工;化学工业
机械搅拌萃取塔	脉冲筛板塔	理论级当量高度低,处理能力大,塔内无运动部件,工作可靠	对密度差较小的体系处理能力比较低;不能处理流量比很高的情况;处理易乳化的体系有困难;放大设计方法比较复杂	核化工;湿法冶金;石油化工
	转盘塔	处理量较大,效率较高,结构简单,操作和维修费用较低		石油化工;湿法冶金;制药工业
	振动筛板塔	理论级当量高度低,处理能力大,结构简单,操作弹性好		石油化工;湿法冶金;制药工业
离心萃取器		能处理两相密度差小的体系;设备体积小,接触时间短,传质效率高;滞留量小,溶剂积压量小	设备费用大;操作费用高;维修费用大	石油化工;核化工;制药工业

选择萃取设备时通常要考虑以下几个因素：

① 体系的特性，如稳定性、流动特性、分相的难易等。

② 完成特定分离任务的要求，如所需的理论级数。

③ 处理量的大小。

④ 厂房条件，如面积和高度等。

⑤ 设备投资和维修的难易。

⑥ 设计和操作经验等。

（1）混合-澄清槽

混合-澄清槽是一种典型的逐级接触式萃取设备，可单级操作，也可多级组合操作，每个萃取级均包括混合槽和澄清器两部分。操作时，萃取剂与被处理的原料液先在混合器中经过充分混合后，再进入澄清器中澄清分层，密度较小的液相在上层，较大的在下层，实现两相分离。为了加大相际接触面积及强化传质过程，提高传质速率，混合槽中通常安装有搅拌装置或采用脉冲喷射器来实现两相的充分混合。图 7-10(a)、(b) 分别为机械搅拌混合槽和喷射混合槽示意图。

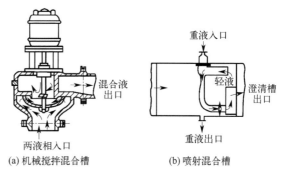

(a) 机械搅拌混合槽　　(b) 喷射混合槽

图 7-10 混合槽示意图

澄清器可以是重力式的，也可以是离心式的。对于易于澄清的混合液，可以依靠两相间的密度差在贮槽内进行重力沉降（或升浮），对于难分离的混合液，可采用离心式澄清器（如旋液分离器、离心分离机），加速两相的分离过程。

典型的单级混合-澄清槽如图 7-11(a) 所示。混合槽有机械搅拌，可以使一相形成小液滴分散于另一相中，以增大接触面积。为达到萃取工艺的要求，需要有足够的两相接触时间。但液滴不宜分散得过细，否则将给澄清分层带来困难，或者使澄清槽体积增大。图 7-11(b) 是将混合槽和澄清器合并成为一个装置。

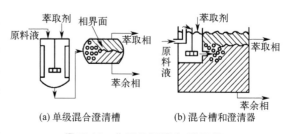

图 7-11　典型单级混合-澄清槽

多级混合-澄清槽由许多个单级设备串联而成，典型结构分别为图 7-12 所示的箱式混合-澄清槽和立式混合-澄清槽。由于有外加搅拌，液体湍流程度高，每一级均可达到较理想的混合条件，使各级最大可能地趋于平衡，因此级效率高，工业规模的级效率可达 $90\%\sim95\%$。槽中的分散相和连续相可以互相转变，有较大的操作弹性，适用于大的流量变化，而且可以处理含固体悬浮物的物系及高黏度液体，处理量大（可达 $0.4\mathrm{m}^3/\mathrm{s}$），设备制造简单、放大容易、可靠，缺点是设备尺寸大、占地面积大、溶剂存留量大、每级内都设有搅拌装置、液体在级间流动需泵输送、能量消耗较多、设备费用及操作费用都较高。

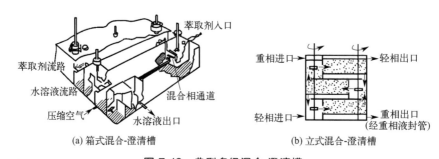

(a) 箱式混合-澄清槽　　　　　　(b) 立式混合-澄清槽

图 7-12　典型多级混合-澄清槽

(2) 塔式萃取设备

将高径比很大的萃取装置统称为塔式萃取设备。为了达到萃取的工艺要求，萃取塔应具有分散装置，如喷嘴、筛孔板、填料或机械搅拌装置，塔顶塔底均应有足够的分离段，以保证两相间很好地分层。塔式装置种类很多，有填料塔、筛板塔，还有外加能量的脉冲筛板塔、脉冲填料塔、转盘塔以及离心萃取机等。

1) 喷淋萃取塔

喷淋萃取塔由塔壳、两相分布器及导出装置构成，如图 7-13 所示。操作时，轻、重液体分别由塔底和塔顶加入，在密度差作用下呈逆流流动。一液体作为连续相充满塔内主要空间，而另一液体以液滴形式分散于连续相中，从而使两相接触传质。塔体两端各有一个澄清室，以供两相分离。在分散相出口端，液滴凝聚分层。为提供足够的停留时间，有时将该出口端塔径局部扩大。

由于喷淋萃取塔内没有内部构件，两相接触时间短，传质系数较小，而且连续相轴向混合严重，因此效率较低，一般不会超过 $1\sim2$ 个理论级。但由于结构简单，设备费用和维修费用低，在一些要求不高的处理过程中有所应用，也可用于易结焦和堵塞以及含固体悬浮颗粒的场合。

2）填料萃取塔

填料萃取塔如图 7-14 所示，典型填料有鲍尔环、拉西环、鞍形填料等，填料层通常用栅板或多孔板支撑。为防止沟流现象，填料尺寸不应大于塔径的 1/8。

重相由塔顶进入，轻相由塔底进入。操作时，连续相充满整个塔中，分散相呈液滴或薄膜状分散在连续相中。分散相液体必须直接引入填料层内，否则，液滴容易在填料层入口处凝聚，使该处成为生产能力的薄弱环节。为避免分散相液体在填料表面大量黏附而凝聚，所用填料应优先被连续相液体所润湿。因此，填料塔内液液两相传质的表面积与填料表面积基本无关，传质表面是液滴的外表面。为防止液滴在填料入口处聚结和过早出现液泛，轻相入口管应在支承板之上 25～50mm。

填料的作用除使分散相的液滴不断破裂与再生，促进液滴的表面不断更新外，还可减少连续相的纵向返混。选择填料时，除应考虑料液的腐蚀性外，还应使填料只能被连续相润湿而不被分散相润湿，以利于液滴的生成和稳定。陶瓷易被水相润湿，塑料和石墨易被有机相润湿，金属材料则需通过实验而确定。

填料层的存在减小了两相流动的自由截面，使塔的通过能力下降，但能使连续相的速度分布较为均匀，使液滴之间多次凝聚与分散的机会增多，并减少两相的轴向混合，传质效果较好，所需塔高可降低。

填料塔结构简单，操作方便，特别适用于腐蚀性料液。为了强化萃取过程，要选择合适形状的填料，并使液体流速为液泛速度的 50%～60%。

3）脉冲填料萃取塔

脉冲填料塔是在填料塔外安装脉动装置，使液体在塔内产生脉冲运动，从而扩大湍流，有利于传质。脉动的产生通常采用往复泵，也可采用压缩空气。图 7-15 所示为借助活塞往复运动使塔内液体产生脉动运动。

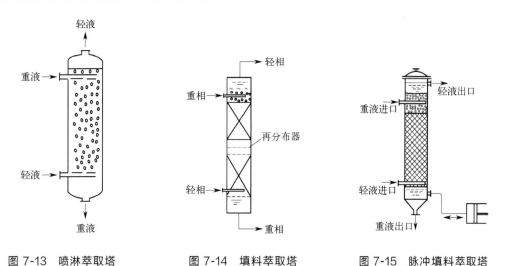

图 7-13　喷淋萃取塔　　　　图 7-14　填料萃取塔　　　　图 7-15　脉冲填料萃取塔

脉动的加入，使塔内物料处于周期性的变速运动之中，重液惯性大加速困难，轻液惯性小加速容易，从而使两相液体获得较大的相对速度，可使液滴尺寸减小，湍动加剧，两相传质速率提高。对于某些体系，脉冲填料塔的传质单元高度可以降低至 1/3～1/2。但液滴变小而降低了通量，而且在填料塔内加入脉动，乱堆填料将定向重排导致沟流产生。

脉冲填料萃取塔结构简单，没有转动部件，设备费用低，安装容易，轴向混合较低，塔截面上分散相分布比较均匀。通过改变脉冲强度便于控制液滴尺寸和传质界面及两相停留时间，使其有较好的操作特性，在较宽的流量变化范围内传质效率保持不变。

4）筛板萃取塔

筛板萃取塔是在塔内装有若干层筛板，轻、重两相在塔内作逆流流动，而在每块塔板上两相呈错流接触。如果轻液相为分散相，操作时轻相穿过各层塔板自下而上流动，连续相（重液）则沿每块塔板横向流动，由降液管流至下层塔板。轻液通过塔板上的筛孔被分散成细滴，与塔板上横向流动的连续相密切接触和传质。液滴在两相密度差的作用下，聚结于上层筛板的下面，然后借助压强差的推动，再经筛孔而分散，如图 7-16 所示。每块筛板及板上空间的作用相当于一级混合澄清槽。为产生较小的液滴，筛板塔的孔径一般较小，通常为 3～6mm。

若以重液相为分散相，则需将塔板上的降液管改为升液管。此时，轻液在塔板上部空间横向流动，经升液管流至上层塔板，而重液相的液滴聚结于筛板上面，然后穿过板上小孔分散成液滴，穿过每块筛板自上而下流动，如图 7-17 所示。

筛板萃取塔一般选取不易润湿塔板的一相作为分散相。筛孔直径一般为 3～9mm，一般按正三角形排列，孔间距常取为孔径的 3～4 倍，板间距在 150～600mm 之间。

筛板萃取塔内分散相液体的分散和凝聚多次发生，而筛板的存在又抑制了塔内的轴向返混，因此传质效率较高。筛板萃取塔结构简单，造价低廉，所需理论级数少，生产能力大，对于界面张力较低和具有腐蚀性的物料效率较高，应用较为广泛。

5）脉冲筛板萃取塔

也称液体脉动筛板塔，是由外力作用使液体在塔内产生脉冲运动的塔，结构如图 7-18 所示，脉动可由塔底的往复泵或隔膜泵造成，也可用压缩空气驱动。操作时，轻、重液体皆穿过筛板而逆向流动，分散相在筛板之间不凝聚分层，两相在塔内的逆流是通过脉冲运动来实现的。筛板塔内加入脉动，同样可以增加相际接触面积及其湍动程度而没有填料重排问题，因此传质效率可大幅度提高。

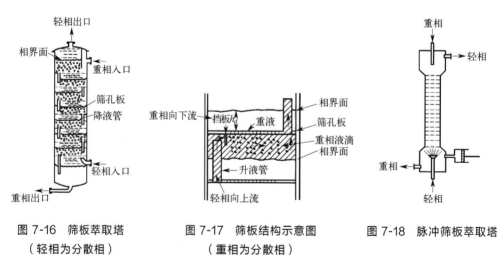

图 7-16　筛板萃取塔　　　　图 7-17　筛板结构示意图　　　图 7-18　脉冲筛板萃取塔
（轻相为分散相）　　　　　（重相为分散相）

脉冲强度即输入能量的强度，由脉冲的振幅 A 与频率 f 的乘积 Af 表示，称为脉冲速度。脉冲速度是影响脉冲筛板塔操作的主要条件：脉冲速度小，液体通过筛板小孔的速度大，液滴大，湍动弱，传质效率低；脉冲速度增大，形成的液滴小，湍动强，传质效率高。但是脉冲速度过大，液滴过小，液体轴向返混严重，传质效率反而降低，且易液泛。通常脉冲频率为 $30\sim200\text{min}^{-1}$，振幅为 $9\sim50\text{mm}$。

脉冲筛板萃取塔的优点是：结构简单，传质效率高，可以处理含有固体粒子的料液；由于塔内不设机械搅拌或往复运动的构件，而脉冲的发生可以离开塔身，可有效解决防腐问题，在有色金属提取和石油化工中日益受到重视。缺点是：允许的液体通过能力小，塔径大时产生脉冲运动比较困难。

6）往复筛板萃取塔

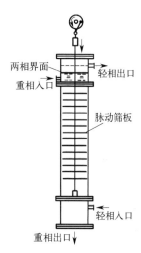

图 7-19 往复筛板萃取塔

也称振动筛板萃取塔，其结构与脉冲筛板塔类似，也由一系列筛板构成，不同的是将若干筛板（一般是 $2\sim20$ 块）按一定间距（$150\sim600\text{mm}$）固定在中心轴上，由塔顶的传动机构驱动作往复运动，筛板与塔体内壁之间保持一定间隙（$5\sim10\text{mm}$），如图 7-19 所示。往复筛板的孔径一般为 $7\sim16\text{mm}$，开孔率 $20\%\sim25\%$。当筛板向下运动时，筛板下侧的液体经筛孔向上喷射；反之，筛板上侧的液体向下喷射。随着筛板的上下往复运动，塔内液体作类似于脉冲筛板塔的往复运动。为防止液体沿筛板与塔壁间的缝隙流动形成短路，应每隔若干块筛板，在塔内壁设置一块环形挡板。

往复筛板塔的传质效率主要与往复频率和振幅有关。当振幅一定时，频率加大，效率提高，但频率加大，流体的通量变小，因此需综合考虑通量和效率两个因素。一般往复振动的振幅为 $4\sim8\text{mm}$，频率为 $125\sim500$ 次/min，这样可获得 $3000\sim5000\text{mm/min}$ 的脉冲强度。强度太小，两相混合不良；强度太大，易造成乳化和液泛。有效塔高由筛板数和板间距推算；塔径决定于空塔流速（塔面负荷），当用重苯萃取酚时，空塔流速取 $14\sim18\text{m/h}$ 为宜。

往复筛板萃取塔的特点是通量大、传质效率高；由于筛孔大且处于振动状态，适于处理含固物料；振动频率和振幅可调，适于处理易乳化物系；操作方便，结构简单、流体阻力小，广泛应用于石油化工、食品、制药等行业。但由于机械方面的原因，塔的直径受到一定的限制，不能适应大型化生产的需要。

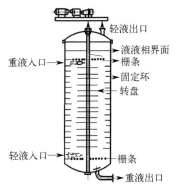

图 7-20 转盘萃取塔（RDC）

7）转盘萃取塔

转盘萃取塔的结构如图 7-20 所示，其主要特点是在塔内从上而下安装一组等距离的固定环，塔的轴线上装设中心转轴，轴上固定着一组水平圆盘，每个转盘都位于两相邻固定环的正中间。固定环将塔内分隔成许多区间，在每一区间有一转盘对液体进行搅拌，从而增大了相际接触面积及其湍动程度，固定环起到抑制塔内轴向混合的作用。为便于安装制造，转盘的直径要小于固定环的内径。圆形转盘是水平安装的，旋转时不产生轴向力，两相在垂直方向的流动仍靠密度差推动。

操作时，转轴由电动机驱动，连带转盘旋转，使两液相也随着转动，在两相液流中产生相当大的速度梯度和剪切应力，一方面使连续相产生旋涡运动，另一方面促使分散相的液滴变形、破裂及合并，故能提高传质系数，更新及增大相界面积。固定环则起到抑制轴向返混的作用，因而转盘塔的传质效率较高。由于转盘能分散液体，故塔内无需另设喷洒器，只是对于大直径的塔，液体宜顺着旋转方向从切向进口切入，以免冲击塔内已建立起来的流动状态。

转盘塔采用平盘作为搅拌器，目的是不让分散相液滴尺寸过小而限制塔的通过能力。转盘塔的转速是转盘萃取塔的主要操作参数。转速低，输入的机械能少，不足以克服界面张力使液体分散。转速过高，液体分散得过细，使塔的通量减小，所以需根据物系的性质和塔径与盘、环等构件的尺寸等具体情况适当选择转速。根据中型转盘萃取塔的研究结果，对于一般物系，转盘边缘的线速度以 1.8m/s 左右为宜。

转盘萃取塔结构简单、操作方便、生产能力强、传质效率高、操作弹性大，特别是能够放大到很大的规模，因而应用比较广泛，可用于所有的液液萃取工艺，特别是两相必须逆流或并流的工艺过程。主要设计参数为：塔径与盘径之比为 1.3～1.6，塔径与环形固定板内径之比为 1.3～1.6，塔径与盘间距之比为 2～8。

（3）卧式提升搅拌萃取器

卧式提升搅拌萃取器，如图 7-21 所示，中心为水平轴，由电机驱动缓慢旋转。轴上垂直装有若干圆盘，相邻两圆盘间装有多个圆弧形提升桶，开口朝向旋转方向，整个多重圆盘转件与设备外壁形成环形间隙。两相通过环隙逆流流动，界面位于设备中心线附近的水平面。圆盘转动时，提升桶舀起重相倒入轻相，同时也舀起轻相倒入重相，从而实现两相混合。

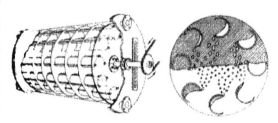

图 7-21　卧式提升搅拌萃取器示意图

卧式提升搅拌萃取器主要用于两相密度差很小、界面张力低、易乳化的特殊萃取体系。与立式机械搅拌萃取塔相比，其主要优点为：可以处理易乳化的体系；搅拌轴水平放置，萃取过程中两相密度差的变化不致产生轴向流，可以降低返混；运行过程如果突然停车，不会破坏级间浓度分布，再开工时比较容易恢复稳态操作。

（4）离心萃取器

离心萃取器是在离心力场中使密度不同且互不混溶的两种液体的混合液实现分相的一种快速、高效的液液萃取设备，可分为逐级接触式和微分逆流接触式两类。逐级接触式萃取器中两相并流，既可以单级使用，也可将若干台萃取器串联起来进行多级操作。微分接触式离心萃取器中两相连续接触。

1）波德式（Podbielniak）离心萃取器

简称 POD 离心萃取器，是卧式微分接触离心萃取器的一种，其结构如图 7-22 所示，主要由一固定在水平转轴上的圆筒形转鼓及固定外壳组成。转鼓由一多孔的长带绕制而成，转速一般为 2000～5000r/min，操作时轻液从转鼓外缘引入，重液由转鼓的中心引入。由于转鼓旋转时产生的离心力场的作用，重液从中心向外流动，轻液相则从外缘向中心流动，同时液体通过螺旋带上的小孔被分散，两相在螺旋通道内逆流流动，密切接触，进行传质，最后重液从转鼓外缘的出口通道流出，轻液由萃取器的中心经出口通道流出。

2）芦威式（Luwesta）离心萃取器

是立式逐级接触离心萃取器的一种，主体是固定在外壳上的环形盘，此盘随壳体作高速旋转。在壳体中央有固定不动的垂直空心轴，轴上装有圆形盘，且开有数个液体喷出口。

图 7-23 所示为三级芦威式离心萃取器，被处理的原料液和萃取剂均由空心轴的顶部加入。重液沿空心轴下流至萃取器的底部而进入第三级的外壳内，轻液由空心轴上流进入第一级。在空心轴内，轻液与来自下一级的重液混合，再经空心轴上的喷嘴沿转盘与上方固定盘之间的通道被甩到外壳的四周，靠离心力的作用使两相分开，重液由外部沿着转盘与下方固定盘之间的通道进入轴的中心（如图 7-23 中实线所示），并由顶部排出，其流向为由第三级经第二级再到第一级，然后进入空心轴的排出通道。轻液则沿图中虚线所示的方向，由第一级经第二级再到第三级，然后由第三级进入空心轴的排出管道。两相均由萃取器的顶部排出。此种萃取器也可以由更多的级组成。

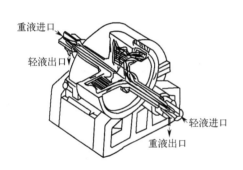

图 7-22　波德式（POD)离心萃取器

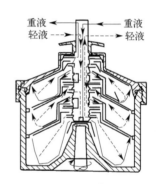

图 7-23　芦威式离心萃取器

离心萃取器的特点在于高速旋转时能产生 $500 \sim 5000$ 倍于重力的离心力，即使对于密度差很小、容易乳化的液体，都可进行高效率的萃取。此外，离心萃取器结构紧凑，可以节省空间，降低机内储液量，再加上流速高，使得料液在机内的停留时间缩短，特别适用于要求接触时间短、物料存留量少以及难于分相的体系。但结构复杂、制造困难、操作费用高，使其应用受到了一定的限制。

（5）高压静电萃取澄清槽

高压静电萃取槽处理炼油污水的流程如图 7-24 所示。原污水与萃取剂通过蝶阀进行充分混合，并进行相间传质，然后流入萃取槽底，在槽内向上流动通过高压电场。电场是由导管接通 $(2 \sim 4) \times 10^4 V$ 高压电极产生的。在高压电场作用下，水质点作剧烈的周期反复运动，从而强化了水中污染物对萃取剂的传质过程。当含油污水通过电场向上运动时，水质点附聚结合起来，沉于槽的下部，而为污染物饱和的萃取剂则位于槽的上部，并由此排入萃取

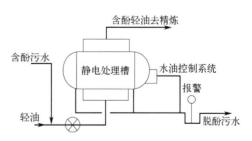

图 7-24　高压静电萃取槽处理炼油污水流程

剂处理装置。

这种装置的萃取效果好，当含酚量为 300～400mg/L 时，用高压静电萃取澄清槽，即使是一级萃取操作，也可获得 90% 的脱酚效果。这种装置已在美国的炼油厂广泛使用。

7.2　超临界萃取技术与设备

超临界萃取是利用超临界流体的特殊性质，对污水中的有机组分进行提取分离的一种技术。

7.2.1　技术原理

当流体的温度和压力处于它的临界温度和临界压力以上时，称该流体处于超临界状态。图 7-25 是纯流体的压力-温度图，AT 线表示气-固平衡的升华曲线，BT 线表示液-固平衡的熔融曲线，CT 线表示气-液平衡的饱和液体的蒸气压曲线，点 T 是气-液-固三相共存的三相点。按照相律，当纯物质在气-液-固三相共存时，确定系统状态的自由度为零，即每个纯物质都有其确定的三相点。将纯物质沿气-液饱和线升温达到图中 C 点时，气-液的分界面消失，体系的性质变得均一，不再分为气体和液体，C 点称为临界点，与该点相对应的温度和压力分别称为临界温度和临界压力。图中高于临界温度和临界压力的有阴影线的区域属于超临界流体状态。此时，向该状态

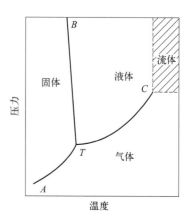

图 7-25　纯流体的压力-温度图

气体稍稍加压，气体不会液化，只是超临界流体的密度显著增大，几乎可与液体相比拟，具有类似液体的性质，同时还保留气体的性能，但表现出若干特殊性质，这种超临界状态也称为物质的第四态。

超临界流体具有和液体相当的密度、和气体相当的黏度、较大的扩散能力和溶解能力，并对不同物料具有较好的选择性，表 7-2 列出了超临界流体的密度、扩散系数和黏度与一般气体和液体的对比。

表 7-2　气体、液体和超临界流体的性质

性质	气体	超临界流体		液体
	101.325kPa,15～30℃	T_c,p_c	$T_c,4p_c$	15～30℃
密度/(g/mL)	$(0.6～2)\times10^{-3}$	0.2～0.5	0.4～0.9	0.6～1.6
黏度/[g/(cm·s)]	$(1～3)\times10^{-4}$	$(1～3)\times10^{-4}$	$(3～9)\times10^{-4}$	$(0.2～3)\times10^{-2}$
扩散系数/(cm²/s)	0.1～0.4	0.7×10^{-3}	0.2×10^{-3}	$(0.2～3)\times10^{-5}$

从表 7-2 的数据可以看出，超临界流体的密度比气体的密度要大数百倍，具体数值与液体相当；黏度仍接近气体，但与液体相比要小 2 个数量级；扩散系数介于气体和液体之间，大约是气体的 1/100，比液体的要大数百倍，因此超临界流体兼具气体和液体的性质，既具有液体对溶质有比较大溶解度的特点，又具有气体易于扩散和运动的特性。更重要的是，在临界点附近，压力和温度的微小变化都可引起流体密度很大的变化，并相应地

表现为溶解度的变化，因此可利用压力、温度的变化来实现萃取和分离的过程。由于超临界流体具有上述优越性，因此超临界流体的萃取效率理应优于液-液萃取。表 7-3 列出了超临界流体萃取和液-液萃取的比较。

表 7-3　超临界流体萃取和液-液萃取的比较

超临界流体萃取	液-液萃取
（1）即便是挥发性小的物质也能在流体中选择性溶解而被萃出，从而形成超临界流体相	（1）溶剂加到要分离的混合物中，形成一个液相
（2）超临界流体的萃取能力主要与其密度有关，选用适当压力、温度对其进行控制	（2）溶剂的萃取能力取决于温度和混合溶剂的组成，与压力的关系不大
（3）在高压（5～30MPa）下操作，一般可在室温下进行，对处理热敏性物质有利	（3）常温、常压下操作
（4）萃取后的溶质和超临界流体间的分离，可用等温下减压和等压下升温两种方法	（4）萃取后的液体混合物，通常用蒸馏方法把溶剂和溶质分开，这对热敏性物质的处理不利
（5）由于物性的优越性，提高了溶质的传质能力	（5）传质条件往往不同超临界流体萃取
（6）在大多数情况下，溶质在超临界流体相中的浓度很小，超临界相组成接近于纯的超临界流体	（6）萃出相为液相，溶质浓度可以相当大

作为萃取溶剂的超临界流体，必须根据流体各自的特点和适应性来进行选择。能够作为超临界流体的物质很多，但适合于实际应用的只有十几种，主要有二氧化碳、水、四氟乙烷、丙烷等。最常见的溶剂是超临界 CO_2，其溶解能力将受到溶质性质、溶剂性质、流体压力和温度等因素的影响。

（1）压力的影响

压力是影响超临界二氧化碳流体萃取过程的关键因素之一。不同化合物在不同超临界二氧化碳流体压力下的溶解度曲线表明，尽管不同化合物在超临界二氧化碳流体中的溶解度存在着差异，但随着超临界二氧化碳流体压力的增加，化合物在超临界二氧化碳流体中的溶解度一般都呈现急剧上升的现象。特别是在二氧化碳流体的临界压力（7.0～10.0MPa）附近，各化合物在超临界二氧化碳流体中溶解度的增加可达到 2 个数量级以上。这种溶解度与压力的关系构成超临界二氧化碳流体萃取过程的基础。

超临界二氧化碳流体的溶解能力与其压力的关系可用超临界二氧化碳流体的密度来表示。超临界二氧化碳流体的溶解能力一般随密度的增加而增加，Stahl 等指出，当超临界二氧化碳流体的压力在 80～200MPa 之间时，压缩流体中溶解物质的浓度与超临界二氧化碳流体的密度成比例关系。超临界二氧化碳流体的密度则取决于压力和温度。一般在临界点附近，压力对密度的影响特别明显，增加压力将提高超临界二氧化碳流体的密度，因而具有增加其溶解能力的效应，并以二氧化碳流体临界点附近的效果最为明显。超过这一范围，二氧化碳流体压力对密度增加的影响变缓，相应溶解度增加效应也变为缓慢。

（2）温度的影响

与压力相比，温度对超临界二氧化碳流体萃取过程的影响要复杂得多。一般温度增加，物质在二氧化碳流体中的溶解度变化往往出现最低值。温度对物质在超临界二氧化碳流体中的溶解度有两方面的影响：一个是温度对超临界二氧化碳流体密度的影响，随着温度的升高，二氧化碳流体的密度降低，导致二氧化碳流体的溶剂化效应下降，使物质在其中的溶解度下降；另一个是温度对物质蒸气压的影响，随温度升高，物质的蒸汽压增大，使物质在超临界二氧化碳流体中的溶解度增大，这两种相反的影响导致一定压力下，溶解度等压线出现最低点，在最低点温度以下，前者占主导地位，导致溶解度曲线呈下降趋势，在最低点温度以上，后者占主要地位，溶解度曲线呈上升趋势。

（3）夹带剂的影响

超临界二氧化碳流体对极性较强溶质的溶解能力明显不足。为了增加超临界二氧化碳流体的溶解性能，人们发现如果在超临界二氧化碳流体中加入少量的第二溶剂，可大大增加其溶解能力，特别是原来溶解度很小的溶质。加入的这种第二组分溶剂称为夹带剂，也称提携剂、共溶剂或修饰剂。夹带剂的加入可以大幅度提高难溶化合物在超临界二氧化碳流体中的溶解度，例如：氢醌在超临界二氧化碳流体中的溶解度很低，但加入 2％磷酸三丁酯（TBP）后，氢醌的溶解度可以增加 2 个数量级以上，并且随磷酸三丁酯加入量的增加而增加。

加入夹带剂对超临界二氧化碳流体萃取的影响可概括为：a. 增加溶解度，相应降低萃取过程的操作压力；b. 通过适当选择夹带剂，有可能增加萃取过程的分离因数；c. 加入夹带剂后，有可能单独通过改变温度达到分离解析的目的，而不必用一般的降压流程。例如，采用乙醇作为夹带剂之后，棕榈油在超临界二氧化碳流体中的溶解度受温度影响变化很明显，因此对变温分离流程有利。

夹带剂一般选用挥发度介于超临界溶剂和被萃取溶质之间的溶剂，以液体的形式少量 [1％～5％（质量）] 加入到超临界溶剂之中。其作用可对被分离物质的一个组分有较强的影响，提高其在超临界二氧化碳流体中的溶解度，增加抽出率或改善选择性。通常具有很好溶解性能的溶剂往往就是好的夹带剂，如甲醇、乙醇、丙酮、乙酸乙酯、乙腈等。

7.2.2　工艺过程

污水超临界二氧化碳流体萃取具有以下特点：

（1）萃取过程可以连续操作

由于萃取原料和产品均为液态，不存在固体物料的加料和排渣等问题，萃取过程可连续操作，从而大幅度提高装置的时空利用率，增大装置的处理量，相应减少过程的能耗和气耗，进而降低生产成本。

（2）实现萃取过程和精馏过程的一体化，可连续获得高纯度和高附加值的产品

污水超临界萃取都可以采用连续逆流式流体萃取装置进行，技术特点为超临界二氧化碳流体萃取分离和精馏相耦合，有效发挥二者的分离作用，从而提高产品的纯度。

7.2.2.1　工艺流程

污水超临界二氧化碳流体萃取过程以污水中所含的溶解性物质与超临界二氧化碳流体所组成的相图为依据。操作中，通常使超临界二氧化碳流体与污水在萃取塔内相接触，在两者之间发生质量传递，使污水中的溶解性组分有选择性地溶解于超临界二氧化碳流体相中。处理萃取相的方法因不同对象而异，可采用降压、升温、降温等方法以析出溶质，也可用液体溶剂吸收、固体吸附剂吸附等方法以回收溶质和再生溶剂。因此，超临界二氧化碳流体萃取污水应用最多的是图 7-26 所示的逆流塔式分离。

　　污水经泵连续进入分离塔中间进料口,二氧化碳流体经加压、调温后连续从分离塔底部进入。分离塔由多段组成,内部装有高效填料。为了提高回流效果,控制各塔段温度以塔顶高、底部低的温度分布为依据。二氧化碳流体与污水在塔内逆流接触,被溶解组分随二氧化碳流体上升,由于塔温升高形成内回流,可提高回流液的效率。已萃取溶质的二氧化碳流体在塔顶流出,经降压解析出萃取物,被萃取后的水从塔底排出。该装置将超临界二氧化碳流体萃取和精馏分离过程有效耦合,充分利用了二者的优势,达到进一步分离、纯化的目的。

　　图 7-27 是由北京化工大学化工系搭建并操作的超临界流体萃取连续逆流实验装置。萃取釜的耐压能力为 20MPa,耐温能力为 100℃,釜内径为 25mm,高 1500mm。釜身

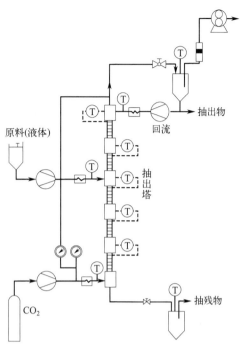

图 7-26　污水连续逆流萃取流程

两侧对称地装有 6 对圆形和 2 对长条形石英玻璃视镜,用来观察釜内的两相流动状况和两相界面状况。主要操作过程为:二氧化碳气体首先经过过滤器,然后被冷却加压,再升温至超临界萃取状态,从萃取釜的底部进入。液态物料同样经过另一过滤器,再加压升温,从萃取釜的顶部进入。超临界流体与物料经过充分接触,萃残液从萃取釜底部流出,超临界流体携带大量溶质从萃取釜的顶部出来,再经减压阀降压进入分离器。

　　清华大学化学工程系建立了一套容积为 235mL 的超临界流体萃取乙醇水溶液的装置流程,如图 7-28 所示。采用单级萃取流动法,最高萃取温度为 70℃,最高萃取压力可达 30MPa,温度测量使用精度为 0.5℃的水银温度计,压力测量使用精度为 0.4 级、量程为 40MPa 的精密压力表。装置设备主要分为四部分:

(1) 升压部分

　　由二氧化碳气体过滤器、低温浴槽和高压计量泵组成,压力波动不得大于 0.2MPa。主要作用是对原料进行处理,使进入萃取釜中的流体达到超临界状态且纯度高。

(2) 萃取部分

　　由加热缓冲器、萃取釜和分离釜组成,萃取釜内径为 25mm,容积为 235mL。为了使气液充分接触,萃取釜内填充 180mL 的高效填料。该部分为整个装置流程的核心部分。

(3) 恒温部分

　　由恒温箱和控温仪组成,主要控制萃取装置的温度,保证萃取过程正常进行。

(4) 分离计量部分

　　由加热节流阀、旋风分离器、蛇管水冷器、湿式气体流量计和转子流量计组成。主要作用为分离被萃取物质,测量超临界流体的流量。

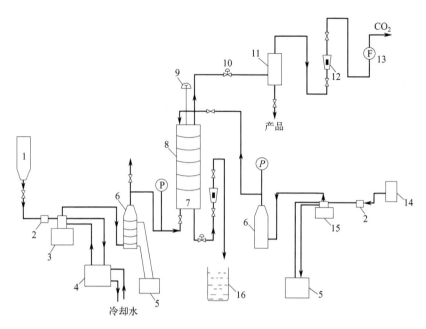

图 7-27　超临界流体萃取连续逆流实验装置

1—二氧化碳钢瓶；2—过滤器；3—冷却计量泵；4—低温浴槽；5—温控器；6—缓冲器；
7—电加热带；8—萃取釜；9—测温仪表；10—减压阀；11—分离器；12—转子流量计；
13—湿式气体流量计；14—液相贮槽；15—加温计量泵；16—萃取残液贮槽

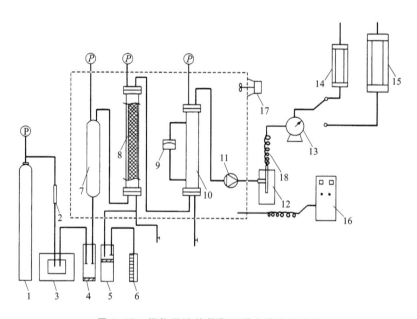

图 7-28　超临界流体萃取乙醇水溶液的流程

1—二氧化碳钢瓶；2—过滤器；3—低温浴槽；4，5—高压计量泵；6—料液计量筒；7—加热缓冲器；
8—萃取柱；9—温度调节器；10—分离釜；11—加热节流阀；12—旋风分离器；13—湿式流量计；
14，15—转子流量计；16—温度控制仪；17—风扇；18—蛇管水冷器间歇操作的装置流程在液态物料的萃取过程中也较为常见，图 7-29 为超临界流体萃取柑桔香精油中萜烯化合物的装置。该装置是由美国宾夕法尼亚州 Autoclave 工程公司设计的，带有 300mL 萃取釜的超临界萃取过滤系统。该系统可以获得超临界流体与冷榨柑桔油之间的平衡数据，可以分析操作压力和温度对柑桔油萃取效率的影响，它可以在操作过程中随时取样分析，获得溶解度数据。

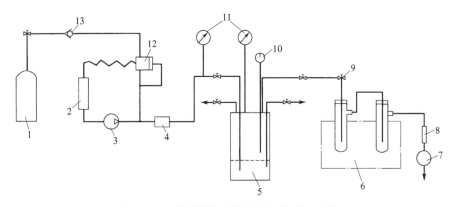

图 7-29　间歇操作的超临界流体萃取系统

1—CO_2 钢瓶；2—冷凝器；3—泵；4—预热器；5—萃取釜；6—分离釜；7—流量加和器；

8—流量计；9—微量计量阀；10—温度表；11—压力表；12—调压器；13—控制阀

7.2.2.2　传质模型

用于超临界流体萃取污水中低沸点有机物的传质模型大致上有两种类型：第一类是将传统的液-液萃取模型移植到超临界流体萃取中来；第二类是从 Navier-Stokes 方程出发，导得描述超临界流体在逆流连续萃取塔内两相流动特性的运动方程，然后再得出传质模型。张泽廷等根据双膜理论，建立了超临界流体填料萃取塔液相总体积传质系数的关联式，并依据柱塞流模型，应用超临界 CO_2-异丙醇-水和超临界 CO_2-乙醇-水 2 种实验体系，在内径为 25mm 的塔内对金属板波和金属丝网 θ 环 2 种填料的传质性能进行了模拟计算。结果表明，提出的传质数学模型能较好地描述超临界流体填料萃取塔的传质性能。

（1）超临界流体相传质系数

在超临界流体填料萃取塔中，由于超临界流体的流滴很小，可认为流滴与液体界面处流滴的运动对液面难以产生比较明显的表面滑动，可将液面近似地当作不可移动的固体壁。因此，可用下式计算超临界流体相的传质准数

$$Sh = A \cdot Re^m \cdot Sc^n \tag{7-3}$$

式中

$$Sh = K_d d_{3.2}/D_{Ad} \tag{7-4}$$

$$Re = \rho_d d_{3.2} v/\mu_d \tag{7-5}$$

$$Sc = \mu_d/(\rho_d D_{Ad}) \tag{7-6}$$

由式(7-3)～式(7-6)，可得超临界流体相传质系数的关联式

$$K_d = A \cdot Re^m \cdot S_c^n \cdot D_{Ad}/d_{3.2} \tag{7-7}$$

（2）液相传质系数

在超临界流体填料萃取塔中，超临界流体的流滴直径很小，而且由于流滴间的相互碰

撞、流滴的聚合与分散不断发生，流体流滴与液相的接触时间很短，所以溶质在液相中的扩散不可能达到稳定状态，而是处于不稳定的"渗透"状态，故可用 Higbie 的渗透理论计算液相传质系数

$$K_c = 2[D_{Ac}/(\pi\theta_c)]^{\frac{1}{2}} \tag{7-8}$$

若超临界流体流滴在相界面上的停留时间以流滴上升 1 个直径距的时间代替，则有

$$\theta_c = d_{3.2}/v \tag{7-9}$$

将上式代入式(7-8)中，得

$$K_c = 2[D_{Ac}v/(\pi d_{3.2})]^{\frac{1}{2}} \tag{7-10}$$

(3) 液相总体积传质系数

根据双膜理论，液相总体积传质系数与两相传质系数有如下关系

$$K_{OL}\alpha = [1/(K_c\alpha) + 1/(K_d\alpha m_{dc})]^{-1} \tag{7-11}$$

将式(7-7)、式(7-10) 代入式(7-11)，则超临界流体填料萃取塔液相总体积传质系数关联式为

$$K_{OL}\alpha = \left[\frac{1}{2\alpha\sqrt{D_{Ac}v/(\pi d_{3.2})}} + \frac{d_{3.2}}{\alpha m_{dc}ARe^m Sc^n D_{Ad}} \right]^{-1} \tag{7-12}$$

由实验可知，超临界流体流滴尺寸服从正态分布，上式中 α 可按下式计算

$$\alpha = 6\varphi\varepsilon/d_{3.2} \tag{7-13}$$

式(7-12) 中的 A、m、n 值由实验模拟优化计算确定。

7.2.2.3 液态烃混合物中的传质

用超临界 CO_2 流体来分离液态烃混合物和从水溶液中分离低分子有机化合物是很不相同的。由于超临界 CO_2 流体在水溶液中的溶解度是有限的，因此常把其作为分散相。但超临界 CO_2 流体在液态烃中的溶解度不小，如在 15.0MPa 时，互溶区虽相当小，但仍有相当的范围。随着压力增加，互溶区逐渐扩大，所以液相物性随压力变化很大，用超临界 CO_2 流体对此类系统进行萃取，需要探讨过程的传质阻力。

(1) 填料尺寸

由于填料的不规则性，首先要确定填料的当量直径。对于三角形的截面积，单位截面积的周边 P_t 为

$$P_t = \frac{4s + 2b}{bh} = \frac{1}{r_{ht}} \tag{7-14}$$

式中　P——周边；

　　　r_h——水力半径；

　下标 t——三角形。

对于菱形截面积，有

$$P_d = \frac{4s}{bh} = \frac{1}{r_{hd}} \tag{7-15}$$

式中　下标 d——菱形。

对上述两种周边取算术平均值，则得：

$$P = \frac{1}{2}(P_t + P_d) = \frac{4s+b}{bh} = \frac{1}{r_h} \tag{7-16}$$

一个填料流道的当量直径由水力半径计算，即

$$d_{eq} = 4r_h = \frac{4bh}{4s+b} \tag{7-17}$$

（2）物性估算

在传质系数计算中需要高压下的物性数据，如无文献数据可利用时，需要实测或用估算方法得到。

（3）传质模型

当液膜厚度与填料板厚度相比很小时，通过流道的有效流速与表观流速间的关系由下式表达。

$$u_{F,eff} = \frac{u_F}{\varepsilon \, \sin\theta} \tag{7-18}$$

式中　θ——流道与水平方向的倾角；

ε——填料空隙率。

有效液相速率近似于垂直板下降层流膜的表面速度。

（4）选择性

超临界 CO_2 流体分离液态烃类混合物，选择性主要取决于平衡，而平衡和传质是获得经济而有效分离的两个重要基础。操作条件如温度、压力、组成等都会对平衡和传质发生影响，且在平衡和传质间又有内在联系。

7.2.2.4　多组分混合物超临界萃取的热力学计算

复杂混合物用超临界流体作萃取分级时，将出现多个组分在相际传递和参与相平衡的过程。由于组分的数目多，很难将每个组分的含量表征出来，常称这类物质为非定义化合物。处理这类物质的分离过程，一种简单的方法是把复杂混合物模拟成为由一个或几个虚拟的化合物所组成，用一些简单取平均的方法来求算这些虚拟化合物的性质，并用作过程或工程设计计算。这种方法所得的计算结果将是近似的，而且不能获得分离后各股物流中真实的组成分布。由于组分数目多，可以认为混合物的一些宏观性质是随组成呈连续变化的。利用这种变化关系，就有可能根据混合物某些性质的变化来衡量混合物的组成变化。把组成呈连续分布的概念引进到热力学中，并与已有的多种热力学模型结合起来，可从事包括非理想体系在内的各种化学工程计算的应用。

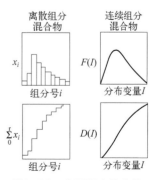

图 7-30　多元混合物中的
离散组分和连续组分概念

（1）多元混合物的离散组成和连续组成

多元混合物的离散组成和连续组成可用图 7-30 来说明。左上图表示各离散组分的组成，横坐标为组分的序号，纵坐标为组分的含量，左下图表示离散组成的累加图，显然有 $\sum x_i = 1$。右上图为具有连续组成的混合物组分的表示方法，横坐标用来描述组成的某种性质 I，这个性质应该随着连续混合物中各组分含量的改变而有较明显的变化，比如沸点可

作为各个组分具有代表性的一种性质，因为沸点会跟着组分发生变化，沸点的高低表示了组分蒸气压的大小，间接说明了这一组分是否容易挥发，因此沸点随组成的变化程度又是混合物分离难易程度的衡量。又如分子量的大小也可作为组分的一种明确标志，因为组分的性质都会随着分子量的大小而改变；纵坐标 $F(I)$ 表示一种密度分布函数，变量是性质 I，函数积 $F(I)\Delta I$ 表示混合物中具有性质的值为 I 和 $I+\Delta I$ 之间的组分所占的百分率，按分布函数的性质，有：

$$D_{I=\infty}=\int_0^\infty F(I)\mathrm{d}I=1.0 \tag{7-19}$$

式中　D——连续组分摩尔分率的累加。

$F(I)$ 的分布曲线形式用曲线拟合方法来获得。Cotterman 等建议采用 Γ 函数的分布形式

$$F(I)=\frac{(I-\gamma)^{\alpha-1}}{\beta^\alpha \Gamma(\alpha)}\exp\left[-\left(\frac{I-\gamma}{\beta}\right)\right] \tag{7-20}$$

式中　α 和 β——可调参数；

$\quad\quad \gamma$——$F=0$ 时作固定图形原点的位置之用。

对于一些混合物，某些组分可以认为是离散的，而另一些组分呈连续分布，称为呈半连续分布的系统。例如，在用超临界溶剂萃取矿物油时，超临界溶剂可以认为是一个离散的组分，而矿物油则认为是呈连续分布的组分。如果令 X_I 为呈离散分布的组分中组分 i 的摩尔分率，η 为呈连续分布的组分所占的摩尔分率，按归一化原则有

$$\sum_1^n x_i + \eta\int_I F(I)\mathrm{d}I=1 \tag{7-21}$$

并且有 $\int_I F(I)\mathrm{d}I=1.0$。

如果混合物可以划分成几个呈连续分布的组分，如上面所提到的渣油，就可划分出树脂馏分和脱沥青馏分两个呈连续分布组的组分，这时，式(7-21) 可写成

$$\sum_1^k x_i + \sum_j^l \eta_i\int_I F_j(I)\mathrm{d}I=1 \tag{7-22}$$

式中　l——呈连续分布的馏分数；

$\quad\quad k$——离散的组分数。

（2）组成呈连续分布的馏分的相平衡计算

组成呈连续分布的馏分的相平衡常采用状态方程法进行计算。按照两相呈平衡时组分化学位应相等的原理，对于离散的组成和对于呈连续分布的馏分，分别有

对离散组分

$$\mu_i'=\mu_i'' \tag{7-23}$$

对连续组分

$$\mu'(I)=\mu''(I) \tag{7-24}$$

式中　上角标 "′" 和 "″"——两个不同的相。

化学位可以用流体的状态参数和组成来表示，对于离散组分，有

$$\mu_i'=\int_V^\infty\left\{\left[\frac{\partial p}{\partial n_i'}\right]_{T,V_{n_j'}}-\frac{RT}{V}\right\}\mathrm{d}V-RT\ln\frac{p^\circ V'}{n_i'RT}+RT+\mu_i^\circ(T) \tag{7-25}$$

对于组成呈连续分布的馏分，有

$$\mu'(I) = \int_V^\infty \left\{ \left[\frac{\delta p}{\delta n_c' F'(I^+)} \right]_{T,V,I^+=I} - \frac{RT}{V} \right\} dV - RT \ln \frac{p^\circ V'}{\delta n_c' F'(I) RT} + RT + \mu^\circ(T,I)$$

$$(7\text{-}26)$$

在作相平衡计算时，可选择一种能表述实际流体的状态方程，并将其代入式(7-23)和式(7-26)中。

7.2.3　过程设备

超临界 CO_2 流体萃取装置中所用的主要设备（静设备）有：换热器、萃取釜、分离釜、贮罐等。

(1) 换热器

超临界 CO_2 流体萃取工艺中换热器的主要作用是使流体和萃取物料在进入萃取釜之前达到操作温度，在进入分离器之前升高温度以便于分离等。因存在一定的操作压力，往往采用管壳式换热器。

(2) 萃取釜

萃取釜是超临界 CO_2 流体萃取装置中的关键设备之一。根据萃取工艺和加料方式不同，可分为连续逆流萃取釜和间歇操作萃取釜。液体物料一般采用连续逆流萃取设备，具有操作简单、物料接触好、温度较易控制等优点。

超临界 CO_2 流体萃取过程类似于液-液萃取，但超临界 CO_2 流体是在高压下进行的，要考虑设备的密封，所以塔内不采用施加搅拌等运动部件的措施来促进传质，而常用喷洒塔、填料塔、筛板塔等塔型。

(3) 分离釜

从萃取釜顶部出来的携带有大量溶质的超临界流体，首先进入换热器，超临界流体的温度升高，到达分离釜后压力也进一步降低，超临界流体的溶解能力迅速下降，大量溶质从超临界流体中释放出来，从分离釜的底部流出。因此，分离釜的作用就是要有效地分离萃取物和萃取剂。

(4) 贮罐

贮罐在超临界 CO_2 流体萃取工艺中是必不可少的，按用途分，主要有贮存容器、计量容器、回流容器、中间周转容器、缓冲容器和混合容器等。

缓冲容器主要是为了使物质有一定量的积累，从而保证工艺流程中操作的稳定，萃取剂、夹带剂及液体物料等经预先处理后，都需要先进入缓冲器。在超临界流体萃取中，有时需要用到混合容器，如萃取剂在进入萃取釜之前与夹带剂的混合等。

7.3　吸附技术与设备

当液体与某些固体接触时，在固体的表面上，液体分子会程度不同地变浓变稠，这种固体表面对流体分子的吸着现象称为吸附，固体物质称为吸附剂，被吸附的物质称为吸附质。

在水处理中，吸附法主要用于脱除水中的微量污染物，应用范围包括脱色、除臭味，脱除重金属、各种可溶性有机物、放射性元素等。在处理流程中，吸附法可作为离子交换、膜分离等方法的预处理，以去除有机物、胶体物及余氯等。也可作为二级处理后的深度处理，以保证回用水的质量。

利用吸附法进行水处理，具有适用范围广、处理效果好、可回收有用物料、吸附剂可重复使用等点，但对进水的预处理要求较高，运转费用较高，系统庞大，操作较麻烦。

7.3.1 技术原理

溶质从水中移向固体颗粒表面发生吸附，是水、溶质和固体颗粒三者相互作用的结果。引起吸附的主要原因在于溶质对水的疏水特性和溶质对固体颗粒的高度亲和力。溶质的溶解程度是确定第一种原因的重要因素。溶质的溶解度越大，则向表面运动的可能性越小。相反，溶质的憎水性越大，向吸附界面移动的可能性越大。

7.3.1.1 吸附类型

吸附作用的第二种原因主要由溶质与吸附剂之间的静电引力、范德华力或化学键力所引起。与此相对应，可将吸附分为三种基本类型。

（1）交换吸附

指溶质（液体）的离子由于静电引力作用聚集在吸附剂表面的带电点上，并置换出原先固定在这些带电点上的其他离子。通常离子交换属于此范围。影响交换吸附的重要因素是离子电荷数和水合半径的大小。

（2）物理吸附

是指溶质（气体或液体分子）与吸附剂之间由于分子间力（也称"范德华力"）而产生的吸附，它是一种可逆过程。当固体表面分子与气体或液体分子间的引力大于气体或液体内部的分子间力时，气体或液体分子则吸着在固体表面上。物理吸附的特点是没有选择性，吸附质并不固定在吸附剂表面的特定位置上，而多少能在界面范围内自由移动，因而其吸附的牢固程度不如化学吸附。

物理吸附主要发生在低温状态下，过程的放热量较少，约 42kJ/mol 或更少，可以是单分子层或多分子层吸附。影响物理吸附的主要因素是吸附剂的比表面积和细孔分布。

（3）化学吸附

是指溶质与吸附剂发生化学反应，形成牢固的吸附化学键和表面络合物，吸附质分子不能在表面自由移动，因此化学吸附结合牢固，再生困难，必须在高温下才能脱附，脱附下来的可能还是原吸附质，也可能是新的物质，而且往往是不可逆的。例如：镍催化剂的吸附氢，被吸附的气体往往需要在很高的温度下才能逸出，且所释出的气体往往已经发生了化学变化，不具有原来的性质。

化学吸附的作用力是吸附质与吸附剂分子间的化学结合力。这种化学键结合力比物理吸附的分子间力要大得多，其热效应亦远大于物理吸附热，与化学反应的热效应相近，约 84～420kJ/mol。

化学吸附的选择较强，即一种吸附剂只对某种或几种物质有吸附作用，一般为单分子层吸附。通常需要一定的活化能，在低温时，吸附速率很小。这种吸附与吸附剂的表面化学性质和吸附质的化学性质有密切的关系。

物理吸附和化学吸附虽然在本质上有区别，但在实际的吸附过程中往往同时存在，有时难以明确区分。例如某些物质分子在物理吸附后，其化学键被拉长，甚至拉长到改变这个分子的化学性质。物理吸附和化学吸附在一定条件下也可以互相转化。同一种物质，可能在较低温度下进行物理吸附，而在较高温度下经历的往往是化学吸附，也可能同时发生两种吸附，如氧气为木炭所吸附的情况。

7.3.1.2　吸附平衡

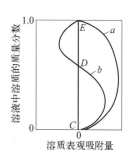

图 7-31　浓溶液中溶质的表观吸附量

在一定条件下，当流体与吸附剂接触时，流体中的吸附质将被吸附剂吸附。吸附的同时也存在解吸。随着吸附质在吸附剂表面数量的增加，解吸速率也逐渐加快，当吸附速率和解吸速率相当时，从宏观上看，吸附量不再增加，就达到了吸附平衡。此时吸附剂对吸附质的吸附量称为平衡吸附量，流体中吸附质的浓度称为平衡浓度。

对于浓溶液的吸附可以用图 7-31 来讨论。如果溶质始终是被优先吸附的，则得 a 曲线，溶质的表观吸附量随溶质浓度增加而增大，到一定程度又回到 E 点。因为溶液全是溶质时，吸附剂的加入就不会有浓度变化。如果溶质和溶剂两者被吸附的质量分数相当，则出现 b 曲线所示的 S 形曲线。从 C 到 D 的范围内，溶质比溶剂优先吸附，在 D 点两者被吸附的量相等，表观吸附量降为零。从 D 到 E 的范围，溶剂被吸附的程度增大，所以溶液中溶质浓度反而随吸附剂的加入而增大，溶质的表观吸附量为负值。

7.3.1.3　吸附速率

通常吸附质被吸附剂吸附的过程分三步：

① 吸附质从流体主体通过吸附剂颗粒周围的滞流膜层以分子扩散与对流扩散的形式传递到吸附剂颗粒的外表面，称为外扩散过程。

② 吸附质从吸附剂颗粒的外表面通过颗粒上的微孔扩散进入颗粒内部，到达颗粒的内部表面，称为内扩散过程。

③ 在吸附剂的内表面上吸附质被吸附剂吸附，称为表面吸附过程；解吸时则逆向进行。三个步骤中的任一步骤都将不同程度地影响吸附总速率，总吸附速率是综合结果，它主要受速率最慢的步骤控制。

对于物理吸附，通常吸附剂表面上的吸附往往进行地很快，几乎是瞬间完成的，它的影响可以忽略不计。所以，决定吸附过程的总速率是内扩散过程和外扩散过程。

（1）外扩散速率方程

吸附质从流体主体到吸附剂表面的传质速率方程可表示为

$$\frac{\mathrm{d}q}{\mathrm{d}\tau}=k_o\alpha_p(c-c_i) \tag{7-27}$$

式中　q——单位质量吸附剂所吸附的吸附质的量，kg（吸附质）/kg（吸附剂）；

　　　τ——时间，s；

　　　$\dfrac{\mathrm{d}q}{\mathrm{d}\tau}$——吸附速率的数学表达式，kg（吸附质）/kg（吸附剂）；

　　　α_p——吸附剂的比表面积，$\mathrm{m^2/kg}$；

　　　c——吸附质在流体相中的平均质量浓度，$\mathrm{kg/m^3}$；

　　　c_i——吸附质在吸附剂外表面处的流体中的质量浓度，$\mathrm{kg/m^3}$；

　　　k_0——外扩散过程的传质系数，m/s。

k_0 与流体的性质、颗粒的几何特性、两相接触的流动状况以及吸附时的温度、压力等操作条件有关。

（2）内扩散速率方程

吸附质由吸附剂的外表面通过颗粒微孔向吸附剂内表面扩散的过程与吸附剂颗粒的微孔结构有关，而且吸附质在微孔中的扩散分为沿微孔的截面扩散和沿微孔的表面扩散两种形式。前者可根据孔径大小分为三种情况：孔径远远大于吸附质分子运动的平均自由程时，其扩散为分子扩散；孔径远远小于分子运动的平均自由程时，其扩散过程为纽特逊扩散；而孔径大小不均匀时，上述两种扩散均起作用，称为过渡扩散。由上述分析可知，内扩散机理是很复杂的，通常将内扩散过程简单地处理成从外表面向颗粒内的传质过程，其传质速率方程可表示为：

$$\frac{\mathrm{d}q}{\mathrm{d}\tau}=k_i\alpha_p(q_i-q) \tag{7-28}$$

式中　k_i——内扩散过程的传质系数，$\mathrm{kg/(m^2 \cdot s)}$；

　　　q_i——单位质量吸附剂外表面处吸附质的质量，kg（吸附质）/kg（吸附剂）；

　　　q——单位质量吸附剂上吸附质的平均质量，kg（吸附质）/kg（吸附剂）。

k_i 与吸附剂微孔结构特性、吸附质的性质以及吸附过程的操作条件有关，可由实验测定。

（3）总吸附速率方程

由于吸附剂外表面处的浓度 c_i、q_i 无法测定，若吸附过程为稳态，则总吸附速率方程可表示为：

$$\frac{\mathrm{d}q}{\mathrm{d}\tau}=K_a\alpha_p(c-c^*) \tag{7-29}$$

$$\frac{\mathrm{d}q}{\mathrm{d}\tau}=K_i\alpha_p(q^*-q) \tag{7-30}$$

式中　c^*——与被吸附剂吸附的吸附质含量成平衡的流体中吸附质的质量浓度，$\mathrm{kg/m^3}$；

　　　q^*——与流体中吸附质浓度成平衡的吸附剂上吸附质的含量，kg（吸附质）/kg（吸附剂）；

　　　K_a——以 $\Delta c(=c-c^*)$ 为总传质推动力的总传质系数，m/s；

　　　K_i——以 $\Delta q(=q^*-q)$ 为总传质推动力的总传质系数，m/s。

若在操作的浓度范围内吸附平衡线为直线关系，即 $q^*=mc$ 和 $q_i=mc_i$，由式（7-27）～式（7-30）可得：

$$\frac{1}{K_a} = \frac{1}{k_o} + \frac{1}{mk_i} \tag{7-31}$$

$$\frac{1}{K_i} = \frac{m}{k_o} + \frac{1}{k_i} \tag{7-32}$$

可见，吸附过程的总阻力为外扩散阻力和内扩散阻力之和。若外扩散阻力远大于内扩散阻力，由式（7-31）可知 $K_a \approx k_o$，称为外扩散控制过程；若外扩散阻力远小于内扩散阻力，由式（7-32）可知 $K_i \approx k_i$，称为内扩散控制过程。

7.3.1.4 吸附容量

吸附过程中，固、液两相经过充分的接触后，最终达到吸附与脱附的动态平衡。达到平衡时，单位吸附剂所吸附的物质的数量称为吸附质的吸附容量，其计算公式为：

$$q = \frac{V(C_0 - C_e)}{m} \tag{7-33}$$

式中　q——吸附容量，mg/（mg 吸附剂）；

　　　V——液体体积，L；

　　　C_0——初始浓度，mg/L；

　　　C_e——平衡浓度，mg/L；

　　　m——吸附剂量，mg。

显然，吸附容量越大，单位吸附剂的处理能力也越大，吸附周期越长，运行管理费用越省。

7.3.1.5 吸附等温线

将吸附容量 q 与相应的平衡浓度 C_e 作图，可得吸附等温线。根据试验，可将吸附等温线归纳为如图 7-32 所示的五种类型。Ⅰ型的特征是吸附量有一极限值，可以理解为吸附剂的所有表面都发生单分子层吸附，达到饱和时，吸附量趋于定值；Ⅱ是非常普通的物理吸附，相当于多分子层吸附，吸附质的极限值对应于物质的溶解度；Ⅲ型相当少见，其特征是吸附热等于或小于纯吸附质的溶解热；Ⅳ型及Ⅴ型反映了毛细管冷凝现象和孔容的限制，由于在达到饱和浓度之前吸附就达到平衡，因而显出滞后效应。

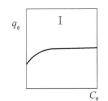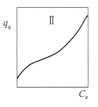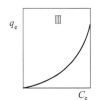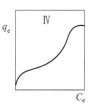

图 7-32　物理吸附的五种吸附等温线

描述吸附等温线的数学表达式称为吸附等温式。根据吸附等温线的不同形式，可以分别用三种吸附等温线的数学公式表达。

（1）朗格缪尔吸附等温式

朗格缪尔（Langmiur）假设吸附剂表面均一，各处的吸附能相同；吸附是单分子层的，当吸附剂表面为吸附质饱和时，其吸附量达到最大值；在吸附剂表面上的各个吸附点间没有吸附质转移运动；当过程达到动态平衡时，吸附和脱附速率相等。平衡吸附浓度 q 与液相平衡浓度 C_e 的数学表达式如下：

$$q = \frac{bq^0 C_e}{1+bC_e} \qquad (7\text{-}34)$$

式中 q^0 ——最大吸附容量，mg/mg（炭）；

b ——与吸附能有关的常数。

为方便计算，将式(7-34)取倒数，可得到两种线性表达式：

$$\frac{1}{q} = \frac{1}{q^0} + \frac{1}{bq^0}\frac{1}{C_e} \qquad (7\text{-}35)$$

$$\frac{C_e}{q} = \frac{1}{q^0}C_e + \frac{1}{bq^0} \qquad (7\text{-}36)$$

根据吸附实验数据，按式(7-35)以 $\dfrac{1}{C_e}$ 为横坐标，以 $\dfrac{1}{q}$ 为纵坐标作图 [图 7-33(a)]，用直线方程 $\dfrac{1}{q} = \dfrac{1}{q^0} + \dfrac{1}{bq^0}\dfrac{1}{C_e}$ 求取参数 b 和 q^0 的值。式(7-35)适用于 C_e 值小于 1 的情况，而式(7-36)适用于 C_e 值较大的情况，因为这样便于作图。

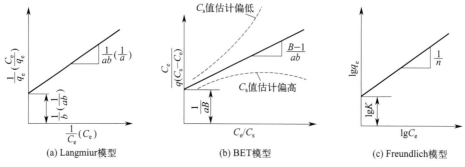

(a) Langmiur模型　　　(b) BET模型　　　(c) Freundlich模型

图 7-33　吸附等温式常数图解法

由式(7-34)可见，当吸附量很少时，即当 $b \cdot C_e \ll 1$ 时，$q = q^0 bC_e$，即 q 与 C_e 成正比，等温线近似于一直线。当吸附量很大时，即当 $b \cdot C_e \gg 1$ 时，$q = q^0$，即平衡吸附量接近于定值，等温线趋向水平。

朗格缪尔（Langmiur）模型适合于描述图 7-32 中的第 I 型等温线。但要指出的是，推导该模型的基本假定并不是严格正确的，它只能解释单分子层吸附（化学吸附）的情况。尽管如此，朗格缪尔（Langmiur）等温式仍是一个重要的吸附等温式，它的推导第一次对吸附机理作了形象的描述，为以后的吸附模型的建立奠定了基础。

（2）BET 等温式

BET 吸附等温线是 Branaue、Emmett 和 Teller 三人提出的，因此合称为 BET 吸附等温线。与 Langmiur 的单分子吸附模型不同，BET 模型假定在原先被吸附的分子上面仍可吸附另外的分子，即发生多分子层吸附；而且不一定等第一层吸满后再吸附第二层；对每一单层都可用 Langmiur 模型描述；第一层吸附是靠吸附剂与吸附质间的分子引力，而第二层以后是靠吸附质分子间的引力，这两类引力不同，因此它们的吸附热也不同。总吸附量等于各层吸附量之和，由此导出的二常数 BET 等温式为：

$$q = \frac{Bq^0 C_e}{(C_s - C_e)\left[1 + (B-1)\dfrac{C_e}{C_s}\right]}$$

(7-37)

式中　C_s——吸附质的饱和浓度；

　　　B——系数，与吸附剂和吸附质之间的相互作用有关。

对式(7-37) 取倒数，可得到直线方程

$$\frac{C_e}{(C_s - C_e)q} = \frac{1}{Bq^0} + \frac{B-1}{Bq^0}\frac{C_e}{C_s}$$

(7-38)

根据实验数据，以 $\dfrac{C_e}{C_s}$ 为横坐标，以 $\dfrac{C_e}{(C_s - C_e)q}$ 为纵坐标作图 [图 7-33(b)]，可求得参数 q^0 和 B。作图时需要知道饱和浓度 C_s，如果有足够的数据按图 7-33 作图得到准确的 C_s 值时，可以通过一次作图即得出直线来。当 C_s 未知时，则需通过假设不同的 C_s 值作图数次才能得到直线。当 C_s 的估计值偏低，则画成一条向上弯转的曲线；如 C_s 的估计值偏高，则试验数据为向下弯转的曲线。只有估计值正确时，才能得到一条直线，再从图中截距和斜率求得 B 和 q^0。

BET 等温式类型的吸附特性是：该公式是多层吸附理论公式，曲线中间有拐点，当平衡浓度趋近饱和浓度时，q 趋近无穷大，此时已达到饱和浓度，吸附质发生结晶或析出，因此"吸附"的概念已失去其原有含义。此类型的吸附在水处理这种稀溶液情况下不会遇到。

BET 模型适用于图 7-32 中的各种类型的吸附等温线。当平衡浓度很低时，$C_s \gg C_e$，并令 $B/C_s = b$，BET 模型可简化为 Langmiur 等温式。

(3) 弗兰德里希等温式

弗兰德里希（Freundlich）吸附等温线的形式如图 7-32 中的Ⅲ型所示，其数学表达式是：

$$q = KC_e^{\frac{1}{n}}$$

(7-39)

式中　K——Freundlich 吸附系数；

　　　n——系数，通常大于 1。

弗兰德里希吸附等温线公式(7-39) 虽然是经验公式，但与实验数据颇为吻合。水处理中常遇到的是低浓度下的吸附，很少出现单层吸附饱和或多层吸附饱和的情况，因此弗兰德里希吸附等温线公式在水处理中应用最广泛。将该等温线公式(7-39) 两边取对数，可得：

$$\lg q = \lg K + \frac{1}{n}\lg C_e$$

(7-40)

根据实验数据，以 $\lg C_e$ 为横坐标，以 $\lg q$ 为纵坐标作图 [图 7-33(c)]，其斜率等于 $\dfrac{1}{n}$，截距等于 $\lg K$。一般认为，$\dfrac{1}{n}$ 值介于 0.1～0.5，则易于吸附，$\dfrac{1}{n} > 2$ 时难以吸附。利用 K 和 $\dfrac{1}{n}$ 两个常数，可以比较不同吸附剂的特性。

Freundlich 式在一般的浓度范围内与 Langmiur 式比较接近，但在高浓度时不像后者那样趋于一定值；在低浓度时，也不会还原为直线关系。

应当指出的是，上述吸附等温式仅适用于单组分吸附体系；对于一组吸附试验数据，究竟采用哪一公式整理并求出相应的常数来，只能运用数学的方式来选择。通过作图，选用能画出最好的直线的那一个公式，但也有可能出现几个公式都能应用的情况，此时宜选用形式最为简单的公式。

（4）多组分体系的吸附等温式

多组分体系的吸附和单组分吸附相比较，又增加了吸附质之间的相互作用，所以问题更为复杂。此时，计算吸附容量时可用两类方法。

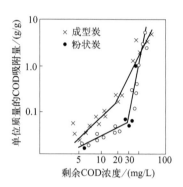

图 7-34　COD 吸附等温线

1）用 COD 或 TOC 综合表示溶解于污水中的有机物浓度，吸附等温式用单组分吸附等温式表示，但吸附等温线可能呈曲线或折线，如图 7-34 所示。

2）假定吸附剂表面均一，混合溶液中的各种溶质在吸附位置上发生竞争吸附，被吸附的分子之间的相互作用可忽略不计。如果各种溶质以单组分体系的形式进行吸附，则其吸附量可用 Langmiur 竞争吸附模型来计算。一般在 m 组分体系吸附中，组分 i 的吸附量为：

$$q_i = \frac{q_i^0 b_i C_i}{1 + \sum_{j=1}^{m} b_j C_j}$$ 　　(7-41)

式中　q_i^0、b——均由单组分体系的吸附试验测出。用活性炭吸附十二烷基苯磺酸酯（DBS）和硝基氯苯双组分体系进行试验，结果与式（7-41）吻合。

研究指出，吸附处理多组分污水时，实测的吸附量往往与式（7-41）的计算值不符。如用活性炭吸附安息香酸的吸附量略小于计算值，而 DBS 的吸附量比计算值大。考虑到还有其他一些导致选择性吸附的因素存在，人们又提出了局部竞争吸附模型。

对二组分吸附体系，当 $q_i^0 > q_j^0$ 时，优先吸附 i 组分，竞争吸附在 q_j^0 部位上发生，而在 $q_i^0 - q_j^0$ 部位上发生选择性吸附，则有：

$$q_i = \frac{(q_i^0 - q_j^0) b_i C_i}{1 + b_i C_i} + \frac{q_i^0 b_i C_i}{1 + b_i C_i + b_j C_j}$$ 　　(7-42)

$$q_j = \frac{q_j^0 b_j C_j}{1 + b_i C_i + b_j C_j}$$ 　　(7-43)

式（7-42）中的第一项描述优先被吸附的那部分溶质，第二项描述以 Langmiur 式与第二种溶质 j 竞争吸附的部分。式（7-43）则代表了溶质 j 的竞争吸附量。实验证实，对硝基苯酚和阴离子型苯磺酸等双组分体系吸附的实测平衡吸附量和按式（7-42）与式（7-43）的计算值吻合。

7.3.2　工艺过程

吸附操作分间歇和连续两种。前者是将吸附剂（多用粉状炭）投入水中，不断搅拌，经一定时间达到吸附平衡后，用沉淀或过滤的方法进行固液分离。如果经过一次吸附，出水达不到要求时，则需增加吸附剂投量和延长停留时间或者对一次吸附出水进行二次或多次吸附。间歇工艺适合于小规模、应急性处理。

连续式吸附操作是污水不断地流进吸附床，与吸附剂接触，当污染物浓度降至处理要求时，排出吸附柱。按照吸附剂的充填方式，又可分为固定床、移动床和流化床三种。

7.3.2.1 间歇吸附

间歇吸附反应池有两种类型：一种是搅拌池型，即在整个池内进行快速搅拌，使吸附剂与原水充分混合；另一种是泥渣接触型，池型与操作和循环澄清池相同。运行时池内可保持较高浓度的吸附剂，对原水浓度和流量变化的缓冲作用大，不需要频繁地调整吸附剂的投量，并能得到稳定的处理效果。当用于污水深度处理时，泥渣接触型的吸附量比搅拌池型增加 30%。为防止粉状吸附剂随处理水流失，固液分离时常投加高分子絮凝剂。

（1）多级平流吸附

如图 7-35 所示，原水经过 n 级搅拌反应池得到吸附处理，而且各池都补充新吸附剂。当污水量小时可在一个池中完成多级平流吸附。

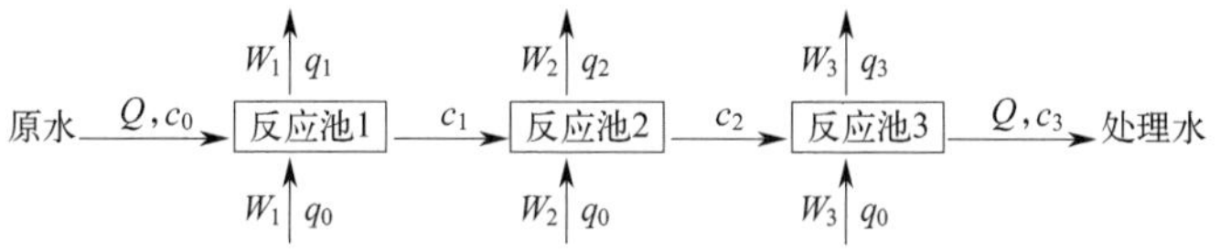

原水 $\xrightarrow{Q,c_0}$ 反应池1 $\xrightarrow{c_1}$ 反应池2 $\xrightarrow{c_2}$ 反应池3 $\xrightarrow{Q,c_3}$ 处理水

上方：$W_1 \uparrow q_1$　$W_2 \uparrow q_2$　$W_3 \uparrow q_3$
下方：$W_1 \uparrow q_0$　$W_2 \uparrow q_0$　$W_3 \uparrow q_0$

图 7-35　多级平流吸附示意图

（2）多级逆流吸附

由吸附平衡关系知，吸附剂的吸附量与溶质浓度呈平衡，溶质浓度越高，平衡吸附量就越大。因此，为使出水中的杂质最少，应使新鲜吸附剂与之接触；为了充分利用吸附剂的吸附能力，应使接近饱和的吸附剂与高浓度进水接触。利用这一原理的吸附操作即是多级逆流吸附，如图 7-36 所示。

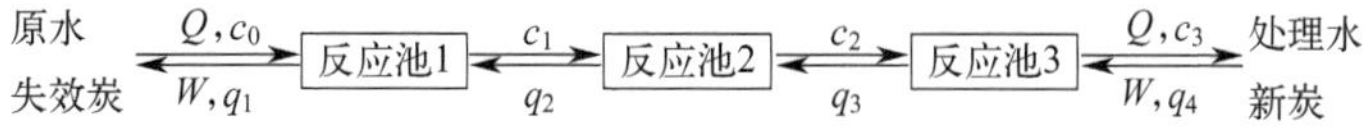

原水 $\xrightleftharpoons[W,q_1]{Q,c_0}$ 反应池1 $\xrightleftharpoons[q_2]{c_1}$ 反应池2 $\xrightleftharpoons[q_3]{c_2}$ 反应池3 $\xrightleftharpoons[W,q_4]{Q,c_3}$ 处理水
失效炭　　　　　　　　　　　　　　　　　　　　　　新炭

图 7-36　逆流多级吸附示意图

7.3.2.2 固定床吸附

固定床吸附器多数为圆柱形立式筒体设备。在筒体内的多孔支撑板上均匀地堆放吸附剂颗粒，成为固定的吸附床层。污水自上而下通过固定吸附床层时，吸附质被吸附在吸附剂上，吸附后的出水则由出口排出。典型的固定床吸附流程为两个吸附器轮流切换操作。如图 7-37 所示，图中 1、2 均为固定床吸附器。设备 1 进行吸附操作时，设备 2 则进行解吸操作；然后设备 2 进行吸附，设备 1 进行解吸。如此轮流操作。

固定床吸附器最大的优点是：结构简单，造价低，吸附剂固定不动，磨损少。主要缺点是：①间歇操作，设备内吸附剂再生时不能吸附；②整个操

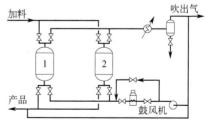

图 7-37　固定床吸附流程

1、2—固定床吸附器

作过程要不断地周期性切换阀门，操作十分麻烦；③固定的吸附床层的传热性差，吸附剂不易很快被加热和冷却。吸附剂用量大。

7.3.2.3 液相移动床吸附

如图 7-38 为液相移动床吸附塔的原理图。假设待分离的混合液中只有 A 和 B 两个组

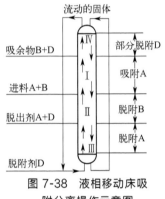

图 7-38 液相移动床吸附分离操作示意图

分，选择合适的吸附剂和液体脱附剂 D，使 A、B、D 三种物质在吸附剂上的吸附能力为 D＞A＞B。固体吸附剂在塔内自上而下移动，到塔底出去后自下而上流动，与液态物料逆流接触。吸附塔有固定的四个物料的进出口，将塔分为四个作用不同的区域。

(1) Ⅰ区——A 吸附区

来自Ⅳ区的吸附剂中的 B 被液体混合物中的 A 置换，同时 A 将吸附剂上已吸附的部分脱附剂 D 也置换出来，在此区顶部排出由原料中的组分 B 和脱附剂 D 组成的吸余液（B＋D），其中一部分循环向上进入Ⅳ区，一部分作为产品侧线排出。

(2) Ⅱ区——B 脱附区

来自Ⅰ区的含（A＋B＋D）的吸附剂，与此区底部上升的（A＋D）的液体逆流接触，因为 A 比 B 易被吸附，B 被置换出来随液体向上，下降的吸附剂中只含有（A＋D）。

(3) Ⅲ区——A 脱附区

脱附剂 D 从Ⅲ区底部进入塔内，与此区顶部下降的含有（A＋D）的吸附剂逆流接触，因为 D 比 A 易被吸附，D 把 A 完全置换出来，从该区顶部排出吸余液（A＋D）。含有 D 的吸附剂由底部抽到塔顶循环。

(4) Ⅳ区——D 部分脱附区

从Ⅳ顶部下降的只含有 D 的吸附剂与来自Ⅰ区的液体（B＋D）逆流接触，根据吸附平衡关系，大部分 B 组分被吸附剂吸附，而吸附剂上的 D 被部分置换出来。此时吸附剂上只有（B＋D）进入Ⅰ区，从此区顶部出去的液体中基本上是 D，去塔底循环。

将吸余液（A＋D）进行精馏操作可分别得到 A、D，吸余液（B＋D）也可用精馏操作进行分离。

7.3.2.4 模拟移动床吸附

将液相移动床吸附过程改变一下，固体吸附剂床层固定不动，通过旋转阀控制将相应的溶液进出口连续地向上移动，这种操作与料液进出口不动、固体吸附剂自上而下流动的结果是一样的，这就是模拟移动床，如图 7-39 所示，塔上一般开 24 个等距离的口，同接一个 24 通旋转阀上，在同一时间旋转阀接触四个口，其余均封闭。如图 6、12、18、24 四个口分别接通吸余液（B＋D）出口、原料液（A＋B）进口、吸取液（A＋D）出口、脱附剂 D 出口，经一定时间

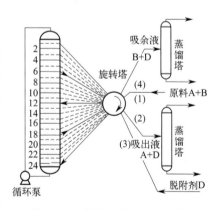

图 7-39 模拟移动床吸附分离

后，旋转阀向前旋转，则进出口又变为 5、11、17、23，依次类推，当进出口升到 1 后又转回到 24，循环操作。

　　模拟移动床的优点是可连续操作，吸附剂用量少，仅为固定床的 4%。但要选择合适的脱附剂，对转换物料方向的旋转阀要求高。

7.3.3　过程设备

　　吸附过程的核心是吸附装置，吸附过程都是在吸附装置内完成的。吸附过程的流程不同，所需的吸附装置也不同。

7.3.3.1　固定床吸附装置

　　在水处理中常用固定床吸附装置，其构造与快滤池大致相同，见图 7-40。吸附剂填充在装置内，吸附时固定不动，水流穿过吸附剂层。根据水流方向可分为升流式和降流式两种。利用降流式固定床吸附，出水水质较好，但水力损失较大，特别在处理含悬浮物较多的污水时，为防止炭层堵塞，需定期进行反冲洗，有时还需在吸附剂层上部设表面冲洗设备；在升流式固定床中，水流由下而上流动。这种床型水力损失增加较慢，运行时间较降流式长。当水力损失增大后，可适当提高进水流速，使充填层稍有膨胀（不混层），就可以达到自清的目的。但当进水流量波动较大或操作不当时，易流失吸附剂，处理效果也不好。升流式固定床吸附塔的构造与降流式基本相同，仅省去表面冲洗设备。吸附装置通常用钢板焊制，并作防腐处理。

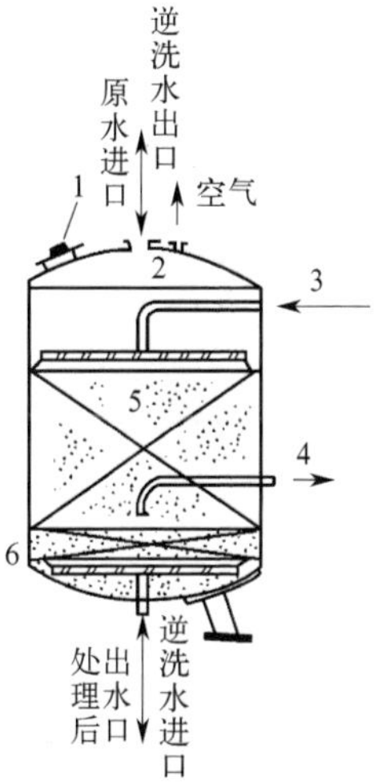

图 7-40　降流式固定床
型吸附塔构造示意图
1—检查孔；2—整流板；
3—表洗水进口；4—饱和炭
出口；5—活性炭；6—垫层

　　根据处理水量、原水水质及处理要求，固定床可分为单床和多床系统，一般单床使用较少，仅在处理规模较小时采用。多床又有并联与串联两种，前者适于大规模处理，出水要求较低，后者适于处理流量较小、出水要求较高的场合。

　　当原水连续通过吸附剂层时，运行初期出水中溶质几乎为零。随着时间的推移，上层吸附剂达到饱和，床层中发挥吸附作用的区域向下移动。吸附区前面的床层尚未起作用，出水中溶质浓度仍然很低。当吸附区前沿下移至吸附剂层底端时，出水浓度开始超过规定值，此时称床层穿透。以后出水浓度迅速增加，当吸附区后端面下移到床层底端时，整个床层接近饱和，出水浓度接近进水浓度，此时称床层耗竭。将出水浓度随时间变化作图，得到的曲线称为穿透曲线，如图 7-41 所示。

　　吸附床的设计及运行方式的选择在很大程度上取决于穿透曲线。由穿透曲线可以了解床层吸附负荷的分布、穿透点和耗竭点。穿透曲线越陡，表明吸附速率越快，吸附区越短。理想的穿透曲线是一条垂直线，实际的穿透曲线是由吸附平衡线和操作线决定的，大多呈 S 形。影响穿透曲线形状的因素很多，通常进水浓度越高，水流速度越小，穿透曲线越陡；对球形吸附剂，粒度越小，床层直径与颗粒直径之比越大，穿透曲线越陡。对同一吸附质，采用不同的吸附剂，其穿透曲线形状也不同。随着吸附剂再生次数增加，其吸附性能有所变化，穿透曲线渐趋平缓。

251

对单床吸附系统，由穿透曲线可知，当床层达到穿透点时（对应的吸附量为动活性），必须停止进水，进行再生；对多床串联系统，当床层达到耗竭点时（对应的吸附量为饱和吸附量），也需进行再生。显然，在相同条件下，动活性＜饱和吸附量＜静活性（平衡吸附量）。

根据处理水量、水质及处理后水质的要求，固定床分为单塔和多塔，多塔可以串联或并联使用，如图 7-42 所示。

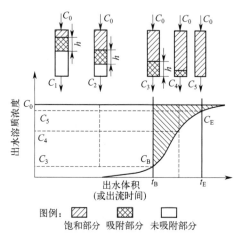

图 7-41　固定床穿透曲线

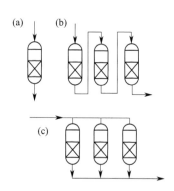

图 7-42　固定床吸附操作示意图
（a）单塔式；（b）多塔串联式；（c）多塔并联式

7.3.3.2　移动床吸附装置

图 7-43 为移动床构造图。原水从下而上流过吸附层，吸附剂由上而下间歇或连续移动。间歇式移动床（见图 7-43）处理规模大时，每天从塔底定时卸炭 1～2 次，每次卸炭量为塔内总炭量的 5%～10%；连续式移动床（见图 7-44），即饱和吸附剂连续卸出，同时新吸附剂连续从顶部补入。理论上连续移动床厚度只需一个吸附区的厚度。直径较大的吸附塔的进出水口采用井筒式滤网。

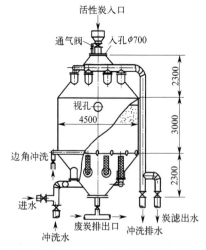

图 7-43　间歇式移动床活性炭吸附设备

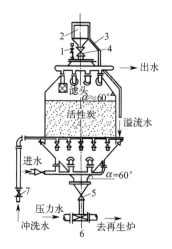

图 7-44　连续式移动床吸附设备
1—通气阀；2—进料斗；3—溢流管；
4、5—直流式衬胶阀；6—水射器；7—截止阀移动床较固定床能充分利用床层的吸附容量，出水水质良好，且水力损失较小。由于原水从塔底进入，水中夹带的悬浮物随饱和炭排出，因而不需要反冲洗设备，预处理要求较低，操作管理方便。目前大规模污水处理多采用这种操作方式。移动床吸附装置与固定床吸附装置特点的比较见表 7-4。

表 7-4　固定床与移动床吸附装置的特点比较

比较项目		固定床	移动床
设计条件	空塔体积流速/(L/h)	约 2.0	约 5.0
	空塔线速率/(m/h)	5~10	10~30
吸附过程	吸附容量/[kgCOD/kgC]	0.2~0.25	较前者低
	活性炭耗量　必要量	多	少
	活性炭耗量　损失量	少	少
再生过程	排炭方式	间歇式	可间歇也可连续
	再生损失	少	少
	再生炉运转率	低	高
处理费		处理规模大时高	处理规模大时低

7.3.3.3　流化床吸附装置

流化床吸附装置的构造示意如图 7-45 所示。原水由底部升流式通过床层，吸附剂由上部向下移动。由于吸附剂保持流化状态，与水的接触面积增大，因此设备小而生产能力大，基建费用低。与固定床相比，可使用粒度均匀的小颗粒吸附剂，对原水的预处理要求低，但对操作控制要求高。为了防止吸附剂全塔混层，以充分利用其吸附容量并保证处理效果，塔内吸附剂采用分层流化，所需层数根据吸附剂的静活性、原水水质水量、出水要求等来决定。分隔每层的多孔板的孔径、孔分布形式、孔数及下降管的大小等都是影响多层流化床运转的因素。目前日本在石油化工污水处理中采用这种流化床，使用粒径为 1mm 左右的球形活性炭。

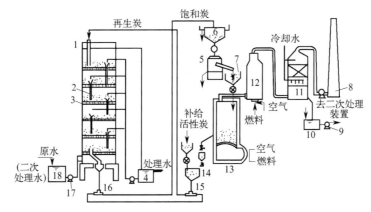

图 7-45　流化床吸附装置

1—吸附塔；2—溢流管；3—穿孔板；4—处理水槽；5—脱水机；6—饱和炭贮槽；
7—饱和炭供给槽；8—烟囱；9—排水泵；10—废水槽；11—气体冷却器；12—脱臭炉；
13—再生炉；14—再生炭冷却槽；15、16—水射器；17—原水泵；18—原水槽

7.3.4 吸附剂再生与再生设备

吸附剂在达到饱和吸附后，必须进行脱附再生，才能重复使用。脱附是吸附的逆过程，即在吸附剂结构不变或者变化极小的情况下，用某种方法将吸附质从吸附剂孔隙中除去，恢复它的吸附能力。通过再生使用，可以降低处理成本，减少废渣排放，同时回收吸附质。

7.3.4.1 吸附剂的再生方法

目前吸附剂的再生方法有加热再生、药剂再生、化学氧化再生、湿式氧化再生、生物再生等。再生方法的分类如表 7-5 所示。在选择再生方法时，主要考虑三方面的因素：吸附质的理化性质、吸附机理、吸附质的回收价值。

表 7-5　吸附剂再生方法分类

种类		处理温度/℃	主要条件
加热再生	加热脱附	100～200	水蒸气、惰性气体
	高温加热再生	750～950	水蒸气、燃烧气体、CO_2
	（炭化再生）	（400～500）	
药剂再生	无机药剂	常温～80	HCl、H_2SO_4、NaOH、氧化剂
	有机药剂（萃取）	常温～80	有机溶剂（苯、丙酮、甲醇等）
生物再生		常温	好气菌、厌气菌
湿式氧化分解		180～220，加压	O_2、空气、氧化剂
电解氧化		常温	O_2

（1）加热再生

即用外部加热方法改变吸附平衡关系，达到脱附和分解的目的。在水处理中，被吸附的污染物种类很多，由于其理化性质不同，分解和脱附的程度差别很大。根据饱和吸附剂在惰性气体中的热重曲线（TGA），又将其分为三种类型：

① 易脱附型。简单的低分子碳氢化合物和芳香族有机物即属于这种类型，由于沸点较低，一般加热到 300℃ 即可脱附。

② 热分解脱附型。即在加热过程中易分解成低分子有机物，其中一部分挥发脱附，另一部分经炭化残留在吸附剂微孔中，如聚乙二醇（PEG）等。

③ 难脱附型。在加热过程中重量变化慢且少，有大量的炭化物残留在微孔中，如酚、木质素、萘酚等。

对于吸附了浓度较高的易脱附型污染物的饱和炭，可采用低温加热再生法，温度控制在 100～200℃，以水蒸气作载气，直接在吸附柱中再生，脱附后的蒸汽经冷却后可回收利用。

如果污水中的污染物与活性炭结合较牢固，则需用高温加热再生。再生过程主要可分为三个阶段。干燥阶段：加热温度 100～130℃，使含水率达 40%～50% 的饱和炭干燥，干燥所需热量约为再生总能耗的 50%，所需容积占再生装置的 30%～40%。炭化阶段：

水分蒸发后，升温至 700℃左右，使有机物挥发、分解、炭化，升温速率和炭化温度应根据吸附质类型及特性而定。活化阶段：升高温度至 700～1000℃，通入水蒸气、二氧化碳等活化气体，将残留在微孔中的炭化物分解为 CO、CO_2、H_2 等，达到重新造孔的目的。

同活性炭制备一样，活化也是再生的关键，必须严格控制以下活化条件：

① 最适宜的活化温度与吸附质的种类、吸附量以及活性炭的种类有较密切的关系，一般范围 800～950℃。

② 活化时间要适当，过短活化不完全，过长造成烧损，一般以 20～40min 为宜。

③ 氧化性气体对活性炭烧损较大，最好用水蒸气作活化气体，其注入量为 0.8～1.0kg/kgC。

④ 再生尾气希望是还原性气氛，其中 CO 含量在 2%～3% 为宜，氧气含量要求在 1% 以下。

⑤ 对经反复吸附-再生操作，积累了较多金属氧化物的饱和炭，用酸处理后进行再生，可降低灰分含量，改善吸附性能。

高温加热再生是目前污水处理中粒状活性炭再生的最常用方法。其工作原理是在高温下把已经吸附在炭内的有机物烧掉（高温分解），使炭恢复吸附能力。失效炭的再生工艺是：饱和炭→脱水→干燥→炭化→活化→冷却→再生炭，与活性炭的生产工艺基本相似，只是用"脱水→干燥"代替了生产中的"成型"。活性炭再生的损失率约 5%（由于烧失与磨损，其损失部分需用新炭补充），炭吸附能力的恢复率可达 95% 以上，适合于绝大多数吸附质，不产生有机酸，但能耗大，设备造价高。

颗粒炭和粉状炭也可用湿式氧化过程在高温高压下再生，但再生的工艺条件相对苛刻，设备造价较高，一般很少采用。

(2) 药剂再生

在饱和吸附剂中加入适当溶剂，可以改变体系的亲水-憎水平衡，改变吸附剂与吸附质之间的分子引力，改变介质的介电常数，从而使原来的吸附崩解，吸附质离开吸附剂进入溶剂中，达到再生和回收的目的。

常用的有机溶剂有苯、丙酮、甲醇、乙醇、异丙醇、卤代烷等。树脂吸附剂从污水中吸附酚类后，一般采用丙酮或甲醇脱附；吸附了 TNT 的，采用丙酮脱附；吸附了 DDT 类污染物的，采用异丙醇脱附。无机酸碱也是很好的再生剂，如吸附了苯酚的活性炭可以用热的 NaOH 溶液再生，生成酚钠盐回收利用。

对于能电离的物质最好以分子形式吸附，以离子形式脱附，即酸性物质宜在酸中吸附，在碱里脱附；碱性物质在碱中吸附，在酸里脱附。溶剂及酸碱用量应尽量节约，控制 2～4 倍吸附剂体积为宜。脱附速率一般比吸附速率慢一倍以上。药剂再生时吸附剂损失较小，再生可以在吸附塔中进行，无需另设再生装置，而且有利于回收有用物质。缺点是再生效率低，再生不易完全。

经过反复再生的吸附剂，除了机械损失外，其吸附容量也会有一定的损失，这是因为灰分堵塞小孔或杂质除不尽，使有效吸附表面积和孔容减少。

7.3.4.2 吸附剂热再生设备

热再生的方式有燃气或燃油加热式、放电加热式、远红外加热式等，炉型有立式多段炉、回转式再生炉、电加热再生装置、流化床式再生装置和移动床式再生装置等。因构造、材质、燃烧方式及再生规模不同，选用时应考虑具体情况。燃气或燃油加热式适合于大中型再生设备，放电加热式和远红外加热式只适合于小型再生设备。

(1) 立式多段炉

立式多段再生炉的结构如图 7-46 所示。外壳用钢板焊制成圆筒型，内衬耐火砖。炉内分 4～8 段，各段有 2～4 个搅拌耙，中心轴带动搅拌耙旋转。工作方式是：失效活性炭由炉顶连续加入，由炉内旋转的耙式推移器将炭逐渐向下层推送，由上至下共 6 层。失效炭在炉内依次经历三个阶段：在第 1～3 层进行干燥，停留时间约 5min，温度约 700℃；在第 4 层焙烧，停留时间 15min，温度约 800℃；在第 5 层和第 6 层活化，停留时间 10min，温度 850～900℃。干燥、焙烧与活化阶段所需的能量采用燃烧轻油或丙烷直接加热的方式供给。这种炉型占地面积小，炉内有效面积大，炭在炉内停留时间短，再生炭质量均匀，燃烧损失一般在 5% 以下，适合于大规模活性炭再生，但操作要求严格，结构较复杂，炉内一些转动部件要求使用耐高温材料。

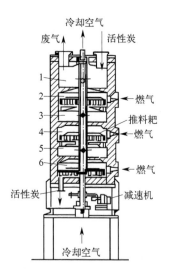

图 7-46　立式多段再生炉
再生活性炭
(1～6 为炉内不同层)

(2) 回转式再生炉

回转式再生炉为一卧式转筒，从进料端（高）到出料端（低）炉体略有倾斜，炭在炉内的停留时间靠倾斜度及炉体的转速来控制。在炉体活化区设有水蒸气进口，进料端设有尾气排出口。转炉有内热式、外热式以及内热外热并用三种型式。内热式回转炉的再生损失大，炉体内衬耐火材料即可；外热式回转炉的再生损失小，但炉体需用耐高温不锈钢制造。

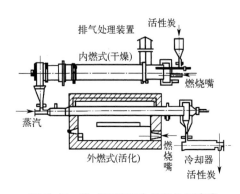

图 7-47　卧式回转再生炉结构示意图

图 7-47 所示为一卧式回转再生炉的结构示意图，有一段式或二段式两种结构。二段炉的干燥阶段在炉内直接燃气加热（或用活化段炉体的热空气回收作干燥热源）；活化段采用外热式炉筒；为隔绝空气，采用水蒸气活化，活化温度达 800～950℃。再生时间一般控制在 3～4h。炉体设备简单，操作容易，但占地面积大，热效率低，适用于较小规模（3t/d 以下）的再生。

(3) 电加热再生装置

电加热再生包括直接电流加热再生、微波再生和高频脉冲放电再生。

直接电流加热再生是将直流电直接通入饱和炭中，利用活性炭的导电性及自身电阻和炭粒间的接触电阻，将电能变成热能，利用焦尔热使活性炭温度升高。达到再生温度时，再通入水蒸气进行活化。这种加热再生装置具有设备简单、占地面积小、操作管理方便、能耗低（1.5～1.9kW·h/kgC）等优点，但当活性炭被油等不良导体包裹或累积较多无机盐时，要首先进行酸洗或水洗预处理。

图 7-48 所示为直接通电加热式再生装置的结构示意图。炉二端设有石墨电极，电极

间有失效炭通过。利用活性炭的导电性及炭自身的电阻、炭粒间的接触电阻使炭温度上升。活性炭在炉内自上至下移动，完成干燥、焙烧（400℃）、活化（850℃）等过程，也可在炉外干燥后进再生炉。再生时间一般为 15～30min。

微波再生是用频率为 900～4000MHz 的微波照射饱和炭，使活性炭温度迅速升高至 500～550℃，保温 20min，即可达到再生要求。用这种再生装置，升温速率快，再生效率高、炭的损失少。

高频脉冲放电再生装置是利用高频脉冲放电，将饱和炭微孔中的有机物瞬间加热到 1000℃ 以上（而活性炭本身的温度并不高），使其分解、炭化。与放电同时产生的紫外线、臭氧和游离基对有机物产生氧化作用，吸附水在瞬间成为过热水蒸气，也与炭进行水煤气反应。这种再生装置具有再生效率高（吸附能力的恢复率达 98%）、电耗低 ［0.3～0.4kW·h/kg(C)］、炭损失小于 2%、停留时间短等优点，而且由于不需通入水蒸气，因此操作方便。

（4）流化床式再生装置

图 7-49 所示为一流化床式再生装置的结构示意图。通过燃烧重油或煤气产生的高温气体通过炉隔层或由炉底与水蒸气一起通入炉内，使活性炭在炉内呈流化状态。活性炭自上而下流动，依次完成干燥、焙烧和活化阶段。活化温度控制在 800～950℃，再生时间一般为 6～13h。该装置可由一段或多段组成，具有占地面积小，操作方便等优点，但炉内温度与水蒸气流量的调节比较困难。

（5）移动床式再生装置

图 7-50 所示为移动床式再生装置的结构示意图。该装置采用外燃式间接加热的方式，通过外层燃烧煤气向内层提供热量，燃气入口温度为 1000℃，与活性炭换热后出口温度 70～80℃。活性炭在内层由上至下连续移动，依次完成干燥（停留时间 1～1.5h）、焙烧（停留时间 1～1.5h）、活化（停留时间 18～30h）与冷却（停留时间 2～2.5h）等过程。由于这种装置所需的活化时间较长，活化效率低，因此现已很少使用。

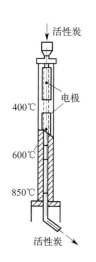

图 7-48　直接通电加热式再生装置结构示意图

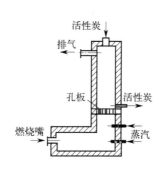

图 7-49　流化床式再生装置结构示意图

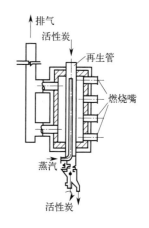

图 7-50　移动床式再生装置结构示意图

7.4 蒸发技术与设备

蒸发是将污水加热至沸腾,使之在沸腾状态下加快水分挥发,达到浓缩或提取污水中溶质的目的,大多用于提取污水中的无机组分。蒸发操作所用的设备称为蒸发器。

7.4.1 技术原理

污水的蒸发操作主要采用饱和水蒸气加热。若污水的黏度较高,也可采用烟道气直接加热。蒸发操作中污水汽化生成的蒸汽称为二次蒸汽,以区别于加热用的生蒸汽。二次蒸汽必须不断地用冷凝等方法加以移除,否则蒸汽和溶液渐趋平衡,致使蒸发操作无法进行。

按操作压力,蒸发可分为常压、加压和减压蒸发操作。减压蒸发也称真空蒸发,其优点有:

① 水的沸点降低,蒸发器的传热推动力增大,因而对一定的传热量,可以节省蒸发器的传热面积。

② 蒸发的热源可以采用低压蒸汽或废热蒸汽;蒸发器的热损失可减少。

③ 适用于处理含热敏性物料的污水。

真空蒸发的缺点:

① 因水的沸点降低,使黏度增大,导致总传热系数下降。

② 需要有造成减压的装置,并消耗一定的能量。

7.4.2 工艺过程

按效数(蒸汽利用次数)可将蒸发过程分为单效蒸发与多效蒸发。若蒸发产生的二次蒸汽直接冷凝不再利用,称为单效蒸发。若将二次蒸汽作为下一效蒸发的加热用蒸汽,并将多个蒸发器串联,此蒸发过程即为多效蒸发。

(1) 单效蒸发的工艺流程

图 7-51 所示为单效真空蒸发流程示意图。图中 1 为蒸发器的加热室。加热蒸汽在加热室的管间冷凝,放出的热量通过管壁传给管内的溶液。被蒸发浓缩后的完成液由蒸发器的底部排出。蒸发时产生的二次蒸汽至混合冷凝器 3 与冷却水相混合而被冷凝,冷凝液由冷凝器的底部排出。不凝性气体经分离器 4 和缓冲罐 5 后由真空泵抽出排入大气。

蒸发的污水常具有某些特性且随蒸发过程而变化,如某些污水在蒸发时易结垢或析出结晶;某些污水中的热敏性物料易在高温下分解

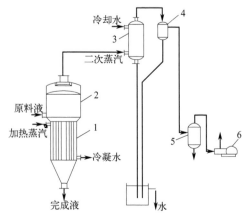

图 7-51 单效真空蒸发流程

1—加热室;2—分离室;3—混合冷凝器;
4—分离器;5—缓冲罐;6—真空泵

和变质；某些污水具有高的黏度和强腐蚀性等。应根据污水中所含物料的性质和工艺条件，选择适宜的蒸发方法和设备。

污水蒸发操作中往往要求蒸发大量的水分，因此需消耗大量的加热蒸汽。如何节约热能，即提高加热蒸汽的利用率，也是应予以考虑的问题。

（2）多效蒸发的工艺流程

按加料方式，多效操作流程（以三效为例）有以下几种：

1）并流（顺流）加料法的蒸发流程

并流加料法是最常见的蒸发流程，由三个蒸发器组成的三效并流加料的蒸发流程如图 7-52 所示。溶液和蒸汽的流向相同，均由第一效顺序流至末效，故称为并流加料法。生蒸汽通入第一效加热室，蒸发出的二次蒸汽进入第二效的加热室作为加热蒸汽，第二效的二次蒸汽又进入第三效的加热室作为加热蒸汽，第三效（末效）的二次蒸汽则送至冷凝器被全部冷凝。原料液进入第一效，浓缩后由底部排出，依次流入第二效和第三效被连续地浓缩，完成液由末效的底部排出。

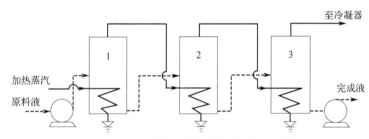

图 7-52　并流加料三效蒸发装置流程示意图

1—第一效；2—第二效；3—第三效

并流加料法的优点是：

① 后一效蒸发室的压强比前一效的低，溶液在效间的输送可以利用各效间的压强差，不必另用泵；

② 后一效溶液的沸点比前一效的低，前一效的溶液进入后一效时会因过热而自行蒸发（常称为自然蒸发或闪蒸），可产生较多的二次蒸汽。

并流加料法的缺点是：由于后一效溶液的浓度较前一效的高，且温度又较低，所以沿溶液流动方向的浓度逐效增高，致使传热系数逐渐下降，此种情况在后二效尤为严重。

2）逆流加料法的蒸发流程

图 7-53 为逆流加料法三效蒸发装置流程。原料液由末效进入，用泵依次输送至前一效，完成液由第一效的底部排出，而加热蒸汽的流向仍是由第一效至末效。因蒸汽和溶液的流动方向相反，故称为逆流加料法。

逆流加料法的主要优点是随着逐效溶液浓度的不断提高，温度也相应升高，因此各效溶液的黏度较为接近，使各效的传热系数也大致相同。缺点是效间溶液需用泵输送，能量消耗较大，且因各效的进料温度均低于沸点，产生的二次蒸汽量也较少。

一般说来，逆流加料法宜用于处理黏度随温度和浓度变化较大的溶液，而不宜于处理热敏性的溶液。

3）平流加料法的蒸发流程

平流加料法的三效蒸发装置流程如图 7-54 所示。原料液分别加入各效中，完成液也

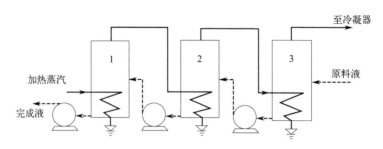

图 7-53　逆流加料法三效蒸发装置流程示意图

分别自各效中排出。蒸汽的流向仍是由第一效流至末效。此种流程适用于处理蒸发过程中伴有结晶析出的溶液。例如某些盐溶液的浓缩，因为有结晶析出，不便于在效间输送，则宜采用平流加料法。

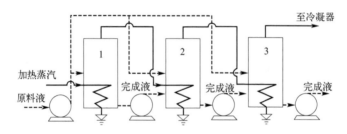

图 7-54　平流加料法三效蒸发装置流程示意图

　　除以上几种流程外，还可根据具体情况采用上述基本流程的变形，例如，NaOH 水溶液的蒸发，亦有采用并流和逆流相结合的流程。此外，在多效蒸发中，有时并不将每一效所产生的二次蒸汽全部引入次一效作为加热蒸汽用，而是将其中一部分引出用于预热原料液或用于其他和蒸发操作无关的传热过程。引出的蒸汽称为额外蒸汽。但末效的二次蒸汽因其压强较低，一般不再引出作为它用，而是全部送入冷凝器。

7.4.3　过程设备

　　工业应用的蒸发器有很多种，不同类型的蒸发器，各有其特点，它们对不同物料的适应性也不相同，选型时必须综合考虑生产任务和污水的特性。

7.4.3.1　设备类型

　　根据待蒸发污水或溶液在蒸发器内的流动状态，蒸发器可分为自然循环型、强制循环型和单程型（液膜式）三种。

　　（1）自然循环型蒸发器

　　其特点是溶液在蒸发器中循环流动，因而可以提高传热效率。根据引起溶液循环运动的原因，又分为自然循环型和强制循环型两类。前者是由溶液受热程度不同产生密度差而引起的；后者是由外加机械（泵）迫使溶液沿一定方向流动。

　　自然循环型蒸发器的主要类型有：

1）中央循环管式蒸发器

又称标准式蒸发器，结构如图 7-55 所示，主要由加热室、蒸发室、中央循环管和除沫器组成。加热室由直立的加热管（又称沸腾管）束所组成。在管束中间有一根直径较大的管子（中央循环管）。中央循环管的截面积较大，一般为管束总截面积的 40％～100％，其余管径较小的加热管称为沸腾管。这类蒸发器受总高限制，通常加热管长 1～2m，直径为 25～75mm，管长和管径之比为 20～40。

当加热蒸汽（介质）在管间冷凝放热时，由于加热管束内单位体积溶液的传热面积远大于中央循环管内溶液的受热面积，因此管束中溶液的相对汽化率就大于中央循环管的汽化率，管束中气液混合物的密度远小于中央循环管内气液混合物的密度，造成了混合液在管束中向上、在中央循环管内向下的自然循环流动，提高了传热系数，强化了蒸发过程。混合液的循环速度与密度差和管长有关：密度差越大，加热管越长，循环速度就越大。

中央循环管蒸发器的主要优点是：构造简单、紧凑，制造方便，操作可靠，传热效果较好，投资费用较少。其缺点是：清洗和检修麻烦，溶液的循环速度较低，一般在0.5m/s 以下，且因溶液的循环使蒸发器中溶液浓度总是接近于完成液的浓度，黏度较大，溶液的沸点高，传热温度差减小，影响了传热效果。

中央循环管蒸发器适用于粒度适中、结垢不严重、有少量的结晶析出及腐蚀性不大的场合。

2）悬筐式蒸发器

悬筐式蒸发器的结构如图 7-56 所示。因加热室像悬挂在蒸发器壳体内下部的筐，故名为悬筐式。该蒸发器中溶液循环的原因与标准式蒸发器的相同，但循环的通道是沿加热室与壳体所形成的环隙下降而沿沸腾管上升，不断循环流动。环形截面积约为沸腾管总截面积的 100％～150％，因而溶液循环速度较标准式蒸发器的要大，为 1～1.5m/s。因为与蒸发器外壳接触的是温度较低的沸腾液体，所以热损失较少。此外，加热室可由蒸发器的顶部取出，便于检修和更换。缺点是结构较复杂，单位传热面积的金属耗量较多等。它适用于蒸发易结垢或有结晶析出的溶液。

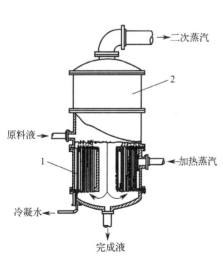

图 7-55　中央循环管式蒸发器

1—加热室；2—分离室

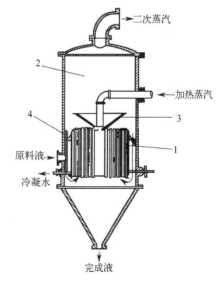

图 7-56　悬筐式蒸发器

1—加热室；2—分离室；3—除沫室；4—环形循环通道

3）外热式蒸发器

外热式蒸发器如图 7-57 所示，由加热室 1、分离室 2 和循环管 3 组成，主要特点是把加热器与分离室分开安装，加热室安装在分离室的外面，因此不仅便于清洗和更换，而且还有利于降低蒸发器的总高度。这种蒸发器的加热管较长（管长与管径之比为 50：100），而且循环管又没有受到蒸汽的加热，因此溶液循环速度较大，可达 1.5m/s，既利于提高传热系数，也利于减轻结垢。

4）列文蒸发器

列文蒸发器如图 7-58 所示，主要由加热室 1、沸腾室 2、分离室 3 和循环管 4 所组成。主要特点是在加热室的上部增设了一段高度为 2.7～5m 的直管作为沸腾室。由于受到附加的液柱静压强的作用，溶液不在加热管中沸腾，而是在溶液上升至沸腾室、所受压强降低后才开始沸腾，这样可减少溶液在加热管壁上因析出结晶而结垢的机会，传热效果好。沸腾室内装有隔板以防止气泡增大，并可达到较大的流速。另外，因循环管在加热室的外部，使溶液的循环推动力较大，循环管的高度一般为 7～8m，截面积约为加热管总截面积的 200%～350%，致使循环系统的阻力较小，因而溶液循环速度可高达 2～3m/s。

列文蒸发器的优点是可以避免在加热管中析出晶体，减轻加热管表面上污垢的形成，传热效果较好，尤其适用于处理有结晶析出的溶液。缺点是设备庞大，消耗的金属材料较多，需要高大的厂房。此外，由于液柱静压强引起的温差损失较大，因此要求加热蒸汽的压强较高，以保持一定的传热温度差。

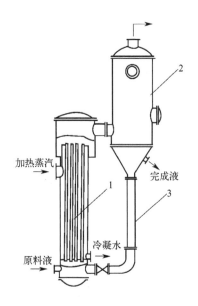

图 7-57　外热式蒸发器

1—加热室；2—分离室；3—循环管

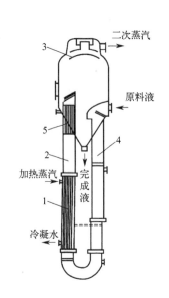

图 7-58　列文蒸发器

1—加热室；2—沸腾室；3—分离室；

4—循环管；5—挡板

（2）强制循环型蒸发器

自然循环型蒸发器的循环速度一般都较低，尤其在蒸发高黏度、易结垢及有大量结晶析出的溶液时更低。为提高循环速度，可采用由循环泵进行强制循环的强制循环蒸发器，其结构如图 7-59 所示。

强制循环蒸发器的循环速度为 1.5～5m/s，其优点是传热系数大、抗盐析、抗结垢，适用性能好，易于清洗，缺点是造价高，溶液的停留时间长。为了抑制加热区内的汽化，传入的全部热量以显热形式从加热区携出，循环液的平均温度较高，从而降低了总的有效传热温差。但该蒸发器的动力消耗较大，传热面积耗费功率约为 0.4～0.8kW/m²。

强制循环蒸发器用在处理黏性、有结晶析出、容易结垢或浓缩程度较高的溶液，它在真空条件下操作的适应性很强。但采用强制循环方式总是有结垢产生，所以仍需要洗罐，只是清洗的周期比较长。另外，蒸发器内溶液的滞留量大，物料在高温下停留时间长，这对处理热敏性物料是非常不利。

（3）单程型蒸发器（液膜式蒸发器）

也称液膜式蒸发器，其特点是溶液沿加热管呈膜状流动而进行传热和蒸发，一次通过加热室即达到所需的浓度，可不进行循环，溶液停留时间短，停留时间仅数秒或十几秒。另外，离开加热器的物料又得到及时冷却，因此特别适用于处理热敏性溶液的蒸发；温差损失

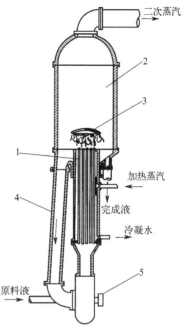

图 7-59　强制循环型蒸发器
1—加热室；2—分离室；3—除沫器；
4—循环管；5—循环泵

较小，表面传热系数较大。但在设计或操作不当时不易成膜，热流量将明显下降，不适用于易结晶、结垢物料的蒸发。

根据物料在蒸发器内的流动方向和成膜原因不同，它可分为下列几种类型：

1）升膜式蒸发器

升膜式蒸发器如图 7-60 所示。加热室由一根或多根垂直长管所组成。原料液经预热后由蒸发器的底部进入加热管内，加热蒸汽在管外冷凝。当原料液受热沸腾后迅速汽化，所生成的二次蒸汽在管内以高速上升，带动料液沿管内壁成膜状向上流动，并不断地蒸发汽化，加速流动，气液混合物进入分离器后分离，浓缩后的完成液由分离器底部放出。这种蒸发器需要精心设计与操作，即加热管内的加热蒸汽应具有较高速度，并获得较高的传热系数，使料液一次通过加热管即达到预定的浓缩要求。

通常在常压下，管上端出口处的二次蒸汽速度不应小于 10m/s，一般应保持为 20～50m/s，减压操作时速度可达 100～160m/s 或更高。常用的加热管径为 25～50mm，管长与管径之比为 100～150，这样才能使加热面供应足够成膜的汽速。浓缩倍数达 4 倍，蒸发强度达 60kg/(m²·h)，传热系数达 1200～6000W/(m²·℃)。

升膜式蒸发器适用于蒸发量较大（较稀的溶液）、热敏性、黏度不大及易生泡沫的溶液，不适用于高黏度、有晶体析出或易结垢的溶液。

2）降膜式蒸发器

降膜式蒸发器的结构如图 7-61 所示，由加热器、分离器与液体分布器给成。它与升膜式蒸发器的区别是原料液由加热室的顶部加入，经分布器分布后，在重力作用下沿管内壁呈膜状下降，并在下降过程中被蒸发增浓，气液混合物流至底部进入分离器，完成液由分离器的底部排出。

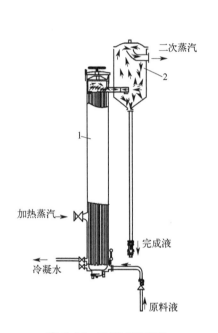

图 7-60 升膜式蒸发器

1—加热室；2—分离室

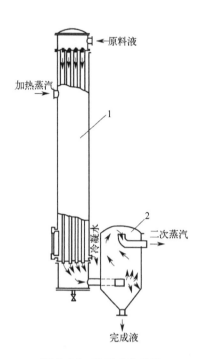

图 7-61 降膜式蒸发器

1—加热室；2—分离室

在每根加热管的顶部必须设置降膜分布器，以保证溶液呈膜状沿管内壁下降。降膜分布器的型式有多种，图 7-62 所示的为三种较常用的型式。图 7-62(a) 的导流管为一有螺旋形沟槽的圆柱体；图 7-62(b) 的导流管下部是圆锥体，锥体底面向内凹，以免沿锥体斜面流下的液体再向中央聚集；图 7-62(c) 所示的为液体通过齿缝沿加热管内壁成膜状下降。

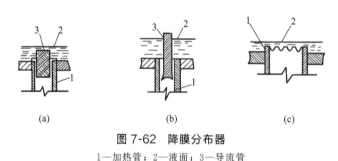

(a)   (b)   (c)

图 7-62 降膜分布器

1—加热管；2—液面；3—导流管

升膜式和降膜式蒸发器的比较：

① 降膜式蒸发器没有静压强效应，不会由此引起温度差损失；同时沸腾传热系数和温差关系不大，即使在较低的传热温度差下，传热系数也较大，因而对热敏性溶液的蒸发，降膜式较升膜式更为有利。

② 降膜式产生膜状流动的原因与升膜式的不同，前者是由于重力作用及液体对管壁的亲润力而使液体成膜状沿管壁下流，而不取决于管内二次蒸汽的速度，因此降膜式适用于蒸发量较小的场合，例如某些二效蒸发设备，常是第一效采用升膜式，而第二效采用降膜式。

③ 由于降膜式是借重力作用成膜的，为使每根管内液体均匀分布，因此蒸发器的上部有降膜分布器。分布器应尽量安装的水平，以免液膜流动不均匀。

设计和操作的要点是：尽量使料液在加热管内壁形成均匀的液膜，并且不能让二次蒸汽由管上端窜出。如果料液经过一次蒸发不能达到浓度要求，在某些场合也允许液体的再循环，如图 7-63 所示。

通常，降膜蒸发器的管径为 20～50mm，管长与管径之比为 50～70，有的甚至达到 300 以上。蒸发器的浓缩倍数可达 7 倍，最适宜的蒸发量不大于进料量的 80%，要求浓缩比较大的场合可以采用液体再循环的方法。蒸发强度达 80～100 kg/(m² · h)，传热系数达 1200～3500W/(m² · ℃)。

降膜蒸发器可用于蒸发黏度较大（0.05～0.45Pa · s）、浓度较高的溶液，加热管内高速流动的蒸汽使产生的泡沫极易破坏消失，适用于容易发泡的料液，但不适于处理易结晶和易结垢的溶液，这是因为这种溶液形成均匀液膜比较困难，传热系数也不高。

降膜蒸发器的关键问题是料液应该均匀分配到每根换热管的内壁，当不够均匀时，会出现有些管子液量很多、液膜很厚、溶液蒸发的浓缩比很小，或者有些管子液量很小、浓缩比很大，甚至没有液体流过而造成局部或大部分干壁现象。为使液体均匀分布于各加热管中，可采用不同结构形式的料液分配器。

降膜蒸发器安装时应该垂直安装，避免料液分布不均匀和沿管壁流动时产生偏流。

3）升-降膜式蒸发器

将升膜式蒸发器和降膜式蒸发器装置在一个外壳中，即构成升-降膜式蒸发器，如图 7-64 所示。原料液经预热后进入蒸发器的底部，先经升膜式的加热室内上升，然后由降膜式的加热室下降，在分离器中气、液分离后，完成液即由分离器的底部排出。

这种蒸发器适用于蒸发过程中溶液浓度变化较大或是厂房高度受一定限制的场合。

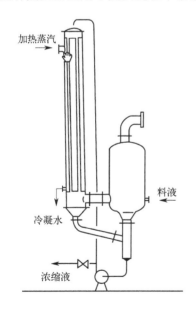

图 7-63　液体再循环降膜蒸发器

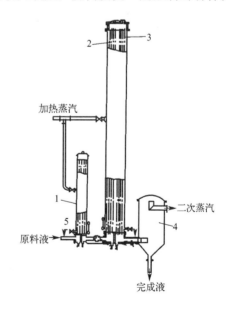

图 7-64　升-降膜式蒸发器

1—预热器；2—升膜加热室；3—降膜加热室；

4—分离器；5—冷凝液排出口

4）刮板式搅拌薄膜蒸发器

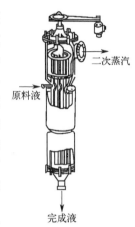

图 7-65　刮板式搅拌薄膜蒸发器

其结构如图 7-65 所示，主要由电加热夹套和刮板组成。刮板装在可旋转的轴上，轴要有足够的机械强度，挠度不超过 0.5mm，刮板和加热夹套内壁保持很小间隙，通常为 0.5～1.5mm，很可能由于安装或轴承的磨损，造成间隙不均，甚至出现刮板卡死或磨损的现象，因此刮板最好采用塑料刮板或弹性支撑。刮板与轴的夹角称为导向角，一般都装成与旋转方向相同的顺向角度，以帮助物料向下流。角度的大小可根据物料的流动性能来变动，一般为 10°左右，角度越大，物料的停留时间越短。有时为了防止刮板的加工或安装等困难，采用分段变化导向角的刮板。

蒸发室（夹套加热室）是一个夹套圆筒，加热夹套的设计可根据工艺要求与加工条件而定。当浓缩比较大、加热蒸发室长度较大时，可采用分段加热区，采用不同的加热温度来蒸发不同的物料，以保证产品质量。但如果加热区过长，那么加工精度和安装准确度难以达到设备的要求。

圆筒的直径一般不宜过大，虽然直径加大可相应地加大传热面积，但同时加大了转动轴传递的力矩，大大增加了功率消耗。为了节省动力消耗，一般刮板蒸发器都造成长筒形。但直径过小既减少了加热面积，同时又使蒸发空间不足，从而造成蒸汽流速过大，雾沫夹带增加，特别是对泡沫较多的物料影响更大。因此一般选择在 300～500mm 为宜。

蒸发器加热室的圆筒内表面必须经过精加工，圆度偏差在 0.05～0.2mm。蒸发器上装有良好机械轴封，一般为不透性石墨与不锈钢的端面轴封，安装后进行真空试漏检查，将器内抽真空达 0.5～1mmHg 绝对压力后，相隔 1h，绝对压力上升不超过 4mmHg；或抽真空到 700mmHg，关闭真空抽气阀门，主轴旋转 15min 后，真空度跌落不超过 10mmHg，即符合要求。

刮板蒸发器壳体的下部装有加热蒸汽夹套，内部装有可旋转的搅拌叶片，叶片与外壳内壁的缝隙为 0.75～1.5mm。夹套内通加热蒸汽，料液经预热后由蒸发器上部沿切线方向加入器内，被叶片带动旋转，由于受离心力、重力以及叶片的刮带作用，溶液在管内壁上形成旋转下降的液膜，并在下降过程中不断被蒸发浓缩，完成液由底部排出，二次蒸汽上升至顶部经分离器后进入冷凝器。改变刮板沟槽的旋转方向可以调节物料在蒸发器的处理时间，且在真空条件下工作，对热敏性物料更为有利，保持各种成分不产生任何分解，保证产品质量。在某些场合下，这种蒸发器可将溶液蒸干，在底部直接得到固体产品。

通常刮板式蒸发器的设备长径比为 5:8，浓缩倍数达到 3 倍，蒸发强度达 200kg/(m² · h)，刮板末端的线速度为 4～10m/s，刮板转速为 50～1600r/min，传热系数可达 6000W/(m² · ℃)，物料加热时间短，约 5～10s 之间。刮板式蒸发器是一种适应性很强的蒸发器，对高黏度（可高达 10⁵Pa · s）、热敏性、易结晶、易结垢的物料都适用。缺点是结构复杂（制造、安装和维修工作量大），动力消耗较大。另外，该蒸发器的传热面积一般为 3～4m²，最大的不超过 20m²，因此处理能力较小。

（4）浸没燃烧蒸发器

又称直接接触传热蒸发器，如图 7-66 所示。将燃料（煤气或油）与空气混合燃烧所产生的高温烟气直接喷入被蒸发的溶液中，以蒸发溶液中的水分。由于气、液两相间温差大，而且喷气产生剧烈的搅动，使溶液迅速沸腾汽化，蒸发的水分和废烟气一起由蒸发器的顶部排出。燃烧室在溶液中的浸没深度为 200～600mm。燃烧温度可高达 1200～1800℃，喷嘴因在高温下使用，较易损坏，应选择适宜的材料，结构上应考虑便于更换。

浸没燃烧蒸发器的优点是由于直接接触传热，热利用率高；没有固定的传热面，结构简单，特别适用于处理易结晶、结垢或有腐蚀性的溶液，但不适用于处理热敏性或不能被烟气污染的物料。

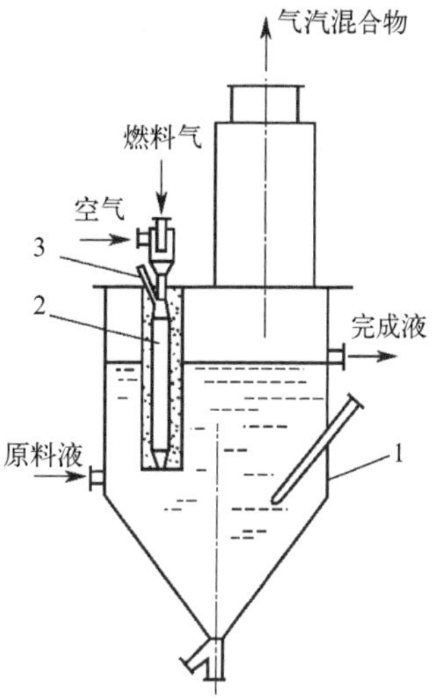

图 7-66　浸没燃烧蒸发器
1—外壳；2—燃烧室；3—点火管

7.4.3.2　选型

不同类型的蒸发器，各有其特点，它们对不同物料的适应性也不相同。蒸发设备的选型必须根据生产任务考虑以下因素：

① 溶液的黏度。蒸发过程中溶液黏度变化的范围是选型首要考虑的因素。

② 溶液的热稳定性。长时间受热易分解、易聚合以及易结垢的溶液蒸发时，应采用滞料量少、停留时间短的蒸发结晶器。

③ 有晶体析出的溶液。蒸发时有晶体析出的溶液应采用外热式蒸发器或强制循环蒸发器。

④ 易发泡的溶液。如中药提取液、化妆品保湿液、含表面活性剂的溶液等，宜采用外热式蒸发器、强制循环蒸发器或升膜蒸发器。若将中央循环管蒸发器和悬筐蒸发器的分离器（分离室）设计大一些，也可用于这种溶液的蒸发。常用的消泡方法是加消泡剂（对物料可能有污染）、机械搅拌破沫等。

⑤ 溶液的腐蚀性。蒸发有腐蚀性的溶液时，加热管应采用特殊材质制成，或内壁衬以耐腐蚀材料。

⑥ 溶液的易结垢性。无论蒸发何种溶液，蒸发器长久使用后，传热面上总会有污垢生成。垢层的导热系数小，应考虑选择便于清洗和溶液循环速度大的蒸发器。

⑦ 溶液的处理量。传热面大于 $10m^2$ 时，不宜采用刮板薄膜蒸发器，传热面在 $20m^2$ 以上时，宜采用多效蒸发操作。

7.4.3.3　设计计算

不同类型的蒸发器，各有其特点，它们对不同溶液的适应性也不相同。被蒸发溶液的性质，不仅是选型的依据，而且在蒸发器的设计计算和操作管理中，也是必须予以考虑的重要因素。

（1）设计程序

设计程序如下：

① 依据溶液的性质及工艺条件，确定蒸发的操作条件（如加热蒸汽压强和冷凝器的压强等）及蒸发器的型式、流程和效数（最佳效数要作衡算）。

② 依据蒸发器的物料衡算和焓衡算，计算加热蒸汽消耗量及各效蒸发量。

③ 求出各效的总传热系数、传热量和传热的有效温度差，从而计算各效的传热面积。

④ 根据传热面积和选定的加热管的直径和长度，计算加热管数；确定管心距和排列方式，计算加热室外壳直径。

⑤ 确定分离室的尺寸。

⑥ 其他附属设备的计算或确定。

（2）设计内容

1）加热室

由计算得到的传热面积，可按列管式换热器设计。管径一般以 $25 \sim 70mm$ 为宜，管长一般以 $2 \sim 4m$ 为宜，管心距取为 $(1.25 \sim 1.35)d_0$，加热管的排列方式采用正三角形或同心圆排列。管数可由作图法或计算法求得，但其中中央循环管所占据面积的相应管数应扣除。

2）循环管

中央循环管式：循环管截面积取加热管总截面积的 $40\% \sim 100\%$。对加热面积较小者应取较大的百分数。

悬筐式：循环流道截面积为加热管总截面积的 $100\% \sim 150\%$。

外热式的自然循环蒸发器：循环管的大小可参考中央循环管式来决定。

3）分离室

① 分离室的高度 H：一般根据经验决定，通常采用高径比 $H/D = 1 \sim 2$；对中央循环管式和悬筐式蒸发器，分离室的高度不应小于 $1.8m$，才能基本保证液沫不被蒸汽带出。

② 分离室直径 D：可按蒸发体积强度法计算。蒸发体积强度就是指单位时间从单位体积分离室中排出的一次蒸汽体积。一般允许的蒸发体积强度为 $1.1 \sim 1.5 m^3/(s \cdot m^3)$。因此，由选定的允许蒸发体积强度值和每秒钟蒸发出的二次蒸汽体积即可求得分离室的体积。若分离室的高度已定，则可求得分离室的直径。

7.5 结晶技术与设备

结晶是从过饱和溶液中析出具有结晶性的固体物的过程。结晶过程可分为溶液结晶、熔融结晶、升华结晶及沉淀结晶四大类，其中溶液结晶是污水处理行业最常采用的方法。

7.5.1 技术原理

按过饱和度形成的方式，溶液结晶可分为两大类：不移除溶剂的结晶和移除部分溶剂的结晶。

（1）不移除溶剂的结晶法

亦称冷却结晶法，它基本上不去除溶剂，溶液的过饱和度借助冷却获得，适用于溶解度随温度降低而显著下降的物系，例如 KNO_3、$NaNO_3$、$MgSO_4$ 等。对于溶质浓度很高的污水，常采用直接对污水进行降温冷却的方法产生过饱和溶液，而使无机组分结晶析出。

（2）移除部分溶剂的结晶法

也称浓缩结晶法。按照具体操作的情况，可分为蒸发结晶法和真空冷却结晶法。蒸发结晶是将溶剂部分汽化，使溶液达到过饱和而结晶。此法适用于溶解度随温度变化不大的物系或温度升高溶解度降低的物系，如氯化钠、无水硫酸钠等溶液；真空冷却结晶是使溶液在真空状态下绝热蒸发，一部分溶剂被除去，溶液则因为溶剂汽化带走了一部分潜热而降低了温度。此法实质上兼有蒸发结晶和冷却结晶的特点，适用于具有中等溶解度的物系如氯化钾、溴化钾等溶液。对于溶质浓度较低的污水，大多是采用蒸发结晶法，即采用前节蒸发浓缩的方法产生过饱和溶液而使无机组分结晶析出。

7.5.2　工艺过程

按照操作过程是否连续，可将结晶分为间歇式结晶过程和连续式结晶过程两种。间歇式结晶过程比较简单，结晶质量好，结晶收率高，操作控制也比较方便，但设备利用率低，操作劳动强度较大。连续结晶过程比较复杂，结晶粒子比较细小，操作控制比较困难，消耗动力较多，若采用自动控制，则可得到广泛应用。按有无搅拌装置可分为搅拌式和无搅拌式等。

结晶过程产量计算的基础是物料衡算和热量衡算。在结晶操作中，原料液中溶质的含量已知。对于大多数物系，结晶过程终了时母液与晶体达到了平衡状态，可由溶解度曲线查得母液中溶质的含量。对于结晶过程终了时仍有剩余过饱和度的物系，终了母液中溶质的含量需由实验测定。当原料液及母液中溶质的含量均为已知时，则可计算结晶过程的产量。

（1）结晶过程的物料衡算

对于不形成水合物的结晶过程，列溶质的物料衡算方程，得

$$WC_1 = G + (W - BW)C_2 \tag{7-44}$$

或写成

$$G = W[C_1 - (1 - B)C_2] \tag{7-45}$$

式中　W——原料液中溶剂量，kg 或 kg/h；

　　　G——结晶产品的产量，kg 或 kg/h；

　　　B——溶剂移除强度，即单位进料溶剂蒸发量，kg/kg（溶剂）；

C_1，C_2——原料液与母液中溶质的含量，kg/kg（溶剂）。

对于形成水合物的结晶过程，其携带的溶剂不再存在于母液中。

对溶质作物料衡算，得

$$WC_1 = \frac{G}{R} + W'C_2 \tag{7-46}$$

对溶剂作物料衡算，得

$$W = BW + G\left(1 - \frac{1}{R}\right) + W' \tag{7-47}$$

整理得

$$W' = (1 - B)W - G\left(1 - \frac{1}{R}\right) \tag{7-48}$$

将式(7-48)代入式(7-46)中,得

$$WC_1 = \frac{G}{R} + \left[(1-B)W - G\left(1-\frac{1}{R}\right)\right]C_2 \tag{7-49}$$

整理得

$$G = \frac{WR[C_1 - (1-B)C_2]}{1 - C_2(R-1)} \tag{7-50}$$

式中 R——溶质水合物摩尔质量与无溶剂溶质摩尔质量之比,无结晶水合作用时 $R=1$;

W'——母液中溶剂量,kg 或 kg/h。

(2) 物料衡算式的应用

1) 不移除溶剂的冷却结晶

此时 $B=0$,故式(7-50)变为

$$G = \frac{WR(C_1 - C_2)}{1 - C_2(R-1)} \tag{7-51}$$

2) 移除部分溶剂的结晶

蒸发结晶:在蒸发结晶器中,移出的溶剂量 W 若已预先规定,则可由式(7-51)求 G。反之,则可根据已知的结晶产量 G 求 W。

真空冷却结晶:此时溶剂蒸发量 B 为未知量,需通过热量衡算求出。由于真空冷却蒸发是溶液在绝热情况下闪蒸,故蒸发量取决于溶剂蒸发时需要的汽化热、溶质结晶时放出的结晶热以及溶液绝热冷却时放出的显热。对此过程进行热量衡算,得

$$BWr_s = (W + WC_1)c_p(t_1 + t_2) + Gr_{cr} \tag{7-52}$$

将式(7-52)与式(7-50)联立求解,得

$$B = \frac{R(C_1 - C_2)r_{cr} + (1+C_1)[1 - C_2(R-1)]c_p(t_1 - t_2)}{[1 - C_2(R-1)]r_s - RC_2 r_{cr}} \tag{7-53}$$

式中 r_{cr}——结晶热,即溶质在结晶过程中放出的潜热,J/kg;

r_s——溶剂汽化热,J/kg;

t_1、t_2——溶液的初始及最终温度,℃;

c_p——溶液的比热容,J/(kg·℃)。

7.5.3 过程设备

根据结晶的方法,结晶器可分为不移除溶剂的结晶器和移除部分溶剂的结晶器。

(1) 不移除溶剂的结晶器

不移除溶剂的结晶器也称冷却结晶器,是通过使器内溶液冷却而结晶的设备。这类结晶器主要有搅拌釜式结晶器和长槽搅拌式连续结晶器。

1) 搅拌釜式结晶器

搅拌釜式结晶器是在敞开的槽或结晶釜中安装搅拌器,如图 7-67 所示,使结晶器内温度比较均匀,得到的晶体虽小但粒度较均匀,可缩短冷却周期,提高生产能力。

搅拌釜式冷却结晶器的形式很多,目前应用较广的是图 7-68 所示的间接换热釜式结晶器。图 7-68(a)、(b) 为内循环式,实质上就是一个普通的夹套式换热器,多数装有某种搅拌装置,以低速旋转,冷却结晶所需冷量由夹套内的冷却剂供给,换热面积较小,换

热量也不大；图 7-68(c) 为外循环式，所需冷量由外部换热器的冷却剂供给，溶液用循环泵强制循环，所以传热系数大，而且还可以根据需要加大换热面积，但必须选用合适的循环泵，以避免悬浮晶体的磨损破碎。这两种结晶器可连续操作，亦可间歇操作。

间接换热釜式结晶器的结构简单，制造容易，但冷却表面易结垢而导致换热效率下降。为克服这一缺点，有时可采用直接接触式冷却结晶，即溶液直接与冷却介质相混合。常用的冷却介质为乙烯、氟利昂等惰性的液态烃。

搅拌器的形式很多，设计时应根据溶液流动的需要和功率消耗情况来选择。若当溶液较稀，加入晶种粒子较粗，运转过程中晶种悬浮量较小而得出的结晶细小，收率较低，且槽底结晶沉积不均匀时，可将直叶改成倾斜，使溶液在搅拌时产生一个向上的运动，增加晶种的悬浮运动，减少晶种沉积，可使结晶粒子明显增大，提高收率。

搅拌釜式结晶器必须垂直安装，其偏差不应大于 10mm，否则设备在操作时振动较大，影响搅拌器传动装置的垂直性、同心性和水平性，使传动功率增大，甚至不能转动。传动装置必须保持转轴的垂直、同心和水平，在安装时应用水平仪进行检查，安装后要进行水压试验，不应有渗漏现象。

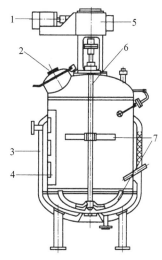

图 7-67　搅拌釜式结晶器

1—电动机；2—进料口；3—冷却夹套；4—挡板；5—减速器；6—搅拌轴；7—搅拌器

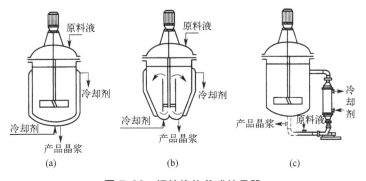

图 7-68　间接换热釜式结晶器

2）长槽搅拌式连续结晶器

长槽搅拌式连续结晶器的结构如图 7-69 所示，其主体是一个敞口或闭式的长槽，底部半圆形。槽外装有水夹套，槽内则装有长螺距低转速螺带搅拌器。全槽常由 2～3 个单元组成。工作原理是：热而浓的溶液由结晶器的一端进入，并沿槽流动，夹套中的冷却水与之作逆流间接接触。由于冷却作用，若控制得当，溶液在进口处附近即开始产生晶核，这些晶核随着溶液的流动而长成晶体，最后由槽的另一端流出。

长槽搅拌式连续结晶器具有结构简单，可节省地面和材料；连续操作，生产能力大，劳动强度低；产生的晶体粒度均匀，大小可调节等优点，适用于葡萄糖、谷氨酸钠等卫生条件较高、产量较大的结晶。

采用长槽搅拌式连续结晶器，当晶体颗粒比较小，容易沉积时，为防止堵塞，排料阀要采用流线型直通式，同时加大出口，以减少阻力，必要时安装保温夹层，防止突然冷却

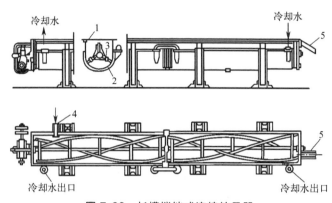

图 7-69　长槽搅拌式连续结晶器

1—结晶槽；2—水槽（冷却水夹套）；3—搅拌器；4、5—接管

而结晶。为防止搅拌轴的断裂，应安装保险连轴销等保险装置，遇结块堵塞、阻力增大时，保险销即折断，防止断轴、烧坏马达或减速装置等严重事故。其他如排气装置、管道等应适当加大或严格保温，以防止结晶的堵塞。

此外，还有许多其他类型的冷却结晶器，如摇篮式结晶器等。

（2）移除部分溶剂的结晶器

移除部分溶剂的结晶器也称蒸发结晶器，是通过蒸发部分溶剂而使溶液过饱和的。这类结晶器亦有多种形式。

1）蒸发结晶器

蒸发结晶器与用于溶液浓缩的普通蒸发器在设备结构及操作上完全相同。在此种类型的设备（如结晶蒸发器、有晶体析出所用的强制循环蒸发器等）中，溶液被加热至沸点而蒸发浓缩，达到过饱和而结晶。由于在减压下操作，可维持较低的温度，使溶液产生较大的过饱和度，但对晶体的粒度难于控制。因此，遇到必须严格控制晶体粒度的场合，可先将溶液在蒸发器中浓缩至略低于饱和浓度，然后移送至另外的结晶器中完成结晶过程。

2）真空冷却结晶器　是将热的饱和溶液加入一与外界绝热的结晶器中，由于器内维持高真空，故其内部滞留的溶液的沸点低于加入溶液的温度。这样，当溶液进入结晶器后，经绝热闪蒸过程冷却到与器内压力相对应的平衡温度。

真空冷却结晶器可以间歇或连续操作。图 7-70 所示为一种连续式真空冷却结晶器，主要包括蒸发罐、冷凝器、循环管、进料循环泵、出料泵、蒸汽喷射泵等。热的原料液自进料口连续加入，晶浆（晶体与母液的悬混物）用泵连续排出，结晶器底部管路上的循环泵使溶液作强制循环流动，以促进溶液均匀混合，维持有利的结晶条件。蒸出的溶剂（气体）由器顶部逸出，至高位混合冷凝器中冷凝。双级式蒸汽喷射泵用于产生和维持结晶器内的真空。通常，真空结晶器

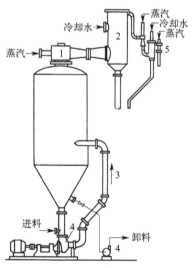

图 7-70　连续式真空冷却结晶器

1—蒸汽喷射泵；2—冷凝器；3—循环管；
4—泵；5—双级式蒸汽喷射泵

内的操作温度都很低，产生的溶剂蒸气不能在冷凝器中被水冷凝，此时可在冷凝器的前部装一蒸汽喷射泵，将溶剂蒸气压缩，以提高其冷凝温度。

真空结晶器结构简单，生产能力大，操作控制较容易，当处理腐蚀性溶液时，器内可加衬里或用耐腐蚀材料制造。由于溶液系绝热蒸发而冷却，无需传热面，因此可避免传热面上的腐蚀及结垢现象。其缺点是：必须使用蒸汽，冷凝耗水量较大，操作费用较高；溶液的冷却极限受沸点升高的限制等。

3）克里斯托（Krystal－Oslo）冷却结晶器

克里斯托冷却结晶器是一种母液循环式连续结晶器，可以进行冷却结晶和蒸发结晶两种操作，因此可将其分为冷却型、蒸发型和真空蒸发冷却型三种类型，它们之间的区别在于达到过饱和状态的方法不同。

图 7-71 为克里斯托结晶器的结构示意图，作为冷却结晶器时，其结构由悬浮室、冷却器、循环泵组成。冷却器一般为单程列管式冷却器。结晶器内的饱和溶液与少量处于未饱和状态的热原料液相混合，通过循环管进入冷却器达到轻度过饱和状态，经中心管从容器底部进入结晶室下方的晶体悬浮流化床内。在晶体悬浮流化床内，溶液中过饱和的溶质沉积在悬浮颗粒表面，使晶体长大。悬浮流化床对颗粒进行水力分级，大粒的晶体在底部，中等的在中部，最小的在最上面。如果连续分批地取出晶浆，就能得到一定粒径而均匀的结晶产品。图7-71 中设备 8 是一个细晶消灭器，通过加热或水溶解的方法将过多的晶核灭掉，以保证晶体的稳步生长。

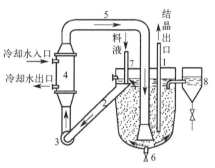

图 7-71 Krystal-Oslo 冷却结晶器

1—结晶器；2—循环管；3—循环泵；
4—冷却器；5—中心管；6—底阀；
7—进料管；8—细晶消灭器

如果以加热室代替克里斯托冷却结晶器的冷却室，就构成了克里斯托蒸发结晶器。

克里斯托结晶器的主要缺点是溶质易沉积在传热表面上，操作比较麻烦。适用于氯化铵、醋酸钠、硫代硫酸钠、硝酸钾、硝酸银、硫酸铜、硫酸镁、硫酸镍等物料的结晶操作，但在操作中一定要注意使饱和度在介稳区内，以避免自发成核。

4）DTB 型结晶器

DTB 型结晶器是一种具有导流筒及挡板的结晶器，其结构如图 7-72 所示。结晶器内设有导流筒和筒形挡板，下部接有淘析柱，在环形挡板外围有一个沉降区。操作时热饱和料液连续加到循环管下部，与循环管内夹带有小晶体的母液混合后泵送至加热器。加热后的溶液在导流筒底部附近流入结晶器，并由缓慢转动的螺旋桨沿导流筒送至液面。溶液在液面蒸发冷却，达到过饱和状态，其中部分溶质在悬浮的颗粒表面沉积，使晶体长大。

在沉降区内，大颗粒沉降，小颗粒随母液进入循环管并受热溶解，晶体于结晶器底部进入淘析柱。为使结晶产品的粒度尽量均匀，可将部分母液加到淘析柱底部，利用水力分级的作用，使小颗粒随液流返回结晶器，而结晶产品从淘析柱下部卸出。

DTB 型蒸发结晶器集内循环、外循环、晶体分级等功能于一体，具有能生产粒度达 $600 \sim 1200 \mu m$ 的大粒结晶产品，器内不易结晶疤，已成为连续结晶器的最主要形式之一，可用于真空冷却法、直接接触冷冻法及反应法的结晶过程。

图 7-73 是 DTB 型真空结晶器的结构简图。结晶器内有一圆筒型挡板，中央有一导流

筒。在其下端装置的螺旋桨式搅拌器的推动下，悬浮液在导流筒及导流筒与挡板之间的环形通道内循环流动，形成良好的混合条件。圆筒形挡板将结晶器分为晶体成长区与澄清区。挡板与器壁间的环隙为澄清区，此区内搅拌的作用已基本上消除，使晶体得以从母液中沉降分离，只有过量的细晶才会随母液从澄清区的顶部排出器外加以消除，从而实现对晶核数量的控制。为了使产品粒度分布更均匀，有时在结晶器下部设有淘析腿。

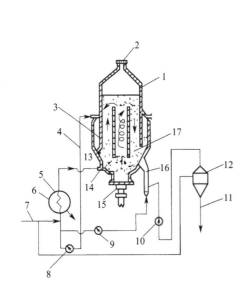

图 7-72　DTB 型结晶器

1—结晶器；2—蒸汽排出口；3—澄清区；

4—热循环回路；5—加热蒸汽供给管；6—加热器；

7—加料管；8—循环液泵；9—淘析泵；10—出料泵；

11—产品流出管；12—离心分离机；13—圆筒形挡板；

14—螺旋桨；15—搅拌器；16—淘析柱；17—导流筒

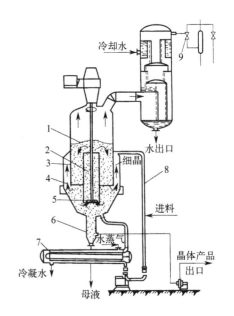

图 7-73　DTB 型真空结晶器

1—沸腾液面；2—导流筒；3—挡板；

4—澄清区；5—螺旋桨；6—淘析腿；

7—加热器；8—循环管；9—喷射真空泵

　　DTB 型真空结晶器属于典型的晶浆内循环结晶器，其特点是器内溶液的过饱和度较低，并且循环流动所需的压头很低，螺旋桨只需在低速下运转。此外，桨叶与晶体间的接触成核速率也很低，这也是该结晶器能够生产较大粒度晶体的原因之一。

参考文献

[1]　廖传华，米展，周玲，等．物理法水处理过程与设备［M］．北京：化学工业出版社，2016.

[2]　廖传华，江晖，黄诚．分离技术、设备与工业应用［M］．北京：化学工业出版社，2018.

[3]　廖传华，杨丽，郭丹丹．污泥资源化处理技术及设备［M］．北京：化学工业出版社，2021.

[4]　廖传华，李聃，程文洁．污水处理技术及资源化利用［M］．北京：化学工业出版社，2022.